Heinz W. Katzenmeier

Grundlagen der Robotertechnik

Tipps und Tricks für den Selbstbau

Elektor-Verlag, Aachen

Umschlaggestaltung: Ton Gulikers, Segment, Beek (NL)
Satz und Aufmachung: Ulrich Weber, Aachen
Druck: WILCO, Amersfoort (NL)

Printed in the Netherlands

ISBN 978-3-89576-147-8

Elektor-Verlag Aachen
039015

Inhaltsverzeichnis

1. Vorwort

Meine Begeisterung an elektronischen Schaltungen begann, als ich als etwa 10jähriger Junge den Experimentierkasten „Kosmos-Elektroniklabor XL 500" geschenkt bekam. Die vielen, anfangs noch sehr undurchsichtigen und mysteriösen Bauteile weckten genauso mein Interesse wie die meist mit fantasievollen Namen betitelten Grundschaltungen. Aber am Interessantesten war für mich letztendlich Bewegung in irgendeiner Form. Also Fahrzeuge und Maschinen, die sich scheinbar selbständig, wie von Geisterhand bewegen.

Leider ist der gerade der Selbstbau von sich bewegenden und vor allem sich in irgendeiner Weise selbst steuernden Fahrzeugen nicht ganz so einfach, aber auch durch zahlreiche Fehlschläge und unnötig eingekaufte Bauteile oft nicht ganz billig. Gerade hier soll dieses Buch einige im wahrsten Sinne des Wortes „wertvolle" Tipps geben, um Fehlinvestitionen und damit einhergehende Frustrationen möglichst zu vermeiden.

Dieses Buch soll beim Leser, dessen Interesse an Robotern und kybernetischen Systemen durch zahlreiche Publikationen in den Printmedien oder im Internet geweckt wurde, das Verständnis für mechanische und elektronische Grundlagen fördern. Dazu ist es wichtig, dass gerade zu Anfang einfache und funktionierende Systeme vorgestellt werden, welche die eigene Fantasie anregen und durch ein schnell eintretendes Erfolgserlebnis zu weiteren kreativen Versuchen inspirieren. Dem Anfänger nützt es schließlich nichts, wenn er ein kompliziertes System aufbaut, dessen Funktion er nicht versteht und mit dem er keine eigenen Ideen verwirklichen kann, oder das er im schlimmsten Fall aufgrund eines „winzigen" Fehlers nicht zum laufen bekommt.

Daher werden hier, neben kompletten Bauvorschlägen auch eine ganze Menge modularer Komponenten für Antrieb, Sensorik, Stromversorgung etc. vorgestellt, die dann in eigenen Modellen völlig frei kombiniert werden können. Somit ist ein Maximum an Gestaltungsmöglichkeiten garantiert.

Dieses Buch ist zudem von einem Anfänger für Anfänger geschrieben und es ist ein Praktiker-Buch. Daher wird auch, so gut es geht, auf mathematische Formeln verzichtet. Möglicherweise rümpfen daher passionierte Elektroniker oder Mechaniker über manche Schaltungen und Konstruktionen die Nase und denken, dies und jenes hätte man viel eleganter aufbauen können. Oder diese Schaltung ist aber nicht optimal angepasst. Das ist sicher richtig, doch ich habe oft festgestellt, dass viele elegante Schaltungen und Konstruktionen eine ganze Menge know how, Werkzeug oder Maschinen voraussetzen, die ein Anfänger auf diesem Gebiet nicht hat und daher eher abschreckend wirken. Dennoch hege ich die Hoffnung, dass auch semiprofessionelle Hobbyisten mit diesem Buch auf neue Ideen kommen und vielleicht hie und da ausgetretene Pfade verlassen.

Zudem habe ich mich stets bemüht, bei meinen Ideen und Schaltungen einen gewissen genialen Dilettantismus walten zu lassen. Wenn dieser den Anfänger zu neuen Ideen inspiriert und den Profi zum Schmunzeln bringt, bin ich schon zufrieden.

Bei allen Beschreibungen wird auch auf kleine aber wichtige Details oder „Selbstverständlichkeiten" geachtet, die dem Anfänger oft das Leben schwer machen, wie zum Beispiel die Konfusion mit folgenden Begriffen: Anode, Kathode; plus, minus; rot, schwarz – wie gehört das zusammen? Hochohmiger, niedrig-ohmiger Eingang – was soll das sein?; Emitter des Transistors – wo ist der und gehört daran der Plusoder der Minuspol. Wie legte ich den Ausgang an Masse – meine Batterie hat doch nur + und -. Was bedeutet noch mal der volle und der hohle Strich beim Kondensator, oder der lange und kurze bei der Batterie. Wie herum ist die Diode durchlässig u.s.w..

Da diese Dinge gerade für den Anfänger schwer zu merken sind, befindet sich im Abschnitt „Bauteile im Überblick"(ab Seite 27) ein kleines Merkblatt mit diesen häufig benötigten Daten, Tricks und Kniffen.

Bei allen Bauvorschlägen und in allen Prinzipskizzen wird auch auf einen „fehlertoleranten" Aufbau geachtet. Es ist nicht sinnvoll, eine auf den ersten Blick plausible Konstruktion vorzustellen, die in der Praxis nur dann funktioniert, wenn superpräzise gearbeitet wird. Die vorgestellten Konstruktionen funktionieren in der Regel auch dann, wenn nicht alle Bohrungen auf den 1/10 mm genau ausgeführt sind.

2. Einleitung

Roboter werden heute in vielen Bereichen eingesetzt. Die meisten Geräte sind dabei allerdings feststehende Anlagen und fristen in modernen Produktionshallen, z. B. in der Automobilbranche ihr Dasein.

Von einer normalen Maschine unterscheidet sich der Roboter hauptsächlich durch seine Flexibilität und die Fähigkeit, auf äußere Reize zu reagieren. Die Grenzen sind allerdings fließend, da Maschinen zunehmend mit Sensoren und Mikroprozessoren ausgerüstet werden und somit auf äußere Reize mehr oder weniger differenziert reagieren. Einen Roboter kann man also sozusagen als einen Sonderfall einer Maschine ansehen.

Eine gute Definition lautet beispielsweise: „Ein Roboter ist ein mechanisches System, dessen Bewegungsfunktionen denen lebender Organismen entsprechen oder das die Bewegungsfunktion mit intelligenten Funktionen kombiniert und dem Willen des Menschen entsprechend handelt".

Intelligente Funktionen:

- Urteilsvermögen
- Wahrnehmungsfähigkeit
- Anpassungsfähigkeit
- Lernfähigkeit

Definition gefunden bei Prof. G. Schiedermeier, FH Landshut, FB Elektrotechnik/Informatik.

Somit ist auch klar, dass die hier vorgestellten Maschinen, wie auch nahezu alle anderen im Hobbybereich vorhandenen Systeme nach dieser Definition keine Roboter darstellen. Ein Gefährt, das (auch mittels einer aufwendigen Computersteuerung!) lediglich einen vorprogrammierten Weg abfährt, kann nicht auf äußere Reize reagieren und ist somit kein Roboter; genauso wenig wie die vielgebauten Lichtsucher, Linienverfolger und dergleichen mehr. Diese Systeme können zwar durchaus auf äußere Reize reagieren, doch fehlt ihnen meist die erwähnte „Lernfähigkeit". Auch die hier beschriebenen Roboter entsprechen nicht der genannten „harten" Definition und sollten streng genommen eigentlich eher als „kybernetische" Mechanismen bezeichnet werden. Da sich aber nun einmal der Begriff Roboter auch für relativ einfache Systeme eingebürgert hat, möchte ich in diesem Buch dabei bleiben und schlage, zumindest für den Hobbybereich, folgende Definition für Roboter vor:

„Ein Roboter ist ein sich selbsttätig bewegendes System, das seine Aktionen ohne Eingriff des Menschen aufgrund äußerer Einflüsse ändern kann".

Spektakulärer, weil eben mobil und in gewisser Weise Tieren oder auch dem Menschen ähnlicher sind mobile Roboter. Deren Verwendung beschränkt sich aber oft auf wissenschaftliche Anwendungen ohne großen kommerziellen Wert. Ein Beispiel hierfür ist die bekannte Marsmission der NASA mit dem „Pathfinder"-Roboter. Weniger bekannt sind andere Forschungsaufgaben mobiler Roboter. So sammelte z. B. ein Roboterfahrzeug in Automobilgröße selbstständig auf dem Südpol Meteoriten ein. Und auch die unangenehme Tätigkeit der zahlreichen Molch-Roboter, die sich täglich durch Abwasser- und Öl-Pipelines schlängeln, findet weitgehend unbeachtet der staunenden Öffentlichkeit statt.

Der Durchbruch mobiler Systeme im industriellen oder besonders im privaten Bereich wurde zwar schon oft vorausgesagt, ist aber bis heute aus verschiedenen Gründen ausgeblieben. Der Einzug von praktischen Robotern in den privaten Bereich scheitert in den meisten Fällen am ungünstigen Kosten-Nutzen Verhältnis (ein heute im Handel erhältlicher Roboter-Staubsauger kostet mit ungefähr 1000 € etwa 4…5 mal so viel wie ein konventionelles Gerät). Und ob ein solches System wirklich ordentlich arbeitet, ist noch eine andere Frage. Eine interessante Entwicklung in den letzten Jahren sind die zahlreichen „Robotertiere", meist japanischer Herstellung. Obwohl sie eindeutig als Spielzeuge einzuordnen sind, fördern sie aber auch die Entwicklung weiterer Systeme. Sie beweisen immerhin, dass es möglich ist, autonome Roboter in Massenproduktion zu einem vernünftigen Preis herzustellen.

Jedenfalls üben selbständig agierende mobile Systeme einen besonderen Reiz auf viele Menschen aus und findige Bastler oder Modellbauer haben sich bestimmt schon öfters überlegt, einmal selbst einen kleinen Roboter im Stil des „Pathfinders" in Angriff zu nehmen.

Dabei wird man allerdings schnell feststellen, dass der Selbstbau eines Roboters nicht gerade einfach ist. Zwar werden im Handel einige Bausätze angeboten, doch sind diese in den meisten Fällen ziemlich teuer.

Günstiger sind die zurzeit von Lego® oder Fischertechnik® angebotenen Bausätze kleiner Roboter. Allerdings sind die Möglichkeiten dieser Geräte beschränkt und lassen nicht sehr viel Spielraum für eigene kreative Ideen, deren Verwirklichung immer noch einen besonderen Reiz ausübt. Man denke nur an die Idee, vielleicht einmal selbst einen funktionierenden staubsaugenden, oder die Badewanne putzenden Roboter zu bauen! Oder auch nur ein Gefährt, das sich selbständig im Wohnzimmer bewegt, ohne sich nach wenigen Minuten komplett festzufahren. Wer sich einige Zeit mit dem Bau von Robotern beschäftigt wird feststellen, dass allein das Erfüllen der letztgenannten Forderung beileibe nicht einfach und nur durch eine gute und sinnvolle Kombination von Mechanik und Steuerung zu bewerkstelligen ist.

Daher ist die komplette Entwicklung und der Bau eines kleinen Roboters bereits recht aufwendig und es sind gute Kenntnisse in Mechanik, Elektronik und Informatik notwendig. Robotik ist somit ein interdisziplinäres Arbeitsgebiet mit Berührungspunkten zu zahlreichen anderen Disziplinen. Außerdem bedarf es schon eines recht gut ausgerüsteten Bastelzimmers oder einer kleinen Werkstatt, um eigene Ideen auch verwirklichen zu können. Um den Aufwand gering zu halten, sollen hier möglichst einfache und mit möglichst einfachen Mitteln zu realisierende Vorschläge vorgestellt werden.

So ist es möglich, den finanziellen Aufwand für den Bau eines einfachen Roboters auf einem Niveau von etwa 100 € verhältnismäßig niedrig zu halten (eine Grundausstattung an gängigen Werkzeugen vorausgesetzt). Viel stärker schlagen hier, genauso wie bei neuen Projekten in der Industrie, die Kosten für die Entwicklung zu Buche. Denn gerade in der Anfangsphase wird man feststellen, dass viele gute Ideen, zu deren Verwirklichung man sich die entsprechenden Bauteile gekauft hat, doch nicht zum gewünschten Erfolg führen. Das mehr oder weniger teure Material landet dann notgedrungen fürs erste in der Bastelkiste. Dieses Buch soll daher auch helfen, teure Fehlentwicklungen zu vermeiden, indem einfache Bauvorschläge vorgestellt und auf „Fußangeln" hingewiesen wird. Die zahlreichen Beispiele funktionierender Systeme helfen dann sicher, auch eigene Ideen besser auf ihre Funktionalität hin einschätzen zu können.

Zuletzt soll noch kurz erwähnt werden, dass sich dieses Buch auf den Bau von erdgebundenen Systemen beschränkt. Der Bau von Roboter-Hubschraubern, -Booten, -Luftschiffen, -Raketen und Raumsonden wird nicht behandelt.

3. Steuerung

3.1. Programmierbare Steuerungen

In den meisten Fällen setzt ein Operator (Mensch) seine Vorstellungen, wie ein Problem gelöst werden soll, in irgendeiner Weise in eine Maschinensprache um. Dabei erhält der Roboter einen bestimmten Befehlssatz, der im Falle des Eintretens eines bestimmten Ereignisses dann abgearbeitet wird.

Beispiel: Sobald Sensor A ausgelöst wird (z. B. Berührung mit Hindernis) fahre mit beiden Rädern 5 Radumdrehungen zurück, stoppe Rad links, fahre dann mit Rad rechts 3 Radumdrehungen vor, dann wieder mit beiden Rädern vorwärts.....

In diese Art Programme können zahllose weitere Verzweigungen und Entscheidungen eingebaut werden, um das Gerät zum gewünschten Verhalten zu bewegen. Um immer mehr Eventualitäten Rechnung zu tragen, müssen diese vom Operator vorausschauend in die Programme eingearbeitet werden, die dann allerdings schnell unübersichtlich und langsam in der Ausführung werden. Außerdem wird man immer wieder feststellen, dass man doch die eine oder andere Möglichkeit übersehen hat.

Ein sehr großer Vorteil solcher Steuerungen ist aber, deren hohe Flexibilität (die Steuerprogramme können jederzeit geändert werden) und die große Zahl der verarbeitbaren Informationen inkl. der Möglichkeit, dass ein Lerneffekt im Programm integriert wird.

Dies und der niedrige Preis von Computerchips sind sicherlich Gründe dafür, dass bei kommerziellen oder wissenschaftlichen Systemen eigentlich immer programmierte Steuerungen eingesetzt werden. Auch die erwähnten Fischertechnik- oder Lego-Roboter gehören zu diesem Typ. Allen diesen Systemen gemeinsam ist, dass sie zur Programmierung einen externen Computer benötigen. Die Steuerprogramme werden beispielsweise auf dem heimischen PC geschrieben und dann zum mobilen Roboter überspielt, wo sie gespeichert und bei Bedarf abgearbeitet werden.

3.2. Systemimmanente Steuerungen

Systemimmanente (dem System innewohnende Steuerungen) sind Steuerungen, die ohne „geschriebene Programme" auskommen. Diese Steuerungen sind direkt in das System integriert und stellen damit sozusagen ein festgelegtes Programm dar, welchem das Gerät folgt und welches ohne Hardwareänderungen nicht verändert werden kann. Solche systemimmanente Steuerungen sind meistens analog aufgebaut, sehr schnell und können einem vorgegebenen Problem exakt angepasst werden. Der elektrische Schaltungsaufwand wird aber bei komplexen Steuerungsproblemen sehr schnell sehr groß und die erhaltenen Systeme sind wenig flexibel und daher auch nicht für ständig wechselnde Aufgaben geeignet.

Der Vorteil besteht allerdings darin, dass einfache Systeme ohne allzu großen Aufwand und ohne die Benutzung eines PCs zu erstellen sind und schnell und sicher die gewünschte Aktion ausführen. Ein einfaches Beispiel für eine solche Steuerung ist ein Detektor, der bei Berührung mit einem Hindernis einen Kontakt schließt, welcher ein Relais für eine bestimmte Zeit umpolt und so eine kurze Rückwärtsfahrt (evtl. mit Drehbewegung) auslöst. Durch Einbau eines lichtempfindlichen Widerstandes in das für die Rückwärtsfahrt zuständige zeitgebende Glied lässt sich mit einfachsten Mittel bereits ein Gefährt mit interessanten komplexen Eigenschaften und Verhaltensweisen herstellen.

Verknüpfte oder parallel laufende, von mehreren Eingangsgrössen abhängige systemimmanente Steuerungen zeigen ein verblüffend komplexes Verhalten und eignen sich aufgrund ihres Aufbaus aus elektronischen Grundschaltungen hervorragend zum Experimentieren und zum Erlernen der Funktionsweise einfacher kybernetischer Systeme. Aus diesem Grund sind systemimmanente Steuerungen auch Thema dieses Buches. Ein Computer ist zur Programmierung der beschriebenen Roboter ist somit nicht erforderlich. Auf die explizite Beschreibung des Aufbaus von Robotern mit speicherprogrammierbaren Steuerungen wird hier verzichtet. Allerdings sind die meisten der vorgeschlagenen Konstruktionen durchaus mit einer Computersteuerung nachrüstbar und dadurch in ihren Verhaltensmöglichkeiten zu erweitern. In vielen Fällen bietet sich auch die Kombination von analoger und digitaler Steuerung an. Besonders für einfache Subsysteme (z. B. Lichtsucher mit Operationsverstärker siehe Kapitel 4.4 „Komparator-Schaltung", Seite 41) ist analoge Elektronik oft wesentlich einfacher zu realisieren als eine digitale Schaltung.

Letztendlich sollte man auch bedenken, dass die beste Software einen ungeschickt aufgebauten Roboter kaum verbessern kann. Das tollste Ausweichprogramm nützt schließlich nichts, wenn der aufwendige und stromverbrauchende Ultraschallsensor das dünne Stuhlbein nicht als Hindernis erkennt!

4. Die Roboter-Entwicklungs-Werkstatt

Wer sich mit der Konstruktion und dem Selbstbau kleiner Maschinen, Roboter, Modelle oder was auch immer beschäftigt, benötigt dazu neben etwas Werkzeug auch einen geeigneten Platz zum Werkeln. Natürlich muss dies nicht gleich eine komplette Werkstatt mit einem großen (und teuren!) Maschinenpark sein. Gerade für den Anfang genügen wenige Gerätschaften und ein Minimum an Platz. Vielleicht gibt es ja ein wenig genutztes Zimmer, das man mit einem stabilen Tisch und einem kleinen Schubladenschrank, einem Regal oder ähnlichem belegen kann. Zu beachten ist allerdings, dass bei Löt- und Bohrarbeiten Metallspäne anfallen und auch schon einmal heißes Lötzinn auf Tisch und Boden tropfen kann. Somit sollte man vorzugsweise einen alten Tisch verwenden und den Boden großzügig im Umkreis des Arbeitsplatzes mit einem Stück Teppichboden schützen (gibt es oft sehr günstig als Restabschnitt im Baumarkt!). Da sich gerade Metallspäne fest im Teppichbodenbelag verhaken, ist die Gefahr gering, dass diese Späne in die Wohnung getragen werden. Ein weiterer Punkt ist der besonders bei der Bearbeitung von Metallen entstehende Lärm. Besonders zu nennen ist hier Sägen und Bohren von Metall. Beim Sägen kann durch Verwendung eines guten, feinkörnigen Sägeblattes und evtl. eines dünnen Schmieröls die Lärmemission deutlich verringert werden. Beim Bohren geht das Hauptgeräusch von der Bohrmaschine aus. Hier sollte man beim Kauf auf eine laufruhige Maschine achten. Zusätzliche Geräuschdämmung des Arbeitstisches kann noch folgendermaßen erzielt werden: Benutzung einer Gummi- oder Kunststoffauflage auf der Arbeitsfläche. Gummistück unter die Füße des Tisches legen. Bei Wandbefestigung zwischen Wand und Befestigungswinkel ein Stück Gummi klemmen.
Es folgt die Zusammenstellung einer Minimalausstattung an Material und Werkzeug.

Ausstattung/Werkzeug

- **Stabiler Tisch**
  Wackelige Tische können evtl. mit einem Winkel an der Wand festgeschraubt werden. Am besten ist aber ein fester Tisch aus einer

massiven Platte aus Holz oder Leimholz mit fest verschraubten Füssen (beides im Baumarkt erhältlich).

- **Kleiner Schraubstock mit Befestigungsklemme**
Vakuum-Saugfüße sind wegen der mangelhaften Haftfestigkeit des Saugfußes, besonders auf Holz, nicht gut geeignet. Günstig ist ein kleiner Alu-Schraubstock, der mittels eines Kugelgelenks im Fuß in jeder Richtung verstellt werden kann.

- **Bohrmaschine**
Eine günstige Maschine mit Drehzahlregelung ist ausreichend. Allerdings sind sehr billige Maschinen auch oft ziemlich laut und das kann auf Dauer (auch für die Nachbarn!) unangenehm sein. Die auf dem Modellbausektor angebotenen (Niederspannungs-)Bohrmaschinen ohne Getriebe sind nur bedingt geeignet und meist überteuert. Oft besitzen die Maschinen kein Schnellspann-Bohrfutter und der Maximaldurchmesser der Bohrer beträgt nur 3,2 mm. Auch sollte man sich von den enorm hohen Drehzahlen nicht beeindrucken lassen – eine hohe Leerlauf-Drehzahl sagt nichts über das zu Verfügung stehende Drehmoment aus und ist nur für sehr dünne kleine Bohrer brauchbar. Je dicker der Bohrer desto langsamer und mit grösserem Drehmoment muss die Maschine laufen (vgl. Kapitel 4.1 Bohren/Gewindeschneiden).

- **1 Satz HSS-Metallbohrer**
Ein Satz HSS-Bohrer der billigsten Sorte ist normalerweise völlig ausreichend, da in der Regel keine härteren Metalle als Aluminium oder Messing bearbeitet werden. Diese Bohrer sind auch für Holz und Kunststoff geeignet. Spezielle mit Titannitrid beschichtete Bohrer (goldene Farbe) weisen etwas höhere Standzeiten auf, sind aber ansonsten nicht nötig.

- **Bohrständer / Ständerbohrmaschine / Kreuztisch**
Ein Bohrständer oder sogar eine Ständerbohrmaschine (Bohrmaschine und Bohrständer) in einem Gerät ist dann notwendig, wenn man exakte (= runde, senkrechte und richtig positionierte) Löcher bohren möchte. Allerdings benötigt man zu wirklich exaktem Arbeiten immer auch eine gute Bohrmaschine. Billigstmaschinen sind nämlich meistens mit schlechten = ausschlagenden Lagern ausgerüstet und erzeugen „eckige" und schlecht positionierte Löcher. Dies gilt gleichermaßen auch für Billigst-Ständerbohrmaschinen.

- **Metallfeilen**
Jeweils mindestens eine kleine halbrunde (Durchmesser etwa 1 cm) und eine runde (Durchmesser ungefähr 3…5 mm) „Schlüsselfeile"

(kleine Feile mit feiner Zahnung). Hier lohnt sich der Kauf einer guten Qualität.

- **Metallsäge**
  Eine preiswerte kleine Handsäge (etwa 20 cm lang) ist ausreichend, jedoch sind die beiliegenden Sägeblätter oft schlecht und es sollte ein Pack guter Metall-Sägeblätter mit feiner Zahnung zugekauft werden. Für gebogene Ausschnitte ist zusätzlich eine Laubsäge gut geeignet.
  Zum exakten Sägen von beliebigen Winkeln ist eine verstellbare Winkelsäge hilfreich. Dies Sägen sind in „Billigausführung" z. B. zum Bilderrahmen sägen sehr günstig zu haben. Ersetzt man das beiliegende Holzsägeblatt durch ein qualitativ hochwertiges Metallsägeblatt mit feiner Zahnung erhält man eine durchaus brauchbare (leider aber auch recht große) Winkelsäge.

- **1 Satz Inbusschlüssel**
  Preisgünstige Qualität ausreichend. Für kleine Inbusschrauben gibt es im Elektronikhandel günstig spezielle Inbussätze mit in kleinen Abmessungen.

- **1 Satz Schraubendreher, normal und Kreuzschlitz**
  Hier sollte auf gute Qualität/Markenprodukte geachtet werden.

- **Kleiner Seitenschneider, kleine Spitzzange**
  Mittleres Preissegment aus dem Baumarkt ist brauchbar.

- **Pinzette, Festhaltepinzette**
  Eine spitze Pinzette und eine sog. Festhaltepinzette (ist im Ruhezustand geschlossen) sind zum Halten von Kleinteilen hilfreich.

Material

- **Sperrholzbrettchen, Plexiglasstücke**
  Gibt es in den benötigten kleinen Abmessungen oft kostenlos in der Abfallkiste im Baumarkt.

- **Schrauben, Muttern, Unterlagscheiben und Federringe**
  Vorzugsweise die Grössen M3 und M4. Am besten verzinkte Ausführung, Edelstahl ist nicht notwendig.

- **Sortimentskästen**
  Zum Aufbewahren von Kleinteilen aller Art eignen sich Sortimentskästen. Besonders praktisch sind Kästen mit gleicher Grundfläche

in verschiedener Höhe mit einzeln herausnehmbaren Fächern in verschiedener Größe.

- **Aluminium- und Kunststoffleisten und Winkel**
  Leisten und Winkel in Breiten von etwa 1…3 cm

- **Messing- oder Aluminiumstäbe und Röhrchen**
  Durchmesser etwa 1…8 mm

- **Gewindestäbe**
  M3 und M4 aus verzinktem Eisen am günstigsten

- **Sortiment Kabelbinder**
  Verschiedene Größen. Günstig in jedem Baumarkt erhältlich.

- **Sortiment Lüsterklemmen**
  Je 1 Stange in verschiedenen Durchmessern. Auch gut geeignet zum Verbinden von Wellen.

- **Möbelrollen**
  Einige, eher kleine und leichte, drehbare Möbelrollen.

- **Räder**
  Geeignete Räder sind leider nicht so einfach zu erhalten. Gut geeignet und preiswert sind Fischertechnik-Räder, die sich auf handelsüblichen 4 mm Messing- oder Aluminiumstangen fixieren lassen. Fürs erste genügen auch Möbelräder (Holz, Kunststoff) die jedoch eine möglichst kleine Zentralbohrung aufweisen sollten (2…5 mm). Räder für Modellbauzwecke sind sehr teuer und nicht unbedingt notwendig.

Anmerkung: Zahlreiche der benötigten Materialien und Werkzeuge erhält man im Baumarkt, Bastelgeschäft, Modellbauladen, Elektronikgeschäft oder im einschlägigen Versandhandel. Wie überall gibt es auch in diesem Bereich sehr große Preis- und Qualitätsunterschiede. Leider gibt es gerade im Werkzeugsektor viele überteuerte Angebote, die nur dem ersten äußeren Anschein nach einem Qualitätswerkzeug entsprechen. Am sichersten vor unliebsamen Überraschungen ist man beim Kauf bei Industriebedarf-Lieferanten. Im Laufe der Zeit wird sich ohnehin ein gewisser Fundus von Kleinteilen angesammelt haben, der das Zukaufen von Neuteilen immer seltener notwendig macht.

Elektro- / Elektronikzubehör

- **Lötkolben**
  Ein leichter Markenlötkolben mit etwa 30 W Leistung, am besten mit einer so genannten „Dauerlötspitze" sowie handelsübliches Elektronik-Lötzinn und ein Schwämmchen ist ausreichend. Gute Geräte gibt es z. B. von Weller® oder Ersa®. Eine Lötstation mit Temperatureinstellung ist fürs erste nicht notwendig.

- **Abisolierzange**
  Eine billige, automatische Abisolierzange ist für den Anfang ausreichend.

- **Stromversorgung**
  Eine brauchbare Möglichkeit der Stromversorgung besteht in der Benutzung von Batterien oder besser Akkus. Ein Batteriekasten für 6 Monozellen mit Abgriffen nach jeder Zelle liefert positive und negative Spannungen bis 9 V im Abstand von 1,5 V (oder bis 7,2 V im Abstand von 1,2 V bei NiCd-Akkus). Für erste Versuche ist auch ein einfaches Steckernetzgerät mit umschaltbaren Spannungen (DC = Gleichspannung) nützlich. Allerdings sollte man sich frühzeitig den Kauf oder Selbstbau eines regelbaren Netzgerätes mit Spannungs- und Stromanzeige überlegen. Ein Spannungsbereich von 0...20 V bei max. 2 A ist ausreichend und bietet beim praktischen Arbeiten zahlreiche Vorteile. Der Selbstbau ist auch für Anfänger ohne allzu große Probleme zu bewältigen. Siehe dazu auch Exkurs Spannungsversorgungen.

- **Universalmessgerät**
  Ein günstiges Messgerät mit Digitalanzeige und Messbereichen für Strom, Spannung, Widerstand und Stromverstärkung von Transistoren („hfe") ist völlig ausreichend. Aufgrund des niedrigen Preises kann man sich auch gleich zwei Geräte anschaffen, was in den Fällen hilfreich ist, wo man sich gerne zwei Parameter gleichzeitig anschauen möchte (z. B. Strom in Abhängigkeit zur Spannung usw.). Zum einfacheren Abgreifen von Spannung usw. sind Anschlusskabel mit Krokodilklemmen (selber basteln!) oder spezielle Feder-Klemmen sehr hilfreich.

- **Batterien, Batteriekästen**
  Ein Sortiment Batterien und einige passende Batteriekästen sind für den Anfang ausreichend. Für viele Roboter ist die Größe „Mignon" geeignet.

- **Akkus, Ladegerät**
  Auf die Dauer ist es günstig, Batterien durch wiederaufladbare Akkus zu ersetzen. Diese passen ebenfalls in die gängigen Batteriekästen haben jedoch eine geringere Klemmspannung (1,2 V anstatt 1,5 V). Zum Laden der Akkus benötigt man ein Ladegerät. Billige Ladegeräte besitzen keinerlei Ladekontrolle und der (vorher entladene!) Akku muss nach Ablauf der Ladezeit entnommen werden. Das Nachladen teilentladener Akkus kann zur Zerstörung des Akkus führen. Besser und leider auch teurer sind Geräte, die nach erfolgter Ladung auf „Erhaltungsladung" umschalten oder die gar den Akkuzustand automatisch erkennen und mikroprozessorgesteuert optimal laden.

- **Draht, Litze, Krokodil-Strippen**
  Mehrere Rollen Schaltdraht und Litze in verschiedenen Farben. Als Litze lassen sich alte Computer-Flachbandkabel verwenden, von denen man je nach Bedarf die einzelnen Drähte abziehen kann. 1 Pack Strippen mit Krokodilklemmen (die Krokodilklemmen sind manchmal schlecht aufgepresst und führen zu Wackelkontakten – nachbessern oder entsorgen!)

- **Elektronische Bauteile***
  1 Sortiment Widerstände ¼ W; 10 npn-Transistoren BC547B oder C; 1 Sortiment Elektrolytkondensatoren 1...1000 μF/20V; einige LDR's (lichtempfindliche Widerstände), Sortiment LED's (am besten neuere, stromsparende Typen), Sortiment Trimmpotentiometer, 10 Dioden (1N4001) Je 2...3 der folgenden ICs: 555, 741 (vorangestellte Buchstaben bezeichnen den Hersteller und sind nicht relevant).
  Viele Bauteile können unsortiert als Restposten extrem günstig erworben werden. Hier sei besonders auf die einschlägigen Internet-Auktionsseiten – siehe Anhang – verwiesen. Dort gibt es ständig Hunderte von günstigen Elektronikauktionen.

- **Motore und Getriebe**
  Dieses Thema ist recht komplex und wird im Kapitel „Antriebe" detailliert behandelt. Günstige Motore und Getriebe werden immer wieder bei ebay angeboten. Ansonsten sei auf die Firmen Conrad Electronic, Respotec oder Lemo-Solar (siehe Anhang) hingewiesen.

*Generell ist es günstig, wenn man sich je ein Sortiment mit verschiedenen Widerständen, Potentiometern, Kondensatoren, Dioden und Transistoren anlegt. Mit etwas Geduld lassen sich viele Bauteile aus alten Elektrogeräten ausbauen oder günstig als Restposten erwerben. Hochfrequenzgeräte wie Radios, Stereoanlagen, Fernseher oder Computer sind zum „Ausschlachten" dabei allerdings nicht so ergiebig wie alte Industriegeräte (Netzgeräte, Regelgeräte usw.). Auch alle Geräte mit einer Mechanik (Kopiergeräte, Drucker usw.) sind wahre Fundgruben für den Roboterbastler, da diese Geräte intern meist mit Schwachstrom betrieben werden und Motore, Getriebe, Rollen, Lager, Zahnräder und sonstige Mechanikteile enthalten. Einfach Augen offen halten oder einmal im Bekanntenkreis herumfragen. Vielleicht hat der eine oder andere eine gute Idee, wo es was zu holen gibt.

Baukästen

Seit mehreren Jahren gibt es im Handel bereits diverse Roboter-Baukästen. Die bekanntesten sind von Fischertechnik® und Lego®. Da diesen Baukästen eine detaillierte Anleitung beiliegt, soll darauf hier nicht näher eingegangen werden. Durch die begrenzte Anzahl von vorgefertigten Bauteilen sind bei diesen Baukästen eigenen, kreativen Ideen aber auch recht große Einschränkungen auferlegt. Schließlich möchte man die teuren Bauteile ja nicht zersägen. Der Hauptvorteil der Baukästen liegt im schnellen und einfachen Aufbau von Robotern, ohne dass Werkzeug benötigt wird und in der Möglichkeit zum flexiblen Programmieren des zugehörenden Interfaces.
Wer jedoch eigene ausgetallene Ideen verwirklichen möchte und auch einen etwas höheren mechanischen Aufwand beim Bau eines Roboters nicht scheut, kann aber auch andere Baukasten-Bauteile (Trix, Fischertechnik, Mechano usw.) gut in eigene Entwicklungen integrieren, sofern man keine Hemmungen hat, auch einmal ein „nicht passendes" Stück zurechtzufeilen. Günstige Metallbaukästen werden manchmal bei Versteigerungen, z. B. bei e-bay im Internet angeboten (siehe Internet-Links im Anhang). Allerdings sind komplette Baukästen namhafter Hersteller gesuchte Sammlerobjekte und dementsprechend teuer. Aber ein alter, unvollständiger „no-name-Baukasten" für ein paar Euro tut es ja auch. Ein kleiner Nachteil bei Metallbaukasten-Konstruktionen ist jedoch oft das hohe Gewicht der Metallteile, sodass die fertigen Konstruktionen gut motorisiert werden müssen, was wiederum die Akkus ziemlich beansprucht. Kurze Fahrdauer und/oder eine schwerfällige Bewegung ist dann die Folge. Gerade für mobile Objekte sind daher Baukästen mit Aluminiumteilen, wie zum Beispiel Trixi-Baukästen besser geeignet.

4.1 Bohren/Gewindeschneiden

Das Bohren von Löchern dürfte die am häufigsten vorkommende mechanische Bearbeitung von Werkstücken beim Bau eines Roboters sein.

Daher soll darauf kurz näher eingegangen werden. Normalerweise wird man Löcher in Durchmessern von etwa 2 bis 8 mm in Holz und Metall (meist Aluminium oder Messing) seltener Kunststoff (Plexiglas usw.) bohren. Für alle diese Materialien sind handelsübliche HSS-Bohrer geeignet (HSS=Hochgeschwindigkeits-Schnellstahl). Für einige Kunststoffe sind zwar speziell geschliffene Bohrer günstiger, wer aber nur gelegentlich Kunststoffe bohrt und dabei mit etwas Sorgfalt (verminderte Bohrer-Drehzahl und Kühlung) ans Werk geht, wird auch mit den Standard HSS-Bohrern zurande kommen. Stellt sich noch die Frage, mit welcher Drehzahl denn eigentlich gebohrt werden sollte. Wer nun denkt, je mehr umso besser (schließlich werden in der Werbung ja Maschinen mit „sagenhaften" 30.000 Umdrehungen je Minute angepriesen), den muss ich hier leider enttäuschen. Es sei denn, Sie möchten nur Löcher mit maximal 1 mm Durchmesser bohren! Je größer nämlich das gebohrte Loch, desto geringer muss die Bohrer-Drehzahl sein. Die üblichen Hochgeschwindigkeits-Kleinstbohrmaschinen sind ohnehin zum Freihandbohren wenig geeignet, da sie keine stufenlose Drehzahlregulierung aus dem Stand besitzen, was das Ansetzen des Bohrers sehr schwierig macht. Allerdings können sehr dünne Löcher (< 1 mm) gut mit diesen hochdrehenden Maschinen gebohrt werden. Als Bohrer für Holz, Pertinax und einige Kunststoffe eignet sich

Werkstoff	Bohrer-Durchmesser	Empfohlene Drehzahl	Maximaler Vorschub[1]	Kühlung[2]
Messing (spröde) Rein-Aluminium	2 mm	11000 U/min	15 mm/sec	Bohremulsion
	5 mm	4500 U/min	12 mm/sec	
	8 mm	3000 U/min	10 mm/sec	
Messing (zäh) Handelsübliche Aluminiumlegierungen	2 mm	7500 U/min	5 mm/sec	Bohremulsion
	5 mm	3000 U/min	5 mm/sec	
	8 mm	2000 U/min	5 mm/sec	
Bronze Kupfer Weiche Kunststoffe (Thermoplaste)	2 mm	4500 U/min	3 mm/sec	Bronze, Kupfer: Bohremulsion Thermoplaste: Pressluft oder Wasser
	5 mm	1700 U/min	3 mm/sec	
	8 mm	1100 U/min	3 mm/sec	
Plexiglas[3] Hartgummi[3] Schichtpressstoffe	2 mm	3200 U/min	2,5 mm/sec	Plexiglas: Wasser Hartgummi, Schichtpressstoffe: trocken oder Pressluft
	5 mm	1300 U/min	1,8 mm/sec	
	8 mm	800 U/min	1,7 mm/sec	
Harte Kunststoffe (Duroplaste) [3]	2 mm	2300 U/min	2 mm/sec	Trocken oder Pressluft
	5 mm	900 U/min	1,5 mm/sec	
	8 mm	600 U/min	1,3 mm/sec	

[1]Der angegebene Vorschub bezieht sich auf die empfohlene Drehzahl.
[2]Wer nicht Kühlen kann oder möchte, sollte Drehzahl und Vorschub sicherheitshalber um mindestens 50% reduzieren: Dies sollte im Hobbybereich eigentlich keine allzu grosse Rolle spielen.
Als brauchbare Kühlflüssigkeit, besonders für die Verarbeitung von Kunststoffen, ist auch sogenannte „Brennpaste" (normalerweise zum Grillanzünden etc.) geeignet. Diese Brennpaste besteht aus eingedicktem Spiritus und hat im Gegensatz zu unverdicktem Spiritus den Vorteil, dass sie sich sehr gut an die zu kühlenden Stelle (am besten mit einer Einweg-Tropfpipette) dosieren lässt und nur langsam verdunstet. Rückstände können mit einem Einwegtuch aufgenommen und dem normalen Hausmüll zugeführt werden.
[3]Für diese Werkstoffe werden spezielle Kunststoff-Bohrer empfohlen.

dazu schon ein einfacher Stahldraht entsprechenden Durchmessers, der in die Maschine eingespannt wird.

Realistische Werte für Bohrerdrehzahlen größerer Bohrer sind in der folgenden Tabelle zusammengefasst. Der Vorschub ist dabei von der in Datenblättern angegebenen Einheit mm/Umdrehung bereits in etwas besser fassbare mm/sec (bei empfohlener Drehzahl) umgerechnet.

Die Tabelle auf der linken Seite bezieht sich auf die Verwendung von handelsüblichen HSS-Bohrern. Bei Verwendung von (goldfarbenen) Titannitrid-beschichteten Bohrern kann die Drehzahl und der Vorschub um bis zu 30% erhöht werden.

Bezüglich der anzuschaffenden Bohrer-Durchmesser ist ein normaler Satz von 1...10 mm in Abstufungen von 0,5 mm im Normalfall ausreichend. Lediglich zum Schneiden von Gewinden sind noch einige Sondergrössen zum Vorbohren der Kernlöcher notwendig. Als Faustregel gilt bei Gewinden bis M10: Durchmesser Kernbohrung = Gewindedurchmesser x 0,8. Die genauen Kernlochdurchmesser sind in der folgenden Tabelle zusammengefasst. Ebenso sind die Gewindesteigungen aufgeführt. Diese sind beispielsweise wichtig beim Bau von Lineargetrieben und geben an, wie weit sich eine Mutter je Umdrehung auf dem entsprechenden Gewinde linear verschiebt.

Wird der Kernlochdurchmesser grösser als angegeben gewählt, ist das Gewinde zwar leichter zu schneiden, aber nicht so belastbar. Zum Schneiden von Innengewinden benutzt man am besten ein dreiteiliges

Gewindegrösse	M2	M2,5	M3	M4	M5	M6	M8	M10
Bohrer-Durchmesser für Kernloch	1,6 mm	2,0 mm	2,5 mm	3,3 mm	4,2 mm	5,0 mm	6,8 mm	8,5 mm
Gewindesteigung P in mm/Umdrehung	0,4	0,45	0,5	0,7	0,8	1,0	1,25	1,5

Gewindeschneid-Set. Dieses ergibt bessere Ergebnisse, als Gewindeschneider, die ein fertiges Gewinde in einem Arbeitsgang schneiden. Die Verwendung eines langsamdrehenden Akkuschraubers zum Gewindeschneiden ist auch vorteilhaft. Auch dabei muss, genauso wie beim Handschneiden, nach einigen Umdrehungen das Schneideisen wieder etwas zurückgedreht und das Gewinde von Spänen gereinigt werden.

4.2   Löten

Da es zum Löten bereits einschlägige Fachliteratur in mannigfaltiger Ausführung gibt, soll hier nicht im Einzelnen auf die Feinheiten des Lötens eingegangen werden. Nur so viel: Ein einfacher Lötkolben mit etwa 20…30 W Leistung und einer feinen, so genannten „Dauerlötspitze" ist für Elektronikzwecke völlig ausreichend. Eine „Dauerlötspitze" ist eine mit Eisen überzogene Lötspitze. Der Überzug ist durch sein im Vergleich zum restlichen Metall andersartiges Aussehen leicht zu erkennen. Diese Lötspitzen sind zwar etwas teurer als die normalen, aber im täglichen Gebrauch auch wesentlich besser und langlebiger. Als Lötmaterial verwendet man am besten ein Elektroniklötzinn von ungefähr 1 mm Durchmesser. Elektroniklötzinn besitzt eine Füllung mit Flussmittel, sodass keine weiteren Chemikalien zum Löten notwendig sind. Es sei allerdings erwähnt, dass das im Lötzinn enthaltene Flussmittel meistens Kolophonium oder andere reizenden Chemikalien enthält, sodass der Lötrauch nicht eingeatmet werden sollte. Das ist leichter gesagt als getan, da man sich beim Löten oft genau über den Lötkolben beugt. Um das Einatmen von Lötrauch zu verhindern, gibt es käufliche Absauggeräte mit (Aktivkohle)-Filter oder auch spezielle Lötkolben mit einer Absaugung direkt über der Lötspitze. Wem dies zu aufwendig ist, kann auch einen kleinen (leisen!) Ventilator (z. B. Computerlüfter) auf den Tisch stellen und den Lötrauch so wegziehen oder blasen. Der Rauch wird dann zwar nicht gefiltert aber doch so mit der Umgebungsluft verdünnt, dass die Gesundheitsgefahr deutlich geringer ist als beim direkten Einatmen.

Mit einem 20…30W Lötkolben können übrigens problemlos auch noch dünne Bleche oder Stangen aus verzinktem Eisen, Kupfer oder Messing gelötet werden. Aluminium ist ohne spezielle Flussmittel oder Vorbehandlung aber nicht lötbar.

Für Lötarbeiten an etwas massiveren Bauteilen eignen sich auch gut kleine Gasbrenner, wie sie teils im Kugelschreiberformat in Baumärkten usw. erhältlich sind.

4.3   Aufbau von Schaltungen

Zum Aufbau von Schaltungen gibt es zahlreiche Varianten. Die gewählte Aufbauvariante richtet sich nach der Komplexität der Schaltung und danach, ob die Schaltung nur zu Testzwecken aufgebaut wird und während des Testens noch verändert werden soll, oder ob es sich beispielsweise um den Nachbau einer funktionsfähigen Schaltung handelt. Außerdem ist zu beachten, inwieweit der Aufbau der Schaltung mit der gezeichneten Vorlage übereinstimmt. Ein übersichtlicher Aufbau einer Testschaltung mit der Anordnung der Bauteile und Verbindungen ähnlich der Vorlage ist leicht zu überschauen. Fehler sind schnell entdeckt und Änderungen schnell durchgeführt. Allerdings ist natürlich auch leicht einzusehen, dass bei einem solchen Aufbau die Raumausnutzung eher bescheiden ist. Im Folgenden sind daher die verschiedenen Aufbauvarianten jeweils mit einem Bild und mit der Angabe ihrer Vor- und Nachteile aufgelistet.

- **Fliegender Aufbau mit Krokodilstrippen**

    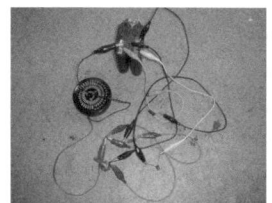

    ☺ Schnell ohne Löten und ohne Beschädigung oder Veränderung von Bauteilen aufgebaut.
    ☹ Wird schnell unübersichtlich. Neigt zu Wackelkontakten und Kurzschlüssen.
    ☞ *Geeignet für*: Einfache Aufbauten; Test von Bauteilen; Verbindung einzelner separat aufgebauter Module.

- **Holzbrettchen + Reißbrettstifte**

    ☺ Schnell aufgebaut und übersichtlich. Die große Fläche der Reißzwecken ermöglicht das problemlose Anlöten mehrerer Bauteile an eine Reißzwecke.
    ☹ Großer Platzbedarf der Schaltung. Löten notwendig. Bei empfindlichen Schaltungen können Kriechströme durch das Holz das Verhalten der Schaltung verändern.
    ☞ *Geeignet für*: Einfache und mittelgroße Schaltungen. Verwendung von C-MOS-Bauteilen evtl. problematisch.

- **Holzbrettchen + Lötnägel**

    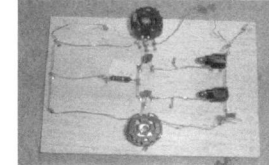

    ☺ Schnell aufgebaut und übersichtlich. Lötet man Steckschuhe an öfters benötigte Bauteile, können diese schnell durch Umstecken geändert werden.
    ☹ Großer Platzbedarf der Schaltung. Löten notwendig. Bei empfindlichen Schaltungen können Kriechströme durch das Holz das Verhalten der Schaltung verändern.
    ☞ *Geeignet für*: Einfache und mittelgroße Schaltungen. Verwendung von empfindlichen C-MOS-Bauteilen evtl. problematisch. (Das Brettchen, auf der die Schaltung aufgebaut ist, lässt sich gleichzeitig als Basisplatte für ein Fahrzeug verwenden).

- **Lochrasterplatine mit Lötnägeln + Bauteile mit Steckschuhen.**

    ☺ Sehr übersichtlicher Aufbau analog der gezeichneten Schaltung. Sehr schneller Austausch von Bauteilen möglich. Ideal für Anfänger.

☻ Etwas längere Vorbetreitungszeit der Platine. Verschiedene Platinen für verschiedene Schaltungstypen notwendig.

☞ *Geeignet für*: Einfache bis mittelschwere Schaltungen.

- **Lötleiste**

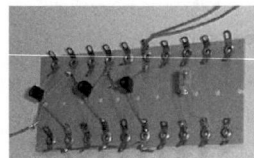

☺ Recht schnell aufgebaut. Bauteile und Verdrahtung auf der gleichen Seite.

☻ Anordnung der Bauteile ist abweichend von der gezeichneten Schaltung.

☞ *Geeignet für*: Einfache bis mittelschwere Schaltungen.

- **Geätzte Platine (Handgezeichnet oder über Vorlage belichtet)**

☺ Professionelles Aussehen, sehr zuverlässig, Kleinserien möglich.

☻ Selber herstellen ist recht aufwendig und für ein Stück normalerweise unrentabel.

☞ *Geeignet für*: Alle Arten von Schaltungen, vorzugsweise solche, von denen bereits ein Platinenlayout vorhanden ist oder die in größerer Stückzahl benötigt werden.

- **Experimentier-Steckplatine**

☺ Schnell aufgebaut.

☻ Anordnung der Bauteile ist abweichend von der gezeichneten Schaltung. Ausgelötete, gebrauchte Bauteile nur bedingt verwendbar.

☞ *Geeignet für*: Einfache bis mittelschwere Schaltungen.

- **Lochraster- / Streifenraster- / IC-Platine, gelötet**

☺ Recht schnell aufgebaut. Mit etwas Übung lassen sich Schaltungen auf sehr kleinem Raum verwirklichen.

☻ Anordnung der Bauteile ist abweichend von der gezeichneten Schaltung. Verbindungen und Bauteile normalerweise spiegelverkehrt auf verschiedenen Seiten der Platine. Daher Anfangs etwas gewöhnungsbedürftig.

☞ *Geeignet für*: Alle Arten von Schaltungen.

- **Lüsterklemmen**

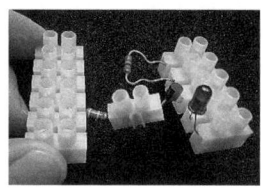

  ☺ Schneller und reversibler Aufbau möglich.
  ☹ Nicht geeignet für Schaltungen mit ICs.
  ☞ *Geeignet für*: Einfache Schaltungen.

4.4 Elektronische Grundlagen

Der Bau von Robotern stellt immer eine enge Verknüpfung von Mechanik und Elektronik dar. Hier werden einige grundlegende elektronische Sachverhalte, beginnend mit einer kurzen Einführung der gängigsten elektronischen Bauteile dargestellt. Dabei ist besonderer Wert auf die Angabe von Daten, Tipps und Hinweisen gelegt, die für den Bau von Robotern interessant sind. Diese Angaben ersetzen aber keinesfalls ein gutes Lehrbuch zur Elektronik (siehe Kapitel 9, Abschnitt „Literatur, Bezugsquellen, Internetadressen").

Bauteile im Überblick

Transistoren

Es gibt npn und pnp-Transistoren. Schaut man sich diverse elektronische Schaltungen an, fällt auf, dass npn-Transistoren bei weitem in der Überzahl sind. Das kommt daher, dass sich der Minuspol als Bezugspunkt = 0 V eingebürgert hat. Alle Spannungen im System sind dann positiv gegen Minus. Dies favorisiert den npn-Transistor, der ebenfalls eine positive Steuerspannung benötigt. Für fast alle Schaltungen in diesem Buch werden daher auch npn-Transistoren verwendet. Ein Klassiker unter diesen Transistoren ist der BC547b oder 547c (der kleine nachgeschaltete Buchstabe gibt die Stromverstärkung an – siehe Abbildung 4.1). Für einfache Treiberschaltungen (beispielsweise für Relais oder Kleinmotore bis zu einer Leistung von 0,5 W) genügt ein 547. Wer größere Ströme schalten will, muss auf ein leistungsfähigeres Transistormodell zurückgreifen. Für einfache Schaltaufgaben eignen sich eigentlich alle Transistoren mit einer genügend hohen Belastbarkeit. Die große Vielzahl von Transistoren rührt daher, dass die meisten Modelle für Nieder- oder Hochfrequenzanwendungen vorgesehen sind und dort Eigenschaften zum Tragen kommen, die für einfache Schaltaufgaben ohnehin nicht relevant sind. Datenblätter für gängige Transistoren findet man schnell, wenn man die Abkürzung des Transistors + „Datasheet" in einer Internet Suchmaschine (z. B. Google) eingibt. Andererseits kann man auch einen vorhandenen Transistor ausmessen, da viele Messgeräte (auch sehr preiswerte) mittlerweile über die Möglichkeit verfügen die Stromverstärkung eines Transistors zu messen. Damit lässt sich dann auch ein defekter Transistor oder eine falsche Pin-Zuordnung erkennen. Zudem kann man auch feststellen, dass die Stromverstärkung eines Transistors, der einmal überbeansprucht wurde, meist deutlich abfällt! Leider sind die Pinbelegungen von Transistoren nicht einheitlich, sodass man die Pinbelegung eines Transistors in jedem Fall vor seiner Verwendung im Tabellenbuch oder im Internet nachschauen muss.

Für den häufig verwendeten Transistor BC 547 (a, b oder c) sind die wichtigsten Daten hier zusammengefasst:

Abbildung 4.1:
NPN-Transistor
BC 547.

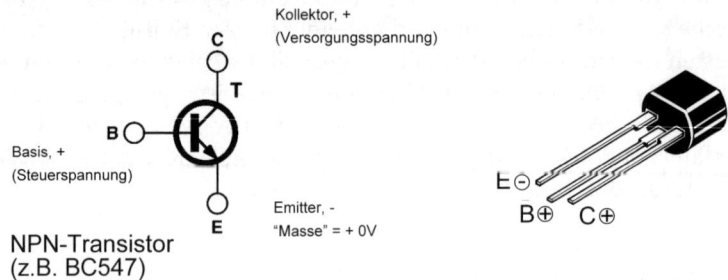

NPN-Transistor
(z.B. BC547)

Maximale Spannung Emitter – Basis:	6 V
Maximale Spannung Emitter – Collector:	45 V
Maximaler Strom:	100 mA (kurzzeitig 200 mA)
Maximale Leistung:	500 mW
Stromverstärkungsfaktor:	a = 110...220; b = 200...450; c = 420...800)

Dioden

Eine Diode ist ein Bauteil, das für den elektrischen Strom nur in einer Richtung durchgängig ist. Somit handelt es sich bei der Diode sozusagen um ein elektronisches Rückschlagventil. Je nach Anschluss von Anode (Pluspol) und Kathode (Minuspol) unterscheidet man bei einer Diode zwei Richtungen. Die Durchlassrichtung, in der die Diode leitend ist und die Sperrrichtung, in der die Diode als Isolator wirkt. Allerdings benötigt eine Diode auch in Durchlassrichtung eine gewisse Mindestspannung, bevor ein nennenswerter Strom fließen kann. Diese Mindestspannung wird als Durchlassspannung bezeichnet. Gleichzeitig erniedrigt die Diode die anliegende Spannung um genau diese Durchlassspannung. Wird also ein Motor mit einer vorgeschalteten Silizium-Diode (Durchlassspannung 0,7 V) an einem 4,8 V Akku betrieben liegen am Motor nur noch 4,1 V an. Der Rest geht sozusagen in der Siliziumdiode verloren und wird dort je nach Stromfluss als Wärme freigesetzt. Für Anwendungen, bei denen dieser Effekt nicht erwünscht ist (z. B. für Solaranwendungen), gibt es besondere Dioden mit einer sehr geringen Durchlassspannung, so genannte Schottky-Dioden.

Die Sperrspannung liegt bei Siliziumdioden normalerweise sehr hoch und darf nicht überschritten werden, da dann die Diode zerstört wird. Anders bei Z-Dioden. Diese Dioden werden in Sperrrichtung betrieben und sind mit nahezu allen Sperrspannungen, beginnend von 0,7 V im Abstand von 0,1 V erhältlich.

Eine andere, außergewöhnliche Diode ist die Leuchtdiode, kurz als LED (Light Emitting Diode) bezeichnet. Bei diesem Bauteil steht die Emission von Licht im Vordergrund. Leuchtdioden gibt es in vielen Farben. Am preiswertesten sind solche in den Leuchtfarben Rot, Grün, Orange und Gelb. Blau oder weiß leuchtende LEDs sind dagegen ziemlich teuer. Außer der Leuchtfarbe unterscheiden sich Leuchtdioden noch ganz beachtlich in ihrem Wirkungsgrad. Ältere Leuchtdioden benötigen zum Erreichen einer brauchbaren Leuchtkraft etwa 10...20 mA, neuere Modelle nur noch 1...2 mA Strom. Sehr helle, weiß leuchtende LEDs (Stromverbrauch etwa 20 mA) werden bereits als energiesparende Taschenlampe oder als Fahrradbeleuchtung eingesetzt. Diese LEDs strahlen das Licht allerdings nur in einem Winkel von etwa 20° ab. In diesem Winkel erreichen sie die Leuchtstärke einer 5 W Glühlampe (etwa 6 cd), etwas daneben bleibt es aber (im Gegensatz zur erwähnten 5 W Glühlampe) schon dunkel!

Der gegenteilige Effekt, nämlich die direkte Umwandlung von Lichtenergie in elektrische Energie wird dagegen bei Photodioden (siehe auch Kapitel 7, Abschnitt „Licht-Sensoren") ausgenutzt. Photodioden liefern eine mit dem Lichteinfall ansteigende elektrische Spannung. Großflächige Photodioden werden als Solarzellen bezeichnet und dienen der Energiegewinnung aus Sonnenlicht.

Hier eine kurze Übersicht über gängige Dioden:

	Durchlassspannung	Sperrspannung
Universal Siliziumdioden*	0,7 V	50...1000 V
Germaniumdioden	0,3 V	50...500 V
Schottky-Dioden	0,3 V	50...1000 V
Zener-Dioden	0,7 V	ab 0,7 V in 0,1 V Schritten
Leuchtdioden rot, orange, gelb, grün	1,7...2,2 V	5 V
Leuchtdioden blau	etwa 3 V	5 V
Leuchtdioden pink, weiß	etwa. 3,5 V	5 V

*Übliche Siliziumdioden sind:
1N4148 (Kleinsignaldiode – Belastbarkeit max. 200 mA)
400X (X = Strombelastbarkeit in A, z.B. 4003 = Universal Siliziumdiode für max. 3 A)

Abbildung 4.2:
Schaltzeichen und
Kennzeichnung
von Dioden.

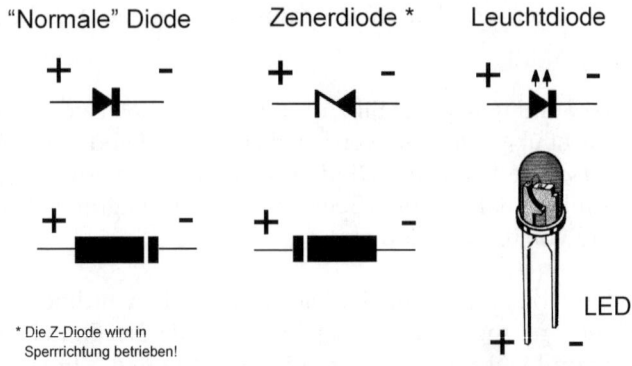

Kondensatoren

Kondensatoren sind Bauteile, die prinzipiell dazu in der Lage sind Energie zu speichern. Die Speicherung geht so vonstatten, dass beim Anlegen einer Spannung ein Strom sozusagen in den Kondensator fließt, wodurch sich der Kondensator bis maximal zur angelegten Spannung auflädt. Die Aufladung geschieht dabei exponentiell, das heißt, am Anfang fließt ein hoher Strom und die Spannung steigt schnell, am Ende des Ladevorganges wird der Stromfluss immer geringer und die Spannung nähert sich dem Höchstwert. Sobald die Spannung am Kondensator der angelegten Spannung entspricht, sollte der Stromfluss theoretisch Null werden. In der Praxis fließt aber dann immer noch ein so genannter „Leckstrom" durch den Kondensator, der bei Abschaltung der äußeren Spannung mit der Zeit zum Entladen des Kondensators führt. Ein geringer Leckstrom ist somit ein Qualitätskriterium eines guten Kondensators.

Die maximal speicherbare Energie hängt von der Kapazität und der Ladespannung ab und ist bei normalen Kondensatoren recht gering. Elektrolytkondensatoren besitzen dabei eine höhere Kapazität als „normale" Kondensatoren. Weiterhin gibt es spezielle „Doppelschichtkondensatoren", welche die Speicherung größerer Energiemengen erlauben (siehe dazu Kapitel 5, Abschnitt „Energiezufuhr und Energiespeicherung mittels Kondensatoren"). Kondensatoren gibt es in zahlreichen Ausführungen für verschiedenste Verwendungszwecke. Wichtig ist die Erkennung von Elektrolytkondensatoren (und Doppelschichtkondensatoren!), da diese einen Plus- und einen Minuspol besitzen und nur in einer Richtung angeschlossen werden dürfen. Auf Elektrolytkondensatoren ist daher normalerweise der Minuspol durch ein aufgedrucktes Minus- Zeichen gekennzeichnet. Weiterhin muss die Spannungsfestigkeit eines Kondensators beachtet werden. Besonders hochkapazitive Elektrolytkondensatoren und Doppelschichtkondensatoren weisen teilweise sehr geringe Spannungsfestigkeiten auf und können schon mit einer Batteriespannung von wenigen Volt überlastet sein.

Kondensator   Elektrolytkondensator

Abbildung 4.3: *Schaltzeichen und Kennzeichnung von Kondensatoren.*

Weitere Informationen zu Kondensatoren gibt es auf folgenden Internet-Seiten:

Übersicht: *http://de.wikipedia.org/wiki/Kondensator_(Elektrotechnik)*
Kennzeichnung von Kondensatoren:
http://www.elektronikkompendium.de/sites/praxis/kzkond.htm sowie *http://www.dl-qrp-ag.de/pdf//Unbek-RLC.PDF*

Widerstände

Widerstände sind die wohl am häufigsten verwendeten Bauteile in der Elektronik. Widerstände sind robust, preiswert und bereiten eigentlich kaum Probleme. Sie sind thermisch sehr belastbar, sodass auch beim Löten keine allzu großen Vorsichtsmaßnahmen notwendig sind. Widerstände gibt es mit unterschiedlichen Belastbarkeiten und in unterschiedlichen Genauigkeitsklassen. Da man besonders beim Bau von autonomen Robotern auf das „Verbraten" von Leistung an Widerständen verzichten sollte, ist die Leistungsklasse ¼-W völlig ausreichend. Die Kennzeichnung von Widerständen geschieht normalerweise durch den Aufdruck von vier oder fünf farbigen Ringen. Dabei erlauben fünf Ringe eine feinere Einteilung des Widerstandswertes und werden daher für besonders genaue Widerstände eingesetzt. Ein eventuell vorhandener sechster Ring kann dann noch den Temperaturkoeffizienten des Widerstandes angeben. Außer für spezielle Messaufgaben sind aber Widerstände mit vier farbigen Ringen (Normreihe E6 = ±20% Toleranz, E12 = ±10% Toleranz, E24= ±5% Toleranz) völlig ausreichend. Die Bedeutung der Farben ist in der folgenden Tabelle zusammengestellt. Zur einfachen und schnellen Bestimmung von Widerstandswerten sind außerdem kleine „Widerstands-Messuhren" aus Pappe im Handel.

Kennfarbe von Widerständen

Kennfarbe	1. Ring	2. Ring	3. Ring	Toleranz
keine	–	–	–	±20 %
silber	–	–	0,01	±10 %
gold	–	–	0,1	±5%
schwarz	–	0	1	–
braun	1	1	10	±1%
rot	2	2	100	±2%
orange	3	3	1 k	
gelb	4	4	10 k	
grün	5	5	100 k	±0,5%
blau	6	6	1 M	±0,25%
violett	7	7	10 M	
grau	8	8	100 M	
weiß	9	9	1000 M	

Zählweise: Man beginnt mit dem Farbring, der sich am nächsten zu einem Anschlussbeinchen befindet (manchmal ist auch der letzte Farbring breiter aufgedruckt!).

Vorgehen: Ersten und zweiten Ring zu einer Zahl zusammensetzen und mit dem Multiplikator multiplizieren.

Abbildung 4.4:
Widerstand (Bei-
spiel-Bestimmung
eines Wertes).

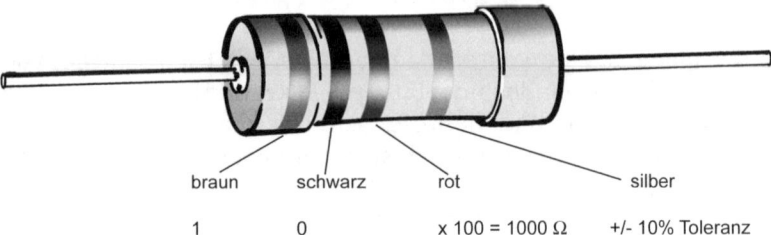

braun   schwarz   rot   silber

1   0   x 100 = 1000 Ω   +/- 10% Toleranz

Wer sich eingehender mit Widerständen befassen möchte, sei hier auf die umfangreiche Fachliteratur bzw. auf die Internetpublikationen verwiesen – beispielsweise:
Widerstands-Rechner:
http://www.sengpielaudio.com/Frabcodewiderstaende04.htm   sowie
http://www.jogis-roehrenbude.de/Bastelschule/Widerstandsrechner/
Widerstandsrechner.htm

Integrierte Schaltkreise „ICs"
Integrierte Schaltkreise gibt es in mannigfaltiger Ausführung, sodass heutzutage für nahezu jedes elektronische Detailproblem ein integrier-

ter Schaltkreis zu Verfügung steht. Für die Verwendung in selbstge
bauten Robotern sind aber in erster Linie solide und universell ver-
wendbare Standard-ICs notwendig. Solche Standard-ICs wären
beispielsweise 741 (Operationsverstärker), 555 (Timer), 74er (Logik-
Bausteine). Zur Fixierung der ICs auf einer Platine sollte man unbedingt eine IC-Fassung verwenden, in die man das IC dann nach dem
Verlöten der Fassung einsteckt. Als Fassungen eignet sich eigentlich
bereits die billigste Sorte. Spezielle Fassungen mit gedrehten und / oder
vergoldeten Bohrungen sind nicht notwendig. Wichtig ist noch der
korrekte Einbau des ICs. Dazu besitzt jedes IC auf der Oberseite eine
Markierung in Form einer runden oder eckigen Vertiefung. Die Zählweise der Beinchen erfolgt dann, beginnend von der Markierung gegen den Uhrzeigersinn:

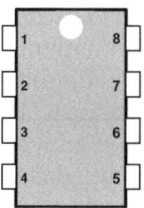 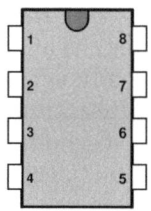

Abbildung 4.5:
IC-Zählweise
der Beinchen
(von oben be-
trachtet).

Relais

Relais sind klassischerweise elektromechanische Bauteile, die einen
oder mehrere Schalter betätigen. So genannte Opto-Relais oder Halbleiterrelais weichen allerdings von diesem Prinzip ab, da sie keine mechanischen Bauteile enthalten. Opto- oder Halbleiterrelais sind zum
Schalten von Wechselstrom konzipiert und eignen sich kaum für
Gleichstrombetrieb, da sie normalerweise nur spannungslos Schalten
können. Aus diesem Grund wird auf die Verwendung von Halbleiterrelais hier nicht näher eingegangen.

Bei den klassischen Relais unterscheidet man monostabile und bistabile Relais sowie Stromstoßschalter.

Monostabile Relais besitzen nur einen stabilen Schaltzustand, in den
sie sofort nach Abschalten der Erregerspannung zurückfallen. Monostabile Relais verbrauchen also in einem Schaltzustand immer Energie.

Bistabile Relais besitzen zwei stabile Schaltzustände, zwischen denen
durch Anlegen eines kurzen Spannungsimpulses hin und her geschaltet werden kann. Dazu besitzen bistabile Relais entweder zwei Spulen

(eine für jeden Schaltzustand) oder eine Spule bei der durch Umpolen der Erregerspannung zwischen den beiden Schaltzuständen gewechselt werden kann. Somit benötigen bistabile Relais nur für den eigentlichen Schaltvorgang Energie.

Stromstoßschalter besitzen ähnlich den bistabilen Relais auch zwei stabile Schaltzustände, zwischen denen ebenfalls durch einen kurzen Spannungsimpuls hin und her geschaltet werden kann. Allerdings besitzen Stromstosschalter nur eine Spule und das Umschalten erfolgt generell nach jedem Impuls in der Art eines Flipflops. Solche Stromstoßschalter sind in der Haustechnik für Beleuchtungszwecke recht verbreitet. Leider werden sie aus diesem Grunde fast nur in 230 V oder 24 V Ausführung hergestellt, was den Einsatz in der Robotertechnik erschwert.

Mono- und bistabile Relais gibt es in zahlreichen Ausführungen, die sich in der Erregerspannung, im Stromverbrauch und in der Art und Anzahl der Schaltkontakte unterscheiden. Für den Einsatz in mobilen Robotern sind Relais mit geringem Leistungsverbrauch (siehe dazu in Kapitel 5 den Abschnitt „2. Exkurs: Möglichkeiten zum Stromsparen /Gewichtssparen"), geringem Gewicht und, um möglichst universell einsetzbar zu sein, mit mindestens 2 Wechselkontakten gut geeignet.

Da alle mechanischen Relais eine Spule beinhalten, die beim Abschalten eine nicht unerhebliche Gegenspannung induzieren kann, sollte beim Anschluss eines Relais an Gleichspannung immer eine so genannte Schutzdiode vorgesehen werden. Andernfalls kann die induzierte Spannung empfindliche Bauteile der Schaltung zerstören.

Abbildung 4.6:
Anschluss einer
Schutzdiode an ein
Relais.

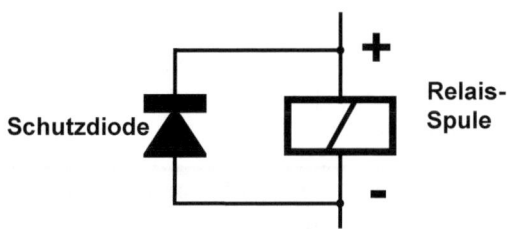

Im Merkblatt auf der nächsten Seite sind noch einmal wichtige elektronische Sachverhalte sowie Eigenschaften und Schaltzeichen häufig benötigter Bauteile (zum Kopieren!) zusammengefasst.

Schaltsymbole:

Merkblatt

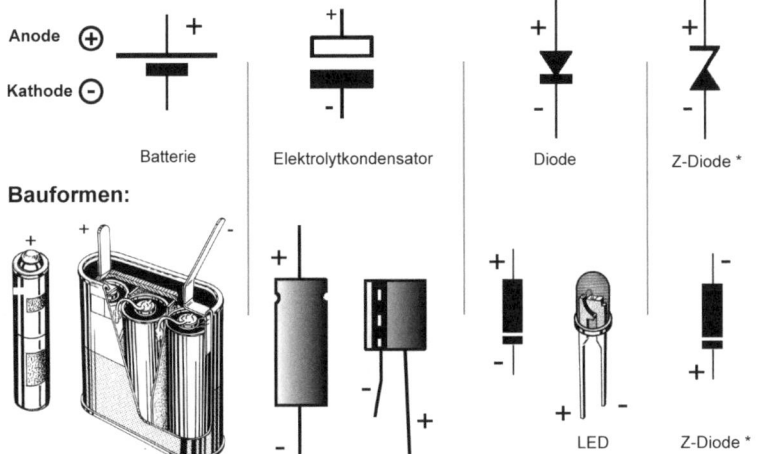

Anode ⊕
Kathode ⊖

| Batterie | Elektrolytkondensator | Diode | Z-Diode * |

Bauformen:

LED   Z-Diode *

* Die Z-Diode wird in Sperrrichtung betrieben.

Die angegebenen Polaritäten sind Anschluss- bzw. Durchgangspolaritäten.

Transistoren

IC-Zählweise der Pins

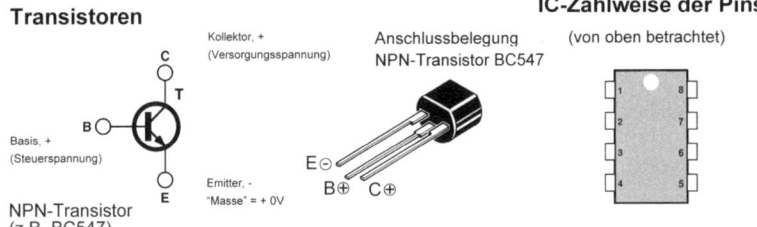

Kollektor, +
(Versorgungsspannung)

Basis, +
(Steuerspannung)

Emitter, -
"Masse" = + 0V

NPN-Transistor
(z.B. BC547)

Anschlussbelegung
NPN-Transistor BC547

(von oben betrachtet)

E⊖
B⊕ C⊕

Hier können die Daten von eigenen, häufig verwendeten Transistoren eingetragen werden:

Bezeichnung: ....

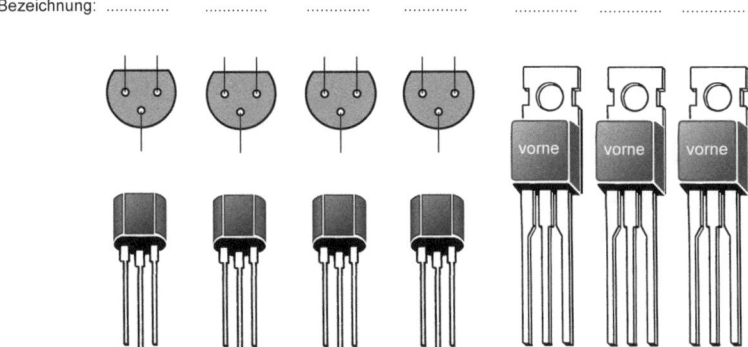

vorne   vorne   vorne

Daten:

Beim Bau von Robotern werden bestimmte einfache Grundschaltungen immer wieder benötigt. Einige dieser Schaltungen sind daher hier vorgestellt.

Umpol-Schaltung mit Relais

Ein häufiges Problem besteht darin, einen Motor umzupolen, das heißt von Vorwärts- auf Rückwärtslauf umzuschalten. Dies kann entweder manuell, mittels eines Schalters, oder indirekt mit einem Relais geschehen. Wie auch immer benötigt man dazu einen 2-poligen Umschalter bzw. ein Relais, welches mit „2 x UM" gekennzeichnet ist. Die Verschaltung erfolgt dann gemäss dem folgenden Schema (Abbildung 4.7).

Abbildung 4.7:
Umpolschaltung mittels eines Relais.

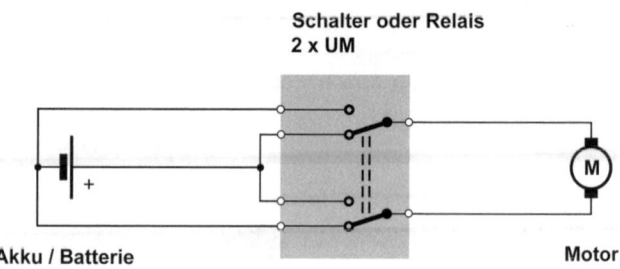

Viele Umschalter und Relais besitzen dabei die in der linken Skizze von Abbildung 4.8 gezeigte Anschlussbelegung und können somit wie in der rechten Abbildung von 4.8 gezeigt verdrahtet werden.

Abbildung 4.8:
Anschlussschema Relais.

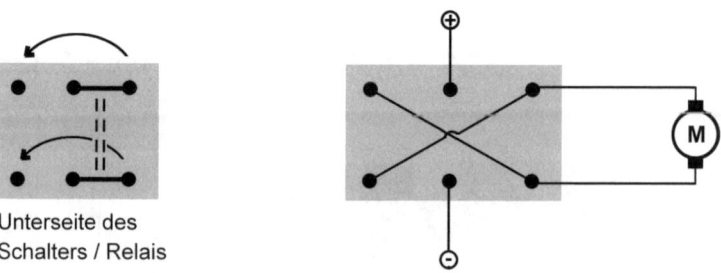

Umpol-Schaltung mit bistabilem Relais

Diese sehr einfache Schaltung eines bistabilen Relais in Abbildung 4.9 ermöglicht beispielsweise die Steuerung eines einfachen Fahrzeuges, das bei Erreichen eines Hindernisses seinen Antriebsmotor umpolt und anschließend in der entgegengesetzten Richtung davonfährt.

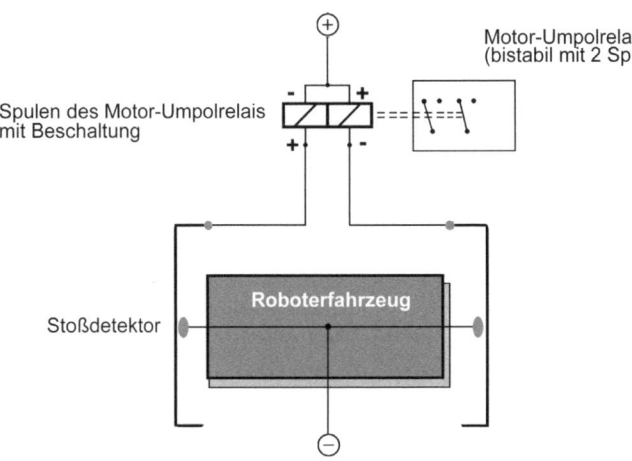

Abbildung 4.9: *Umpolschaltung mit bistabilem Relais (2 Spulen).*

Endabschaltung

Oftmals soll eine Bewegung von einem definierten Anfangspunkt bis zu einem maximalen Endpunkt ausgeführt und dann gestoppt werden. Eine Rückwärtsbewegung in der entgegengesetzten Richtung soll aber möglich sein.
Beispielsweise soll eine Zahnstange von einem Motor hin und her bewegt werden. Jeweils am Endpunkt der Bewegung muss der Motor an einem Weiterdrehen in der gleichen Richtung gehindert werden. Am Rückwärtsdrehen in der entgegengesetzten Richtung darf der Motor jedoch nicht gehindert werden.

Abbildung 4.10: *Endabschaltung (Prinzipskizze).*

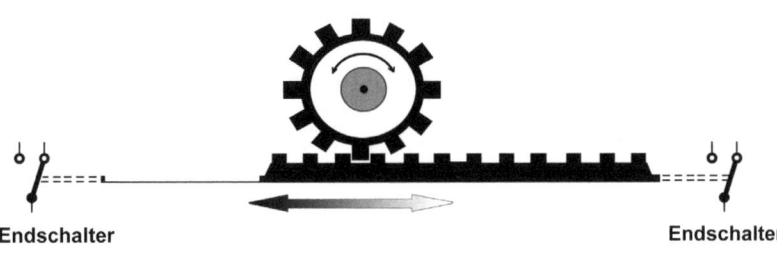

Zu diesem Zweck benötigt man eine Vorrichtung, die diese beiden Extrempunkte erkennt und den Antrieb beim Erreichen der Endpunkte umschaltet. Dies kann im Prinzip auf mehreren Wegen geschehen.

Beispielsweise kann der Stromverbrauch des Antriebsmotors einer Zahnstange überwacht und der Motor bei Überlast = Erreichen des Endpunktes abgeschaltet werden. Dies setzt allerdings eine recht aufwendige Elektronik voraus. Außerdem muss sich der Stromverbrauch bzw. die Belastung des Motors im normalen Stellbetrieb von der Belastung bei Erreichen des Endpunktes deutlich unterscheiden. Die gesamte Mechanik des Stellantriebs muss auch die erhöhten Kräfte beim Festfahren des Motors am Endpunkt ohne Beschädigungen verkraften.

Eine andere, einfach zu realisierende Möglichkeit diese Probleme zu vermeiden, ist die Verwendung von Endschaltern, wie sie in Abbildung 4.10 bereits eingezeichnet sind. Diese Endschalter werden beim Erreichen einer bestimmten Position betätigt und verhindern die weitere Auslenkung in der gegebenen Richtung. Eine Auslenkung in der entgegengesetzten Richtung muss allerdings auch bei betätigtem Endschalter möglich sein, sodass ein einfacher Ausschalter als Endschalter nicht möglich ist. Bei der Verwendung von Gleichstrommotoren bietet aber ein Wechselschalter in Verbindung mit einer Diode, wie es die Abbildung 4.11 zeigt, eine elegante Lösung:

Abbildung 4.11:
Endabschaltung
(Anschlussschema).

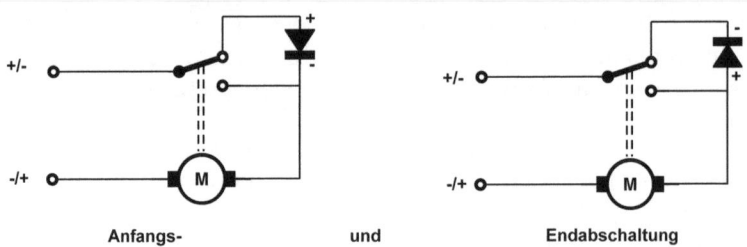

Anfangs- und Endabschaltung

Bei der Auswahl der Diode ist auf eine hinreichende Strombelastbarkeit zu achten (z. B. Universaldiode 4001 = 1 A, 4002 = 2 A usw.). Die beiden Dioden für Anfangs- und Endpunkt-Abschaltung sind dabei entgegengesetzt gepolt, wie in Abbildung 4.11 zu sehen ist.

Bei dieser Anordnung sind noch folgende Punkte zu beachten. Erstens besitzt ein bewegtes System immer eine gewisse Trägheit. Das heißt, im obigen Fall bewegt sich die Zahnstange auch nach Abschalten des Motors noch ein Stück weiter. Das kann unter Umständen zu einer Zerstörung des Endschalters führen, sofern dieser mechanisch nicht genü-

Abbildung 4.12:
Praktische Aus-
führungen von
Endschaltern.

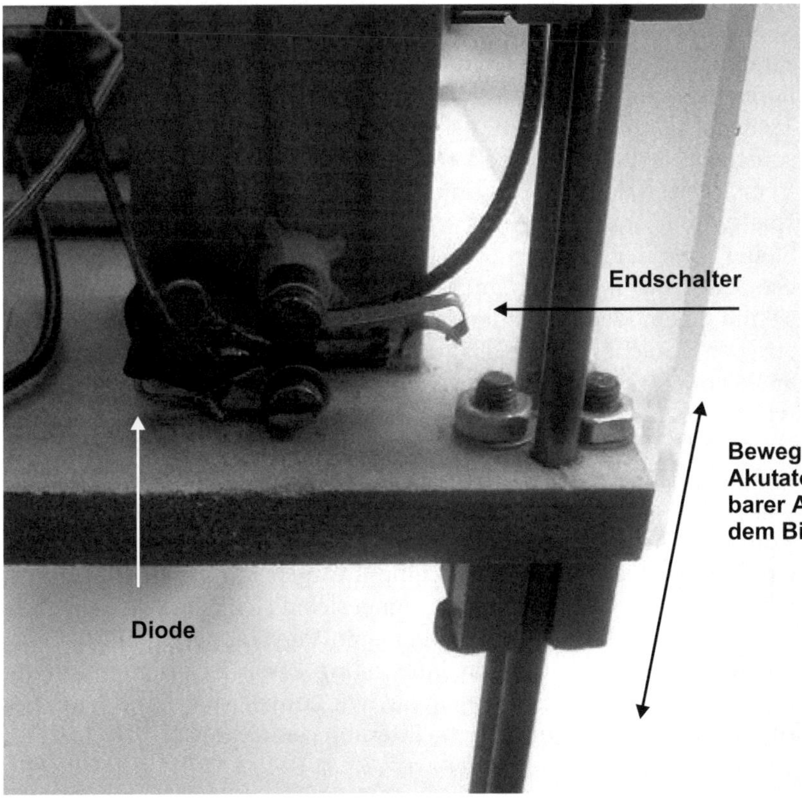

39

gend stabil und kein sonstiger Endanschlag vorgesehen ist. Der zweite Punkt ist der, dass der Strom des Antriebsmotors bei betätigtem Endschalter solange über die Diode fließt, bis sich der Schalter wieder im Ruhezustand befindet. Eine normale Siliziumdiode verursacht nun aber einen Spannungsabfall von etwa 0,7 V. Das heißt, während dieser Zeit wird der Motor mit einer um 0,7 V erniedrigten Betriebsspannung versorgt. Bei einer Betriebsspannung von 1,5 V und eines entsprechenden Motors kann dies dazu führen, dass sich der Motor dann nicht mehr bewegt. Abhilfe schafft hier, sofern der Motor dies verträgt, eine Erhöhung der Betriebsspannung oder die Verwendung von so genannten „Schottky"-Dioden, die einen deutlich kleineren Spannungsabfall verursachen.

Zuletzt soll noch die Möglichkeit erwähnt werden, die aktuelle Auslenkung der Zahnstange durch einen Schleifkontakt (Widerstand) permanent zu bestimmen. In diesem Fall kann die Zahnstange durch Messung des Schleifkontakt-Widerstandes in jede beliebige Position gefahren werden und dort gehalten werden.

Treiberschaltungen

Zu den wichtigsten und am häufigsten verwendeten Schaltungen gehören einfache Transistorschaltungen. Diese werden als so genannte Treiberschaltungen zum Ansteuern von Relais oder Motoren und sonstigen Verbrauchern benötigt. Es handelt sich dabei um einfache Verstärkerschaltungen, die mit einem kleinen Steuerstrom, der beispielsweise von einem (Anstoß-)Schalter, einem IC oder einem kleinen Steuercomputer kommen kann, einen größeren Laststrom steuern. Solche Schaltungen werden auch oft „Treiberschaltungen" genannt, da sie mit einem kleinen Steuerstrom einen größeren Verbraucherstrom „treiben". Solche Treiberschaltungen können sozusagen digital oder analog (=kontinuierlich) ausgeführt werden, je nachdem, ob beispielsweise nur ein Relais angeschaltet werden soll oder aber ein Motorenstrom (oder -spannung) kontinuierlich geregelt werden soll (siehe Abschnitt „Spannungs/Leistungsregelung von Motoren" auf Seite 42).

Zum einfachen An- und Abschalten eines Verbrauchers wie beispielsweise eines Motors, eines Relais, eines Lämpchens oder einer LED mittels eines geringen Steuerstroms eignet sich die einfache Treiberschaltung aus Abbildung 4.13. Zum besseren Verständnis sei auf die einschlägige Literatur verwiesen. Für Anfänger bestens geeignet sind die Bände „Elektronik, gar nicht schwer" wie zum Beispiel Band 1: „Experimente mit Gleichstrom" (siehe Literaturverzeichnis).

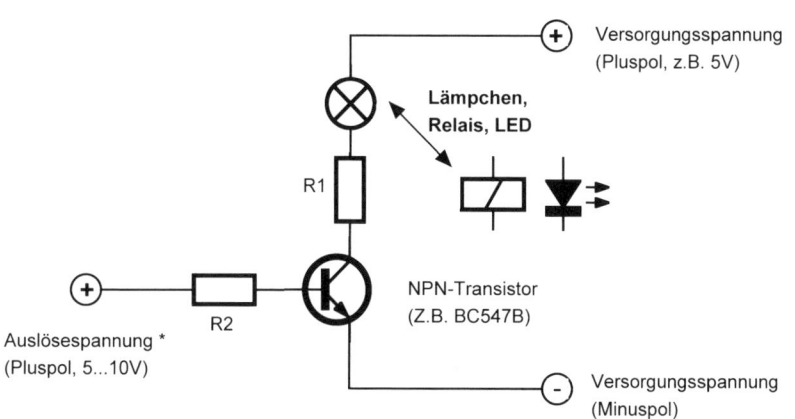

Abbildung 4.13:
*Treiberschaltung
für Motore,
Lämpchen, Relais
und LEDs.*

*Sofern nicht mit einem einzelnen Stromkreis gearbeitet wird, müssen Auslösespannung und Versorgungsspannung einen gemeinsamen Minuspol (Kathode, Masse) besitzen!

Die genauen Werte der beiden Widerstände müssen je nach Einsatzfall (mit dem ohmschen Gesetz: $U = R \times I$) berechnet werden. R_1 richtet sich nach der Strombelastbarkeit des Verbrauchers. Dabei muss darauf geachtet werden, dass die Strombelastbarkeit bzw. die Maximmalleistung des Transistors (BC 547B, max. 500 mA, max. 0,6 W) nicht überschritten wird. In diesem Fall müsste ein leistungsfähigerer Transistor verwendet werden.
R_2 soll so gewählt werden, dass ein Basisstrom von etwa 0,5 mA fliesst.

Bei 5 V Versorgungsspannung und Verwendung einer handelsüblichen LED kann beispielsweise R_1 = 180 Ω und R_2 = 10 kΩ gewählt werden.

Komparator-Schaltung

Eine Komparatorschaltung wird immer dann benötigt, wenn zwei Messwerte verglichen und ein der Differenz der beiden Messwerte proportionales Signal benötigt wird. Zu diesem Zweck ist ein Operationsverstärker (OpAmp) bestens geeignet. Da in vielen Fällen ein qualitativer Vergleich der beiden Messwerte genügt, kann der Operationsverstärker in diesem Fall sehr einfach beschaltet werden. Die in Abbildung 4.14 beschriebene Schaltung liefert beispielsweise immer dann ein Signal (etwa in Höhe der Betriebsspannung des ICs) am Ausgang (Pin 6) des OpAmps, wenn die Spannung am Eingang A (Pin 2) höher ist als die Spannung am Eingang B (Pin 3). Die beiden Eingangsspannungen werden durch einen Spannungsteiler, welcher jeweils einen

LDR beinhaltet, generiert. Dadurch können Lichtdifferenzen zwischen den beiden LDRs extrem genau und über einen weiten Bereich detektiert werden. Je nach Anwendung kann die Spannungsdifferenz selbstverständlich auch anderweitig (mittels Thermoelement, Schallpegel usw.) generiert werden. Das Ausgangssignal an Pin 6 kann nun ohne weitere Verarbeitung direkt zur Ansteuerung eines Relais benutzt werden. Die Maximalleistung des 741 von 500 mW ist zum Betrieb eines Kleinsignal-Relais normalerweise ausreichend. Wer in diesem Punkt auf Nummer sicher gehen möchte, kann das Relais selbstverständlich auch über eine einfache Treiberschaltung (siehe Seite 40, „Treiberschaltungen") ansteuern. Das Relais kann beispielsweise zum Umschalten des Antriebsstroms zwischen zwei Motoren verwendet werden (siehe dazu Abschnitt 8.1 „Lichtsucher").

Abbildung 4.14:
Schaltbild Komparatorschaltung mit Operationsverstärker 741.

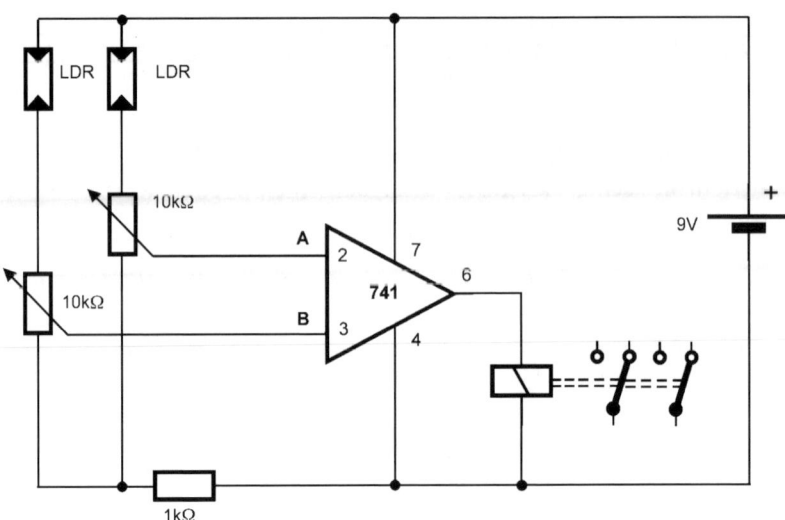

Spannung/Leistungsregelung von Motoren ...

In einigen Fällen ist es notwendig, die Drehzahl oder Leistung eines Motor oder eines sonstigen Verbrauchers zu regeln oder einzustellen, auch wenn jegliche Art der Spannungsregelung immer mit Verlusten einhergeht (siehe Exkurs „Möglichkeiten zum Strom sparen / Gewicht sparen"). In vielen Fällen ist es daher günstig zwei getrennte Stromversorgungen für Antriebsmotore und Elektronik zu verwenden. Dies ist zudem noch günstig, da sich Störsignale, die von den Motoren ausgehen, nicht auf die Steuerelektronik auswirken können.

Möchte man dennoch einen Verbraucher bei einer niedrigeren, als der vom elektrischen System des Roboters gelieferten Spannung betrei-

ben, wird günstiger weise ein so genannter Spannungsregler („Drei-
beinregler") verwendet. Spannungsregler gibt es als Festspannungs-
regler und einstellbare Spannungsregler für positive und negative
Spannungen in unterschiedlichen Strombelastbarkeiten. Weiterhin
gibt es auch spezielle Doppel-Spannungsregler (z. B. LM325 oder LM
326), die aus einer einzigen Eingangsspannung eine positive und eine
negative Ausgangsspannung (z. B. +5V und -5 V) liefern. Dies ist beispielsweise zum Betrieb von Operationsverstärkern sehr hilfreich. Bei
nahezu allen Spannungsreglern muss die Eingangsspannung mindestens 2…3 V über der Ausgangsspannung liegen. Die häufig verwendeten Positiv-Festspannungsregler tragen die Bezeichnung 78xx, wobei xx für die Spannung steht. 7805 bedeutet also 5 V. Ein zusätzlicher
Buchstabe steht für die maximale Strombelastbarkeit. Die wichtigsten
Daten zeigen die folgenden Skizzen/Tabellen.

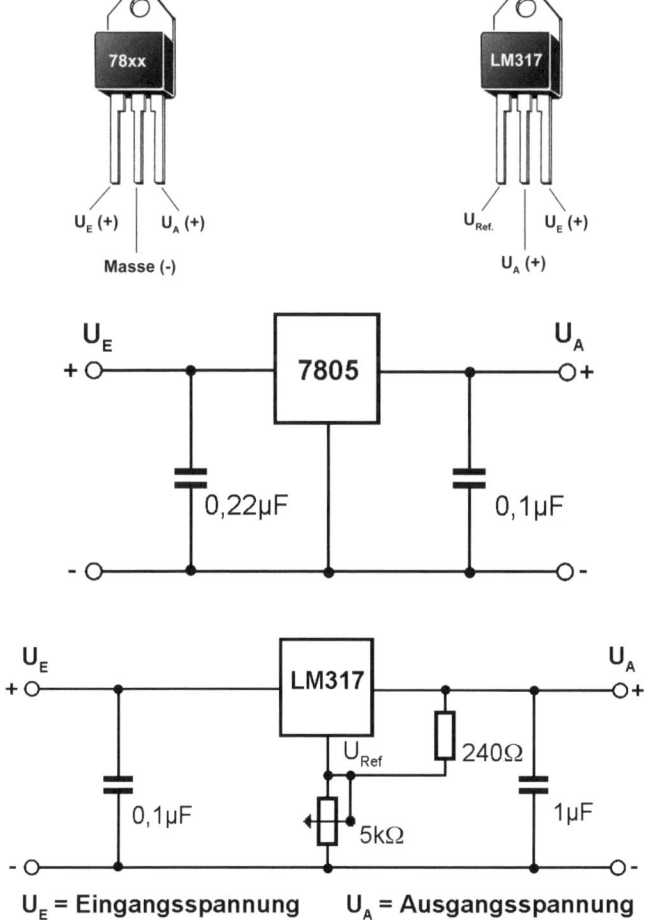

Abbildung 4.15:
Spannungsregler,
Daten und An-
schlussschema.

Abbildung 4.16:
Grundsätzliche
Beschaltung von
Festspannungs-
reglern.

Abbildung 4.17:
Grundsätzliche
Beschaltung von
einstellbaren
Spannungsreg-
lern.

Abbildung 4.18:
Tabelle Strombe-
lastbarkeit von
Spannungsreglern.

Positiv Spannungsregler	Belastbarkeit (bei ausreichender Kühlung)
78Lxx	0,1 A
78Mxx	0,5 A
78xx	1 A
78Sxx	2 A
78Txx	3 A
78Hxx	5 A
LM317	1,5 A

Detaillierte Betrachtungen zu dem Thema Spannungsregler findet man beispielsweise im Internet unter *http://www.elektronik-kompendium.de/public/schaerer/ureg3pin.htm* oder in der Broschüre „Basiswissen Spannungsregler" von Conrad Electronic – siehe Literaturverzeichnis.

Selbstverständlich gibt es auch noch andere Arten, die Leistung eines Verbrauchers herabzusetzen, indem man die Spannung oder den Strom begrenzt. Einige davon sollen hier kurz unter Nennung ihrer spezifischen Vor- und Nachteile erwähnt werden.

Da ist zunächst die simple Reihenschaltung eines Widerstandes in den Stromkreis zur Strombegrenzung zu nennen. Diese Variante ist aber, wenn auch sehr einfach zu realisieren, doch recht ungünstig, da mit steigender Belastung des Verbrauchers zunehmend mehr Spannung (und kostbare Leistung!) am Widerstand abfällt. Das führt dazu, dass beispielsweise ein solcherart strombegrenzter Motor bei Last kaum noch Leistung abgibt und leicht stehen bleibt. Ein Widerstand zur Strombegrenzung ist daher auch nur bei kleinen und konstanten Verbrauchern wie beispielsweise einer Leuchtdiode vertretbar.
Eine weitere Möglichkeit besteht darin, eine oder mehrere Dioden in Durchlassrichtung (oder Zener-Dioden) in den Stromkreis einzubauen. An jeder Siliziumdiode fällt nämlich eine relativ konstante Spannung von etwa 0,7 V ab. Die Ausgangsspannung folgt also der Eingangsspannung im Abstand von 0,7 V.

Benötigt man eine höhere, als vom System gelieferte Eingangsspannung, muss ein so genannter „Aufwärts-Spannungsregler" verwendet werden. Dies sind Geräte, die intern aus der gelieferten Gleichspannung eine Wechselspannung hoher Frequenz herstellen, diese sozusagen „hoch transformieren" und wieder gleichrichten. Aus dieser kurzen Erläuterung wird klar, dass solche Geräte eher teuer sind, besonders wenn hohe Ströme bei kleiner Verlustleistung umgesetzt werden sollen. Auf das Hochregeln der Spannung sollte man daher lieber verzichten. Wenn man nicht alle Verbraucher mit der gleichen Spannung betreiben kann, richtet man entweder mehrere separate Spannungs-versorgungen ein oder orientiert sich an dem Verbraucher mit der höchsten Nennspannung und regelt die Spannung für die anderen Verbraucher wie beschrieben herunter. Die einzelnen Möglichkeiten zur Spannung/Leistungsanpassung sind in der folgenden Tabelle nochmals zusammengefasst.

Spannungs-/Leistungs-Regelung	Anwendung	Bemerkung	Schaltplan
Festspannungsregler, einstellbare Spannungsregler	Eingangsspannung mind. 2 V höher als Ausgangsspannung	Stufenlos einstellbare Spannungsregler erhältlich. Toleriert schwankende Eingangsspannung.	siehe Abbildung 4.16 und 4.17
Reihenschaltung eines Widerstandes	Strombegrenzung: Nur für sehr kleine, konstante Leistungen günstig; z. B. Leuchtdiode	Eher zu vermeiden.	
Reihenschaltung von Dioden in Durchlassrichtung	Spannung wird um 0,7 V je Diode reduziert.	Ausgangsspannung folgt der Eingangsspannung. Sperrt beim Umpolen!	
Aufwärts-Spannungsregler	Ausgangsspannung höher als Eingangsspannung.	Modelle mit hoher Leistung und gutem Wirkungsgrad sind teuer. Toleriert schwankende Eingangsspannung.	

Möchte man die Drehzahl eines Motors bei wechselnder Belastung konstant halten, benötigt man eine echte Drehzahlregelung. Dazu muss am Motor oder an der Antriebswelle ein Sensor befestigt sein, der ein drehzahlabhängiges Signal abgibt. Normalerweise ist dies entweder ein Gleichspannungssignal oder ein Impulssignal. Für ein Gleichspannungssignal benötigt man einen kleinen Generator, für ein Impulssignal einen mechanischen Schleifkontakt oder besser eine Lichtschranke. Einige im Handel oder als Restposten erhältliche Motore sind bereits mit einem solchen System ausgerüstet. Zum Eigenbau bieten sich die Innereien einer ausgedienten Computermaus an. Diese enthalten normalerweise 2 kleine Lichtschranken und ein passendes Unterbrecherrad. Der genaue Aufbau einer solchen Drehzahlregelung ist jedoch nicht einfach und würde hier den Rahmen dieser Einführung sprengen. Im Normalfall ist eine solche präzise Regelung der Motorendrehzahl ohnehin nicht notwendig.

An dieser Stelle sollen auch Schrittmotore kurz erwähnt werden, da sich auch diese mit einer entsprechenden Ansteuerelektronik mit absolut konstanter, reproduzierbarer Drehzahl drehen. Allerdings ist die (digitale) Ansteuerung von Schrittmotoren verhältnismäßig aufwendig und eigentlich nur bei Verwendung eines Steuercomputers gerechtfertigt. Dazu kommt, dass Schrittmotore üblicherweise recht schwer sind und einen ziemlich schlechten Wirkungsgrad besitzen.

Überlast Erkennung/Abschaltung

Eine Überlastabschaltung kann in verschiedenen Fällen sehr nützlich sein. Beispielsweise kann sich damit ein Roboter bei einer gravierenden Funktionsstörung (Kurzschluss) oder auch beim Festfahren (Ansteigen des Antriebsmotorenstroms) irreversibel abschalten. Gut geeignet zu diesem Zweck ist eine elektronische Sicherung, möglichst mit einstellbarer Auslösestromstärke. Solche elektronischen Sicherungen sind günstig als Bausatz erhältlich. Selbstverständlich kann auch eine ganz normale Feinsicherung für diesen Zweck benutzt werden, die jedoch nach jedem Auslösen ausgetauscht werden muss.

Eine andere interessante Variante stellt die reversible Detektion einer Überlast aufgrund Festfahrens (Ansteigen des Antriebsmotorenstroms) dar. Wird eine solche Überlast detektiert, besteht die Möglichkeit, bestimmte Aktionen (z. B. Rückwärtsfahrt) einzuleiten. Eine sehr einfache Überlast-Erkennung einschließlich des Einleitens einer Aktion (Rückwärtsfahrt) zeigt die Anordnung aus Abbildung 4.19, die nur aus drei Bauteilen besteht.

Abbildung 4.19:
Überlast-Detektor
mit anschließender
Motorumpolung.

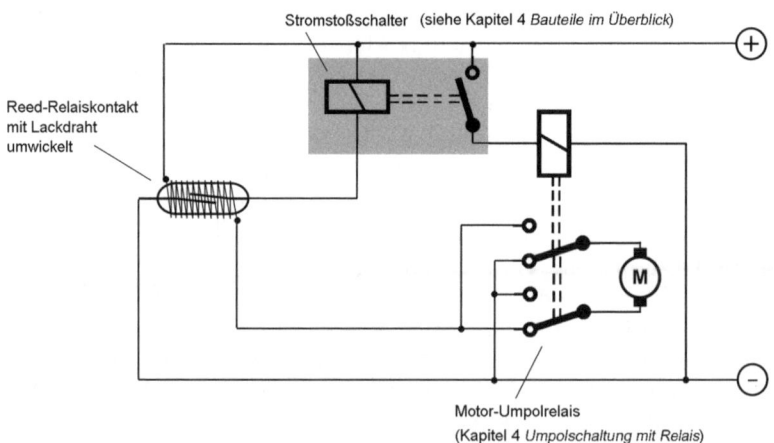

Kernstück dieser Schaltung ist ein Reed-Relaiskontakt, der mit Kupfer Lackdraht umwickelt wurde – siehe Abbildung 4.20.

Der Motorenstrom fließt durch den Draht und schaltet bei Erreichen einer Mindeststromstärke den Kontakt ein, der dann wiederum den Stromstoßschalter betätigt, welcher ein Umpolrelais ansteuert. Das zusätzliche Umpolrelais ist notwendig, da Stromstoßschalter normalerweise nur mit einem Schließer erhältlich sind. Anstelle des selbstgewickelten Reed-Relais kann natürlich auch eine elektronische Schaltung (elektronische Sicherung) zur Auslösung des Signals herangezogen werden. Ebenfalls kann an-

Abbildung 4.20: *Reed-Relais mit Kupfer-Lackdraht umwickelt.*

statt des Stromstoßschalters ein Flipflop und anstelle des Umpolrelais eine H-Brücke verwendet werden. Allerdings wird man schnell feststellen, dass der komplette elektronische Aufbau dann nicht mehr so einfach ist und der Gesamtstromverbrauch der Schaltung, sofern sie nicht sehr gut ausgelegt ist, deutlich höher ist als bei der vorgestellten „Primitivvariante".

Beim Umwickeln eines Reedkontaktes (glattes Glasröhrchen) hat es sich gut bewährt, den Kontakt zuerst mit einer Schicht doppelseitigen Klebebandes zu umwickeln. Darauf wird, je nach gewünschter Auslösestromstärke, die notwendige Anzahl Windungen an Kupferlackdraht aufgewickelt. Bei eigenen Versuchen wurden beispielsweise für einen Auslösestrom von 250 mA etwa 100 Windungen Lackdraht (0,4 mm) aufgewickelt. Die benötigte Windungszahl ist allerdings je nach verwendetem Reedkontakt unterschiedlich.

Reaktion für eine definierte Zeitspanne

Ein immer wiederkehrendes Problem ist das Herbeiführen einer Reaktion auf ein bestimmtes Ereignis für eine definierte Zeit. Möchte man dies nicht mittels eines Steuercomputers und eines entsprechenden Programms lösen, bieten sich einige einfache hardwaremäßige Lösungen an. Ein klassisches Beispiel für die Anwendung einer Zeitschaltung ist die Reaktion auf das Zusammentreffen mit einem Hindernis. Beispielsweise kann ein einfacher Berührungssensor beim Auftreffen auf ein Hindernis einen Kontakt schließen. Die geplante Reaktion des Roboters ist Rückwärtsfahrt (Umpolung eines Relais) für einige Sekunden. Und zwar auch, nachdem der Kontakt bereits wieder geöffnet ist. Andernfalls würde unser Robot vor einem Hindernis immer nur einige Millimeter zurückfahren, um dann sofort wieder mit dem Hindernis zu kollidieren. Um dies zu vermeiden, benötigt man einen Zeitschalter. Genauer gesagt eine so genannte „Abschaltverzögerung", wie man sie beispielsweise bei Lampen im Treppenhaus antrifft, die nach Betätigung des Schalters noch eine gewisse Zeit leuchten. Die allereinfachste Möglichkeit zur Realisierung besteht darin, dass man ein Relais (Motor-Umpolrelais) mit einem Kondensator ausrüstet, welcher das Relais auch nach dem Abfallen der Betriebsspannung mit Energie versorgt.

Abbildung 4.21:
Abschaltverzöge-rung mit Konden-sator.

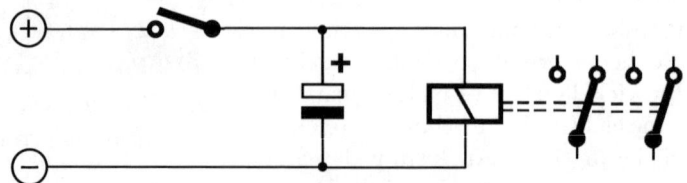

Allerdings ist es leider so, dass die in gängigen (kleinen) Kondensatoren gespeicherte Energie im Vergleich zu der vom Relais benötigen Energie sehr gering ist, sodass das Relais bestenfalls für Sekundenbruchteile in angezogenem Zustand gehalten werden kann. Außerdem ist zu beachten, dass ein Kondensator, wenn er direkt mit der Batteriespannung verbunden wird, am Anfang mit dem Kurzschlussstrom der Batterie geladen wird. Dabei fließt ein hoher Strom und die Batteriespannung bricht für einen kurzen Moment zusammen, was wiederum unangenehme Auswirkungen auf andere elektrische Systeme des Roboters haben kann. Lässt man den Kondensator über einen Widerstand laden, so ist die zum Laden notwendige Zeitspanne größer. Wird nun der Ladeschalter = Berührungssensor nur für eine kurze Zeit betätigt, wird auch der Kondensator nicht voll geladen und die ohnehin schon kurze Überbrückungzeit des Relais verringert sich wiederum. Gleiches gilt für die Verwendung von Doppelschicht (Goldcap) Kondensatoren, die Aufgrund ihres hohen Innenwiderstandes lange Ladezeiten benötigen. Diese Variante einer Zeitschaltung ist also nur sehr bedingt verwendbar.

Abhilfe schafft hier eine sehr einfache Zeitschaltung (Abschaltverzögerungen) in klassischer Transistortechnik (siehe Abbildung 4.22).

Abbildung 4.22:
Einfache Abschalt-verzögerung in Transistortechnik.

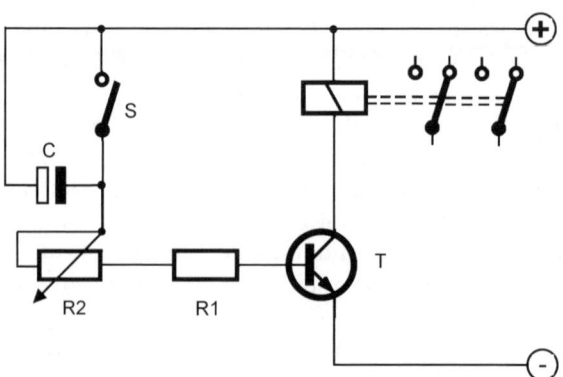

Relais	Relais, geeignet für Betriebsspannung (4,5 bis 24 V)
R_1	Widerstand 1 kΩ
R_2	Poti 10 kΩ, linear
T	Transistor (BC 547b oder c)
C	(Elektrolyt-) Kondensator 10...500 μF (mit 100 μF und 9 V Betriebsspannung ergibt sich eine Verzögerungszeit von etwa drei Sekunden)
S	Sensor-Schalter (z. B. Anstossdetektor)

Bei der hier vorgestellten Schaltung handelt es sich um eine Relais-Treiberschaltung (siehe Abschnitt „Treiberschaltungen"), die über einen Kondensator angesteuert wird. Beim Einschalten der Betriebsspannung wird der Kondensator über die Basis-Emitter-Strecke des Transistors geladen und steuert den Transistor während dieser Zeit durch (Relais ist angezogen). Sobald der Kondensator geladen ist fließt kein Strom mehr und das Relais fällt ab, bis der Kondensator durch den Schalter S wieder entladen wird. Durch Betätigung des Schalters S (z. B. Berührungssensor) kann also beispielsweise ein Motor für eine bestimmte Zeit umgepolt werden. Die Einstellung der Zeit geschieht durch Einsatz verschiedener Elektrolytkondensatoren (10...500 μF). Die Feineinstellung geschieht mittels des Potentiometers (0...10 kΩ). Bei Verwendung eines 100 μF Elektrolytkondensators lassen sich so Zeiten von etwa 1...3 Sekunden einstellen. Kleinere Kondensatoren ergeben ein kürzeres, größere Kondensatoren ein längeres Zeitfenster. Das Potentiometer R_2 darf nur so hoch eingestellt werden, dass das Relais bei geschlossenem Schalter S sicher angezogen wird. Die beschriebene Schaltung hat den Vorteil, dass sie einfach und schnell aufgebaut werden kann und im Ruhezustand sehr wenig Strom verbraucht.

Komfortablere Zeitschaltungen für längere Schaltzeiten und für verschiedene Schaltmodi (Einschaltverzögert, Ausschaltverzögert, Impulsbetrieb) gibt es als Bausatz im Elektronikfachhandel. Weiterhin sind zahlreiche Varianten solcher Schaltungen, oft basierend auf dem gängigen Zeitschalt-IC 555 in der einschlägigen Elektronikliteratur beschrieben, sodass darauf hier nicht näher eingegangen wird.
In der folgenden Tabelle sind nochmals die gängigsten Varianten von Zeitschaltungen zusammengefasst:

Zeitschalter	Einsatzmöglichkeit	Bemerkungen
Kondensator + Verbraucher	Für sehr kurze Zeitspannen bis maximal einige Sekunden.	Abschaltverzögerung ist von der Ladezeit = Impulszeit abhängig.
Transistor-Zeitschalter mit Kondensator	Für Zeitspannen bis maximal einige Minuten.	Günstige Variante für den Selbstbau.
Zeitschalter mit IC 555	Universell verwendbar von Millisekunden bis einige Stunden.	Zahlreiche Schaltvarianten realisierbar (Anzug-, Abfallverzögerung, Impulsbetrieb).
Impulsgenerator + Frequenzteiler (Flipflop)	Für beliebige Zeitspannen – bei Verwendung eines Quarzes zur Impulserzeugung auch sehr genau.	Programmsteuerungen sind mittels Hardware recht einfach zu realisieren.

Ein lästiges Problem beim Einsatz von Zeitschaltungen oder vorgefertigten Zeitschalt-Modulen ist die Tatsache, dass diese Geräte in der Regel auch im Ruhezustand einen nicht unerheblichen Stromverbrauch im Bereich von einigen 10 Milliampere (mA) aufweisen. Möchte man also einen Roboter mit einem solchen Zeitschaltmodul für eine gewisse Zeit aktivieren, muss sichergestellt werden, dass das Zeitschalt-Modul beim Abschalten des Roboters auch selbst deaktiviert wird. Andernfalls entladen sich die Akkus des Roboters spätestens nach ein paar Tagen.

Eine einfache Schaltung, die dies bewerkstelligt und lediglich einen Doppel-Taster als zusätzliches Bauteil benötigt zeigt Abbildung 4.23.

Abbildung 4.23:
Zeitschaltung, die im Ruhezustand keinen Strom verbraucht.

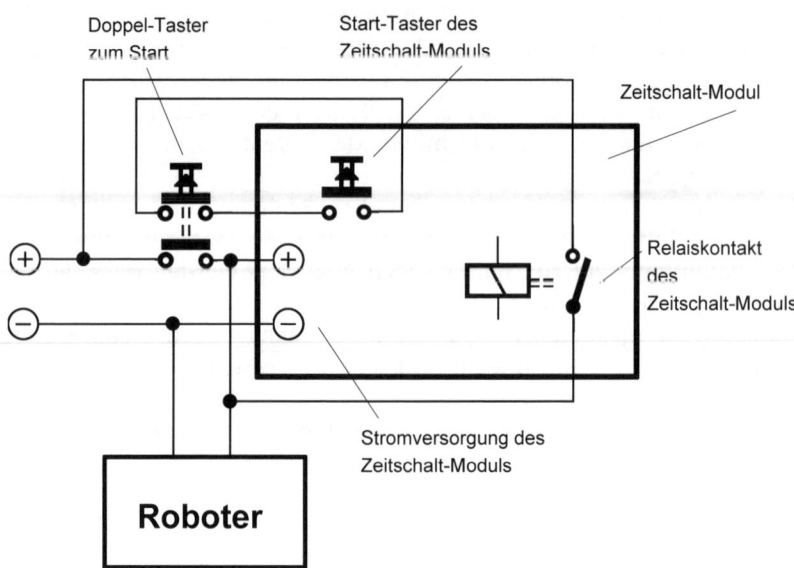

Beim Betätigen des Doppel-Start-Tasters geschieht Folgendes:
Der Roboter und das Zeitschalt-Modul werden mit Spannung versorgt. Gleichzeitig wird der Startkontakt des Zeitschalt-Moduls betätigt. Dadurch zieht das Relais im Zeitschalt-Modul an und versorgt sich selbst und den Roboter solange mit Spannung, bis es nach der eingestellten Zeit wieder abfällt. Anschließend sind Roboter und Zeitschalt-Modul wieder vollständig stromlos.

Rückwärts-Kurve

Ein häufig vorkommendes Problem ist die Reaktion eines Roboters beim Auftreffen auf ein Hindernis. Vorausgesetzt, das Hindernis wird erfolgreich erkannt (vgl. Exkurs „Hinderniserkennung"), muss der Roboter nun in irgendeiner Weise reagieren. Für die übliche Konstruktion eines dreirädrigen Roboters mit zwei separaten Antriebsmotoren und einem drehbaren dritten Rad sind hier einige einfach zu realisierende Reaktionsvarianten zusammengestellt. Die Reaktion beim Auftreffen auf ein Hindernis besteht dabei im Umpolen (gegebenenfalls unter Reduzierung der Drehzahl) oder Abschalten eines oder mehrerer Antriebsmotore für eine bestimmte Zeitspanne (siehe Abschnitt „Reaktion für eine definierte Zeitspanne", Seite 47). Das Umpolen erfolgt am einfachsten über ein vorgeschaltetes Umpol-Relais (siehe Abschnitt „Umpolschaltung", Seite 36). Die einzelnen Ausweichvarianten und deren Realisierung sind in der folgenden Tabelle zusammengefasst.

Fahrmotore	Vorwärtsfahrt	Rückwärtsfahrt			
Motor 1	100%	-100%	-100%	-100%	-100%
Motor 2	100%	-100%	100%	-50%	0%
erreichbar durch	beide Motore direkt an Datteriespannung	beide Motore umpolen	nur Motor 1 umpolen	Siehe Schema B Abbildung 4.24	Siehe Schema A Abbildung 4.24
Effekt	schnell vorwärts	schnell rückwärts	wendet auf der Stelle	Großer Halbkreis zurück	Kleiner Halbkreis zurück

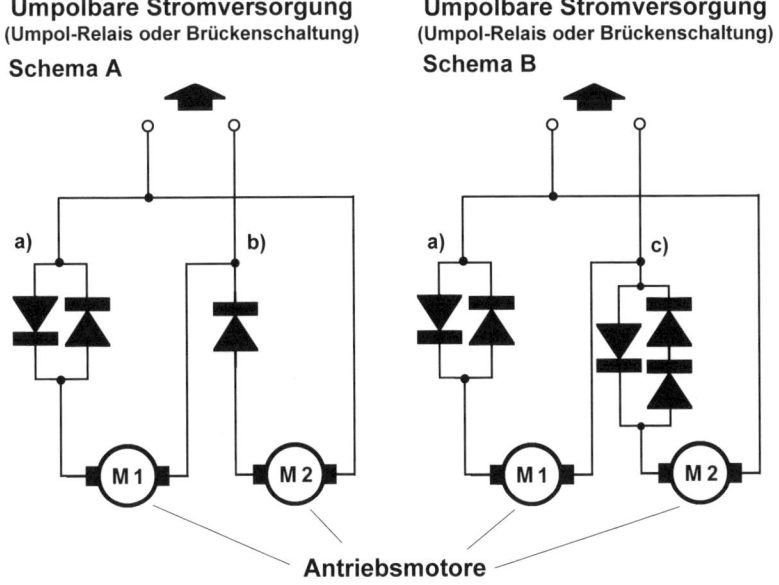

Umpolbare Stromversorgung
(Umpol-Relais oder Brückenschaltung)
Schema A

a)   b)

M 1   M 2

Umpolbare Stromversorgung
(Umpol-Relais oder Brückenschaltung)
Schema B

a)   c)

M 1   M 2

Antriebsmotore

Abbildung 4.24: Ausweichbewegung bei Rückwärtsfahrt (Schaltungsvarianten).

Erklärungen zu a), b) und c) auf der folgenden Seite.

Anmerkung: Ein Verhalten gemäß Schema A (Abbildung 4.24) kann ohne Verwendung von Dioden auch mittels eines weiteren Kontaktes am Umpolrelais oder mittels eines weiteren Relais, welches Motor 2 während des Umpolens abschaltet, erreicht werden. Ebenso kann ein Verhalten gemäß Schema B in Abbildung 4.24 durch eine analoge Schaltung, die Motor 2 während des Umpolens über einen Widerstand oder eine Diode mit Strom versorgt, erreicht werden. Da die üblichen Relais aber nur zwei Umschaltkontakte besitzen, würden diese Varianten jeweils ein zusätzliches (stromverbrauchendes!) Relais benötigen.

Die schaltungstechnische Realisierung der Ausweichvarianten geschieht mit geringem Aufwand unter Verwendung von Dioden, wie es Abbildung 4.24 zeigt.

Funktionsweise:

a) Das Diodenpaar bewirkt einen konstanten Spannungsabfall, egal in welcher Richtung der Motor betrieben wird (Vorwärts- oder Rückwärtsfahrt). Damit liegt an M1 und M2 bei Vorwärts- fahrt die gleiche Spannung an.

b) Sperrdiode für M2. Damit bleibt M2 bei Umpolung stehen.

c) Doppeldiode für M2. Damit wird M2 bei Rückwärtsfahrt mit ei- ner um etwa 0,7 V niedrigeren Spannung betrieben. Durch Rei- henschaltung von mehreren Dioden (jede Diode verursacht ei- nen Spannungsabfall von etwa 0,7 V) kann der Spannungsabfall bei Umpolung beliebig eingestellt werden.

1. Exkurs: Spannungsversorgungen

Eines der grundlegendsten Dinge zum Experimentieren stellt eine brauchbare Spannungs- bzw. Stromversorgung dar. Im folgenden Exkurs „Spannungsversorgungen" werden daher Leistung und Möglich- keiten verschiedener Spannungs- bzw.. Stromversorgungen vorge- stellt.

Zuallererst sollte man sich überlegen, zu welchen Zwecken die benö- tigte Spannungsversorgung eingesetzt werden soll. Im Falle des Baus von Robotern ist dies einerseits der Test von elektronischen Schaltun- gen, andererseits der Betrieb von Antriebsmotoren, Aktuatoren usw. Zum Test elektronischer Schaltungen ist eine gute Gleichspannungs- quelle mit geringer Restwelligkeit und der Möglichkeit des Abgriffs ei- ner symmetrischen Gleichspannung (z. B. +5 V und -5 V z. B. für Operationsverstärker) günstig. Eine zusätzliche Festspannung von etwa 5 V ist für logische Schaltungen (z. B. TTL- Schaltkreise) sehr nützlich. Da der genutzte Spannungsbereich bei Robotern kaum über 12 V liegt, braucht auch das Netzgerät keine höheren Spannungen zu liefern. Zur Drehzahlermittlung und zum Test von Motoren sollte diese Spannung jedoch möglichst stufenlos regelbar sein. Die benötigte Stromabgabe hängt natürlich sehr von den verwendeten Motoren und damit von der Robotergröße ab. Wer mit 12 V, 100 W DC-Motoren experimentiert (DC = Gleichstrom), braucht natürlich auch eine Spannungsversorgung, die bei 12 V mindestens 10 A liefert. Die Verwender von kleinen Glockenanker-Getriebemotoren sind da deutlich besser dran. Hier ist man mit einer Spannungsversorgung, die 1 A liefert, schon gut gerüstet. Weiterhin ist die Anzeige der aktuellen Spannung und des entnommenen Stroms sehr hilfreich.

Um allen diesen Anforderungen gerecht zu werden, benötigt man aber keinesfalls ein superstarkes, computergesteuertes Netzteil für etliche hundert Euro. Es gibt nämlich auch einfache, preiswerte und dennoch brauchbare Lösungen. Einige davon sind hier nach steigendem Aufwand geordnet aufgeführt.

❑ Verwendung von zwei Stück 4,5 V Flachbatterien (zusammengelötet). Diese Anordnung ist extrem preiswert und hat einige nicht zu verachtende Vorteile: Es stehen Spannungen von +4,5 V und -4,5 V zu Verfügung, die z. B. für Operationsverstärker (OpAmp741) oder auch für Logikschaltungen (TTL) geeignet sind. Die großen Anschlussfahnen der Flachbatterien sind zum Anklemmen mehrerer Krokodilstrippen gut geeignet. Die Batterien haben eine recht hohe Kapazität, und da man zum Testen eines Aufbaus normalerweise nur kurzzeitig Spannung benötigt, halten die Batterien recht lange (ich verwende diese Anordnung sehr oft und dennoch muss ich die Batterien höchstens jedes halbe Jahr austauschen). Selbstverständlich liefern die Batterien absolut glatte Gleichspannung ohne jegliche Restwelligkeit. Die Anordnung ist klein, kompakt, mobil und benötigt keine Netzanschlusskabel, die einem oft auf dem Arbeitstisch im Weg herumliegen. Der Nachteil dieser Primitivanordnung ist die fehlende Anzeige von Spannung und Strom und das Fehlen einer stufenlosen Spannungsregelung. Die Strom- und Spannungsanzeige kann allerdings leicht nachgerüstet werden, oder man verwendet bei Bedarf ein einfaches Vielfachmessgerät. Bei allen Batterie-Stromversorgungen sollte man auch nicht vergessen, sich immer einige Ersatz-Batterien vorrätig zu halten, damit einem nicht unerwartet mitten bei einem spannenden Test der Saft ausgeht.

❑ Verwendung von (am besten acht Stück) 1,5 V Batterien oder 1,2 V Akkus in einem flachen Batteriekasten. Auch diese Anordnung ist sehr preiswert und hat folgende Vorteile: Es stehen mehrere Spannungen, je nach Abgriff positive und negative, bis 12 V bzw. 9,6 V zu Verfügung. Im Gegensatz zu der Anordnung aus nur zwei Batterien oder Akkus ist die Spannung hier in kleineren Schritten abgreifbar. Bei Verwendung von Akkus können diese natürlich immer wieder aufgeladen werden. Da im fertigen Roboter ohnehin meist Akkus zum Einsatz kommen, benötigt man sowieso ein Ladegerät, sodass in diesem Sinne keine zusätzlichen Investitionen notwendig sind. Verwendet man Batterien, sollte man wegen der höheren Kapazität auf Monozellen zurückgreifen. Im Falle von Akkus wird man sich aus Preisgründen eher für die „Mignon" entscheiden. Etwas problematisch kann bei manchen Batteriekästen der Abgriff zwischen den Zellen sein, sodass man sich überlegen kann, das Ganze in ein Gehäuse zu packen und die Spannungen auf separate Anschlüsse zu führen. Dies müssen keinesfalls richtige Anschlussbuchsen sein. Mit der Gewindeseite nach außen geführte Schrauben (günstiger weise vernickelte oder verzinkte Schrauben oder Schrauben aus Edelstahl) eignen sich sehr gut, da man an diese gleichzeitig mehrerer Krokodilstrippen anklemmen kann. Auch bei dieser Anordnung ist jedoch die fehlende Anzeige von Spannung und Strom und das Fehlen einer stufenlosen Spannungsregelung nachteilig.

❑ Zur Stromversorgung sind auch Bleiakkus sehr gut geeignet. Sie sind preislich im Vergleich zur speicherbaren Kapazität sehr günstig und die Ausgangsspannung von normalerweise 6 V oder 12 V kann durch Verwendung eines einstellbaren Spannungsreglers im Bereich von etwa 1,25 V bis 1 V unter Nennspannung geregelt werden. Außerdem ist das Ladeverhalten von Bleiakkus unproblematisch. Die Klemmspannung einer einzelnen Zelle eines Bleiakkus schwankt nämlich von 2,0 V (fast leer) und 2,3 V (voll). Somit können Bleiakkus mittels einer konstanten Spannung geladen werden. Diese Ladeschlussspannung beträgt 6,9 V für einen 6 V Akku (3 Zellen zu je 2,3 V) und 13,8 V für einen 12 V Akku. Zum Laden von 6 V und 12 V Bleiakkus gibt es sehr günstige automatische Ladegeräte, die permanent am Akku verbleiben können.

❑ Als weitere Akku-Stromversorgung, die besonders für hohe Stromstärken geeignet ist, sei hier eine praktische und dennoch günstige Variante vorgestellt. Man benötigt dazu einen 12 V Blei-Akku und ein einfaches 12 V Ladegerät für Bleiakkus mit der Möglichkeit zur Erhaltungsladung. Weiterhin werden zwei Anzeigeinstrumente für Strom und Spannung sowie ein passendes Gehäuse, einige Schalter, Lämpchen und, je nach gewünschten

Spannungen und Stromstärken, einige (einstellbare) Spannungsregler benötigt. Ein Schaltplan sowie ein Vorschlag für die Gestal-
tung der Frontplatte ist in Abbildung 4.25 und 4.26 skizziert:

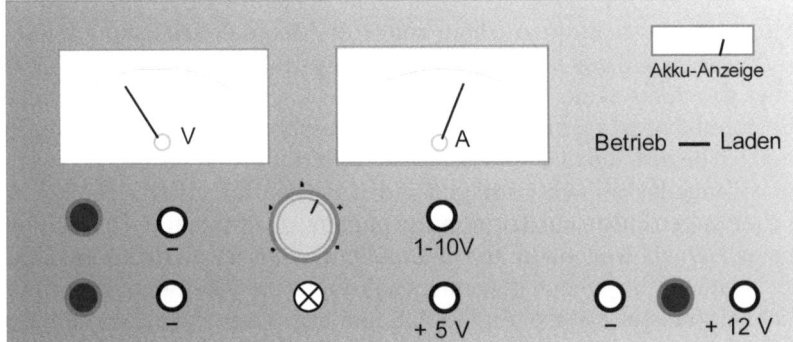

Abbildung 4.25:
*Frontplattenvor-
schlag für die
Hochstrom-Akku-
Stromversor-
gung.*

○ Anschlussbuchse

● Sicherung

⊗ Kontrolllampe

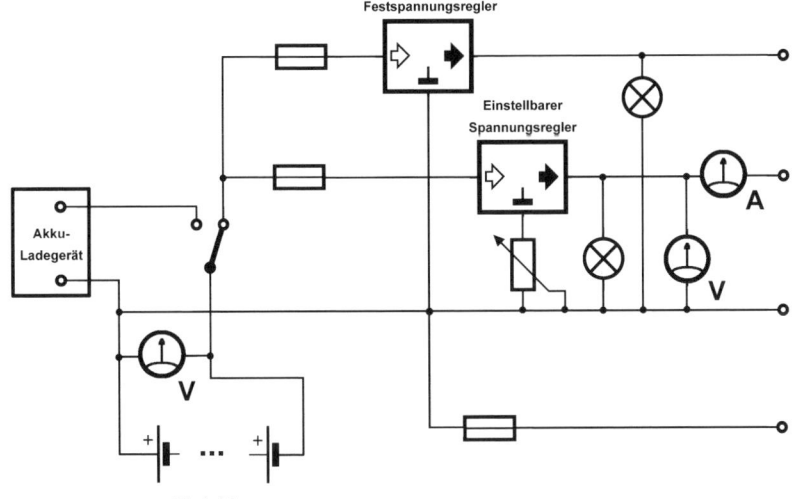

Abbildung 4.26:
*Schaltplan der
Hochstrom-
Akku-Stromver-
sorgung.*

Die beschriebene Stromversorgung besitzt nahezu alle in der Einlei-
tung zu diesem Exkurs geforderten Eigenschaften und kann zudem
völlig mobil auch ohne Netzanschluss betrieben werden. Sie liefert verschiedene Spannungen auch bei höheren Stromstärken und ist frei von
jeglicher Restwelligkeit. Den Vergleich mit einem kommerziellen
Netzgerät braucht sie in keiner Weise zu scheuen.

4.5 Metall-, Kunststoff- und Holzverwendung

Holz

Holz ist vielleicht kein allzu beliebtes Material beim Roboterbau (schließlich soll das fertige Gerät ja richtig „technisch" aussehen), hat aber durchaus seine Vorteile. So sind beispielsweise 3...5 mm dicke Sperrholzbrettchen günstig in jedem Baumarkt erhältlich, lassen sich einfach bearbeiten und sind dennoch recht stabil. Bereits mit einer kleinen Zange lassen sich Lötnägel eindrücken und übersichtliche kleine Schaltungen aufbauen. Die so aufgebauten Schaltungen lassen sich sogar gleich als Basisplatte für einen kleinen Roboter verwenden. Vorsicht ist lediglich geboten, wenn Schaltungen mit sehr hoher Empfindlichkeit (beispielsweise mit C-MOS Bauteilen) aufgebaut werden. Da Holz immer etwas feucht ist, können Kriechströme zu unerwünschten Eigenschaften der aufgebauten Schaltung führen.

Kunststoffe

Profile, Stäbe, Röhren und Platten gibt es in mannigfaltiger Ausführung im Baumarkt. Diese Kunststoffteile sind oft aus PVC (weiß, grau, braun oder schwarz) oder Polymethacrylat (Plexiglas). Diese Kunststoffe sind zum Basteln gut geeignet und lassen sich mit normalen Metallbohrern, Sägen (feine Zahnung) oder Feilen leicht bearbeiten. Spezielle Kunststoffbohrer usw. gibt es zwar, diese sind aber, außer für sehr professionelle Anwendungen, nicht notwendig. Allerdings müssen beim Bearbeiten von Kunststoffen einige Regeln beachtet werden. Bei den genannten, sowie bei zahlreichen weiteren Kunststoffen handelt es sich nämlich um so genannte Thermoplaste. Das sind Stoffe, die bei Erhöhung der Temperatur plastisch werden. Diese Kunststoffe können daher zum Beispiel im Backofen, mit einem Heißluftgebläse oder manche bereits mit heißem Wasser erwärmt und dann in eine neue Form gebracht werden, die sie nach dem Abkühlen dann beibehalten. Allerdings führen die thermoplastischen Eigenschaften dieser Kunststoffe auch dazu, dass sie beim Bohren oder Sägen leicht schmelzen und Bohrer oder Säge verkleben. Daher muss man bei diesen Arbeitsgängen sehr kleine Schnittgeschwindigkeiten wählen und/oder mit einem flüssigen Hilfsstoff kühlen. Die Kühlung erfolgt am einfachsten mit Wasser oder Spiritus. Andere Lösungsmittel greifen eventuell die Kunststoffoberfläche an und sind nicht zu empfehlen. Spiritus ist leicht entzündlich und man halte sich daher am Arbeitsplatz am besten nur eine kleine Tropfflasche mit max. 50 ml vorrätig. Das ermöglicht ein feines, punktförmiges Dosieren und im Falle eines Entzündens kann die Flamme nicht durch den Tropfaufsatz zurückschlagen. Eigene Experimente mit so genannter „Sicherheits-Brennpaste" zum Kühlen bei der Kunststoffbearbeitung ergaben ebenfalls sehr gute Ergebnisse. Bei dieser Brennpaste (wird normalerweise zum Grill anzünden usw. verwendet) handelt es sich um gelartig verdicktem Spiritus, der in dieser Form auch nicht so schnell verdunstet.

Wer öfters mit Kunststoffen arbeitet oder professionellere Ergebnisse erzielen will, sei hier auf die Fachliteratur verwiesen. Dort werden auch spezielle Bearbeitungswerkzeuge und Techniken für verschiedene Kunststoffe vorgestellt.

Besonders für die Bearbeitung von Plexiglas gibt es von den Herstellern ausführliche Merkblätter und Bearbeitungstipps. Hier nur einige wichtige und grundlegende Tipps: Plexiglasscheiben besitzen eine Schutzfolie auf beiden Seiten. Diese sollte erst am Ende aller Bearbeitungsschritte entfernt werden, um die empfindliche Oberfläche so lange als möglich zu schützen. Weiterhin kann man Plexiglas auch kleben. Dazu benötigt man einen für Plexiglas geeigneten Kleber. Auch Biegen von Plexiglasteilen ist möglich. Dazu muss es aber vorsichtig auf etwa 200 °C erwärmt werden (Backofen oder Heißluftpistole). Die ganz (Backofen) oder partiell (Heißluftfön) erwärmten Teile kann man dann von Hand biegen. Zum Schutz vor Verbrennungen der Hände umwickelt man die Teile am besten mit einem dicken Handtuch. Das Erkalten kann durch kaltes Fönen etwas beschleunigt werden.

Speziell für Elektronikanwendungen gibt es noch die einschlägigen Pertinax-Platten oder Lochrasterplatten mit und ohne Kupferauflage. Diese Platten sind teilweise aus glasfaserverstärktem Kunststoff hergestellt und lassen sich ebenfalls leicht bearbeiten. Bei diesen Kunststoffen handelt es sich nicht um Thermoplaste, wodurch Sägen und Bohren noch einfacher wird, da man nicht auf eine besonders niedrige Bohr-/Sägegeschwindigkeit achten muss.

Lochrasterplatten lassen sich entlang der Lochreihen sehr leicht und vor allem in gerader Linie sägen, sodass sich einfach und schnell rechtwinklige Bauteile fertigen lassen. Die kleinen Löcher lassen sich ebenso leicht aufbohren und man erhält Bohrungen in genau definiertem Abstand, was sich beim Verschrauben mehrerer Bauteile als sehr angenehm erweist. Die Platten sind zudem billig, leicht und für nicht allzu schwere Konstruktionen auch fest genug. Verschraubt man zwei Platten mittels Distanzbolzen in etwa 1 cm Abstand, so erhält man eine sehr verwindungssteife und immer noch leichte Basisplatte auf die man bei Bedarf zusätzlich noch elektrische Bauteile verlöten kann. Etwas Vorsicht ist allerdings bei der Verschraubung von Lötaugen- oder

Streifenraster-Platinen angebracht, da Metallschrauben leicht zu Kurz-schlüssen führen können.

Auf die Bearbeitung von exotischen Kunststoffen wie beispielsweise Kohlefaser und Teflon wird hier nicht eingegangen, da diese Materialien schwer beschaffbar und nicht unbedingt notwendig sind.

Metalle

Aus ästhetischen oder konstruktiven Gründen ist die Verwendung von Metallen zum Bau von Robotern durchaus sinnvoll und notwendig. Beschränkt man die Verwendung von Metallen auf Aluminium oder Messing, hat man den Vorteil, dass sich diese Metalle relativ leicht bearbeiten lassen und in jedem Baumarkt oder Modellbaugeschäft erhältlich sind. Eisen, Stahl oder Edelstahl ist für den Anfänger aufgrund der schwierigen Bearbeitbarkeit nicht zu empfehlen und auch nicht notwendig. Zudem besitzen diese Metalle eine vergleichsweise hohe Dichte, sodass die damit hergestellten Fahrzeuge usw. ziemlich schwer werden. Aus diesen Gründen wird hier auf die Bearbeitung von Eisen und Stahl nicht besonders eingegangen. Gerade wegen der geringen Dichte bleibt daher Aluminium sicherlich als eines der geeignetsten Metalle für den Roboterbau. Allerdings lässt sich Aluminium nur schwer löten, da es an der Luft immer mit einer undurchlässigen Oxidschicht überzogen ist. Zum Löten von Alu gibt es spezielles (teures!) Lötzinn. Behelfen kann man sich aber auch damit, dass man zuerst etwas Öl auf das Aluminium träufelt, dann die zu lötende Stelle abschmirgelt und, immer unter Öl, verlötet. Diese Verbindungen sind aber nicht besonders tragfähig, sodass bei Aluminium normalerweise gilt: „Schlecht geschraubt ist besser als gut gelötet". Für spezielle Bearbeitungstechniken, wie Drehen oder Fräsen sei hier auf die einschlägige Fachliteratur verwiesen.

In der Tabelle auf der nächsten Seite sind nochmals die wichtigsten Eigenschaften der für den Roboterbau eingesetzten Metalle zusammengefasst:

Metall	Vorteile	Nachteile	Geeignet für
Aluminium	Leicht, preiswert, in jedem Baumarkt in zahlreichen Varianten erhältlich (Profile, Rohre, Stäbe usw.). Einfach zu bearbeiten.	Nicht gut geeignet für gleitende Verbindungen (Achsen usw.). Nicht oder nur schwierig lötbar!	Alle Arten von festen Verbindungen zwischen einzelnen Teilen sowie als Basisplatte.
Messing	Schwerer als Alu und teurer. Im Baumarkt und in Modellbaugeschäften erhältlich. Ebenfalls einfach zu bearbeiten. Gut lötbar.	Hoher Preis und hohes Gewicht	Alle Arten von festen Verbindungen zwischen einzelnen Teilen sowie für Wellen.
Bronze	Sehr gut zu bearbeiten.	Schwer erhältlich und teuer. Hohes Gewicht.	Besonders geeignet für Lager von Wellen.
Bauteile aus Metallbaukästen (vernickeltes oder verchromtes Messing)	Einfach zu bearbeiten. Vorgefertigte Bohrungen erleichtern das passgenaue Verschrauben.	Hohes Gewicht und hoher Preis. Verhältnismäßig unflexibel, sofern man die vorgefertigten Teile nicht nachträglich modifiziert.	Gut geeignet auch für wenig belastete gleitende Verbindungen (Achsen, Wellen).
Federstahl	Sehr elastisch. Sehr dünne und flexible Drähte erhältlich.	Schwierig zu bearbeiten und zu verlöten. Durch Ausglühen einzelner Stellen mit einem kleinen Lötbrenner verliert er dort seine Festigkeit und lässt sich besser bearbeiten!	Geeignet für Wellen, Achsen, federnde Teile. Sehr dünner Federstahl ist gut geeignet für Berührungssensoren.

4.6 Entsorgung / Umwelt- und Gesundheitsschutz

An dieser Stelle ist auch ein Hinweis zum Umweltschutz angebracht. Bei vielen Arbeiten fallen problematische Abfälle an. Dazu gehören Batterien sowie Metall- und Elektroteile. Durch das separate Sammeln und Entsorgen der einzelnen Abfälle wird ein aktiver Beitrag zum Umweltschutz geleistet. In vielen Städten gibt es mittlerweile Wertstoffhöfe, bei denen man seine vorgetrennten Abfälle / Wertstoffe abgeben kann.

Für Bastelabfälle bieten sich folgende Kategorien an.

Altmetalle:
Öffentlicher Sammelbehälter Metall (nur Eisen und Stahl), andere Metalle im Wertstoffhof oder bei größerer Menge über Schrotthändler entsorgen – dort kann man sich dann auch evt. gleich mal nach „neuen" brauchbaren Teilen umsehen.

Akkus/Batterien:
Öffentlicher Batteriesammelbehälter (den gibt es auch in zahlreichen Elektrogeschäften und Supermärkten).

Kunststoffabfälle:
Hausmüll (evtl. gelber Sack, sofern die Kunststoffsorte gekennzeichnet ist).

Elektroteile:
(Kondensatoren, Widerstände, Platinen und alles was mit Lötzinn ver-unreinigt ist): Wertstoffhof oder Sonderabfallsammlung.

Schalter mit Quecksilber:
Sonderabfallsammlung oder Wertstoffhof. Auf Quecksilberschalter sollte man ohnehin eher verzichten oder zumindest nur vollständig ge-kapselte Schalter verwenden. Durch einen zerbrochenen Schalter in der Wohnung (schlimmstenfalls auf einem Teppich!) verteiltes Queck-silber ist extrem gesundheitsschädlich, da es durch langsames Ver-dampfen jahrelang Quecksilberdämpfe in die Luft abgibt, die zu chro-nischen Erkrankungen führen können.

Zuletzt möchte ich noch darauf hinweisen, dass Lötrauch durchaus ge-sundheitsschädlich ist und nicht eingeatmet werden sollte. Maßnah-men, die dies verhindern können sind in Abschnitt 4.2 „Löten" zusam-mengefasst. Auch ein anderer gesundheitsschädlicher Stoff wird im Heimbereich oft stark unterschätzt. Es handelt sich dabei um Holz-staub. Buchen- und Eichenholzstaub sind erwiesenermassen beim Ein-atmen krebserzeugend. Bei anderen Hölzern besteht der Verdacht auf krebserzeugende Wirkung ihrer Stäube. Besonders hochdrehende Be-arbeitungswerkzeuge (Fräser, Schleifer) erzeugen einen gefährlichen, weil feinen und lungengängigen Staub. Bei Benutzung dieser Maschi-nen sollte man eine Feinstaubmaske tragen oder besser noch für eine gute Absaugung an der Entstehungsstelle des Staubes sorgen.

5. Energie

Die Energie für unseren Roboter müssen wir ihm in irgendeiner Form zuführen und, sofern die Zufuhr nicht kontinuierlich erfolgt, auch in irgendeiner Form speichern. Die verschiedenen Varianten der Energiezufuhr und -speicherung werden in den folgenden Kapiteln ausführlicher behandelt.

5.1 Energiezufuhr und Speicherung

Energiezufuhr und Energiespeicherung sind eng miteinander verknüpft und werden daher in den folgenden Kapiteln zusammen behandelt.

Permanente Energiezufuhr durch Kabel

Die Energieversorgung per Kabel hat einen großen Vorteil und einen großen Nachteil. Beide liegen klar auf der Hand. Ein per Kabel mit Energie versorgter Roboter kann energietechnisch stets aus dem Vol-

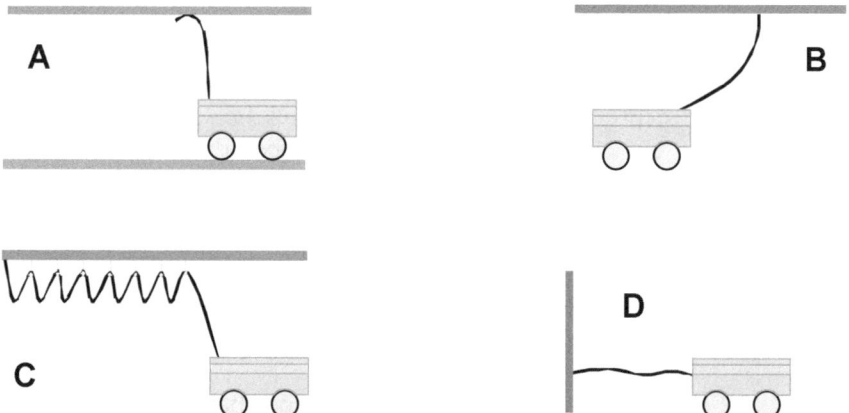

A: Energiezufuhr über Schleifkontakt analog den bekannten „Auto-Scooter" auf Jahrmärkten (nur möglich bei leitfähigem Boden und leitfähiger Decke).
B: Energiezufuhr über an der Decke fixiertes Kabel (Reichweite stark beschränkt).
C: Energiezufuhr über an der Decke beweglich gelagertes Kabel (Reichweite hoch, jedoch großer Aufwand der Kabelführung).
D: Energiezufuhr durch mitgezogenes Kabel (Reichweite beschränkt, Gefahr des Verhedderns im eigenen Kabel hoch).

Abbildung 5.1: *Kabelgebundene Energieversorgungen.*

len schöpfen. Über Energiesparmassnahmen muss kaum nachgedacht werden, und damit ist auch das Gewicht des Roboters kein allzu großes Problem. Da die zum Betrieb notwendige Energie permanent nachgeführt wird, müssen keine Maßnahmen zu Energiespeicherung getroffen werden. Allerdings schränkt das permanent notwendige Kabel die Bewegungsfreiheit des Roboters deutlich ein und führt oft zu „Verwicklungen" des Roboters in seinem Kabel. Am günstigsten ist in diesem Zusammenhang die Stromversorgung von oben (siehe Abbildung 5.1). Für autonome, in einer „fremden" Umgebung agierende Roboter ist aber eine kabelgebundene Stromversorgung nicht brauchbar.

Energiezufuhr und Energiespeicherung mittels Akkus oder Batterien

Die Energiezufuhr mittels Akkus oder Batterien stellt die häufigste und einfachste Variante der Energieversorgung eines Roboters dar. Als Energiequellen können dabei Batterien, Akkus oder so genannte RAM-Zellen zum Einsatz kommen.

Batterien haben den unbestreitbaren Vorteil, dass man sich leicht einen Satz aller gängigen Batterien auf Vorrat legen kann und dann immer sofort das passende und geladene Modell zu Hand hat. Weiterhin besitzen Batterien eine hohe Energiedichte und auch der Preis ist günstig. Batterien sind zudem in unbenutztem Zustand sehr lange lagerfähig.

Die gängigen (NiCd- und NiMH-) Akkus weisen dagegen eine recht hohe Selbstentladung auf, sodass sie nach einigen Wochen Lagerung vor ihrem Einsatz nachgeladen werden müssen. Rein finanziell rentiert der Einsatz von Akkus erst nach Verbrauch einiger Dutzend Batterien, sofern man das für Akkus notwendige (teure) Ladegerät mitberücksichtigt. Dennoch sollte man allein schon aus ökologischen Gründen den Einsatz von Akkus beim Roboterbau vorziehen. Nicht zu vergessen, dass bestimmte Anwendungen (Einsatz von Solarzellen) oft nur in Verbindung mit Akkus möglich sind. Möchte man bei einem Roboter die Batterien durch Akkus ersetzen, muss man die niedrigere Zellspannung von NiCd-Akkus (1,2 V) gegenüber den üblichen Batterien (1,5 V) beachten. Gegebenenfalls müssen zusätzliche Zellen vorgesehen werden.

Sofern man für Prototypen usw. dennoch Batterien einsetzen möchte, empfiehlt sich aufgrund ihrer Eigenschaften (siehe folgende Tabelle) die Verwendung von Alkali-Mangan Zellen. Übrigens können nahezu alle teilentladenen „Einweg"-Alkali-Mangan Batterien etwa 3...10 x wieder aufgefrischt werden. Diese günstige Eigenschaft wurde bei den so genannten RAM-Zellen (Rechareable Alkaline Manganese) perfek-

tioniert. Diese RAM-Zellen können 25…100 x wieder aufgeladen werden. Allerdings nur, wenn sie vorher nur zu etwa 30…50 % entladen wurden. Als unterstes Limit gilt etwa eine Entlade-Restspannung von 0,9 V. Dennoch ist die Kapazität der RAM-Zellen immer noch fast doppelt so hoch wie die von NiMH-Akkus, sodass sie durchaus eine beachtenswerte Alternative zu Akkus darstellen. Geladen werden müssen RAM-Zellen übrigens in speziellen Ladegeräten. Ladegeräte für NiCd- oder NiMH-Akkus sind nicht geeignet. Allerdings lassen sich RAM-Zellen auch mittels einer Konstantspannung von 1,65 V laden. Die Ladezeit beträgt etwa 8…16 Stunden. Die einfache Möglichkeit zur Konstantspannungs-Ladung (ähnlich den erwähnten Bleiakkus) ermöglicht auch durchaus interessante Einsatzmöglichkeiten in Verbindung mit Solarzellen. Weitere Informationen zu RAM Zellen findet man beispielsweise bei:
http://home.wtal.de/fahrner/akku.htm#batterie

Beim Einsatz von Akkus zur Energieversorgung gibt es zwei Möglichkeiten:

- entweder man tauscht die entladenen Akkus manuell gegen geladene aus oder

- man lädt die Akkus im Roboter.

Der Austausch gegen geladene Akkus geht schnell und der Roboter ist danach sofort wieder einsatzbereit. Die entladenen Akkus können individuell in einem guten externen Ladegerät geladen werden.

Das Laden der Akkus im Roboter kann manuell durch Anschluss an eine Ladestation geschehen. Dabei ist aber zu beachten, dass die Akkus normalerweise in Reihe geschaltet sind und zum Laden ein an die Zellenanzahl angepasstes Ladegerät benötigen. Im Falle von Bleiakkus können die Akkus auch in Parallelschaltung geladen werden. Gegebenenfalls kann bei Verwendung von Bleiakkus zum Laden von Reihen- auf Parallelschaltung umgeschaltet werden (siehe 1. Exkurs: Spannungsversorgungen).

Eine weitere interessante Variante ist, den Roboter mit teilentladenen Akkus selbständig die Ladestation finden zu lassen (gegebenenfalls mittels eines Laserstrahls) und dort anzudocken, bis die Akkus wieder geladen sind. Diese Variante wird bereits bei einigen kommerziellen Staubsauger-Robotern eingesetzt.

Weiterhin können die Akkus auch permanent durch Solarzellen nachgeladen werden (siehe auch Abschnitt „Energiezufuhr über Solarzellen"). Da der Stromverbrauch des Roboters aber im Normalfall deutlich höher als die Kapazität der Solarzellen ist, kann der Roboter nicht permanent aktiv sein, sondern benötigt längere Ruhepausen zum Laden der Akkus.

Akkus gibt es in zahlreichen Ausführungen, deren Vor- und Nachteile in der folgenden Tabelle kurz zusammengefasst sind.

Vor- und Nachteile gängiger Akkus und Batterien (Batterien grau unterlegt)

Akku	Vorteile	Nachteile	Geeignet für
Bleiakku	Robust und preiswert. Einfach zu Laden. Ladekontrolle über Zellenspannung möglich (2,3 V = voll geladen; 1,75 V = entladen). Kleine Selbstentladung. Kein Memmory-Effekt.	Kleinere Kapazität als NiCd-Akkus. Keine Schnellladung möglich. Akkus müssen geladen gelagert werden, ansonsten Zerstörung durch Sulfatabscheidung. Kleine Baugrössen oder Akkus mit 2 V Zellspannung schwer erhältlich.	Grössere und schwerere Roboter oder für Energieversorgung mittels Solarzellen.
NiCd-Akku	Schnellladefähig, preiswert, hochstromfest (normalerweise für Roboter nicht so wichtig). Spannungsstabil beim Entladen.	Teilentladung wegen Memmory-Effekt ungünstig, sofern nicht aufwendiges Ladeverfahren angewendet wird. Daher für Solarzellenbetrieb normalerweise nicht gut geeignet. Selbstentladung etwa 1 % pro Tag.	Alle Arten von Robotern. Verbrauchte Akkus am besten extern in gutem Ladegerät laden.
NiMH-Akku	Höhere Kapazität als NiCd-Akkus. Kaum Memmory-Effekt.	Selbstentladung ca. 1,5 % pro Tag	Alle Arten von Robotern. Bedingt für Solarzellenbetrieb geeignet. Verbrauchte Akkus am besten extern in gutem Ladegerät laden.
Li-Ionen Akku	Deutlich höhere Kapazität als NiCd- oder NiMH-Akkus. Selbstentladung nur etwa 15 % pro Jahr.	Teuer. Zellspannung 3...4 V. Spezielles Ladegerät notwendig. Daher für Solarzellenbetrieb normalerweise nicht geeignet.	High-Tech Roboter mit aufwendiger Elektronik. Ausgereifte und kommerzielle Konstruktionen.
Zink-Kohle Batterien	Mäßige Energiedichte. Kein Ladegerät erforderlich. Geringe Selbstentladung.	Auf Dauer teuer, da nicht aufladbar. Preis/Energie-Verhältnis ungünstiger als bei Alkali-Mangan Zellen. Wenig ökologisch.	Roboter, die nur kurzzeitig in Betrieb sind, Prototypen. Achtung: Bei Austausch gegen NiCd Akkus unterschiedliche Zellspannungen beachten!
Alkali-Mangan Batterien	Hohe Energiedichte. Kein Ladegerät erforderlich. Geringe Selbstentladung.	Auf Dauer teuer, da nicht aufladbar. Mäßig ökologisch.	Roboter, die nur kurzzeitig in Betrieb sind, Prototypen. Achtung: Bei Austausch gegen NiCd Akkus unterschiedliche Zellspannungen beachten!
RAM* Batterien	Für Akkus hohe Energiedichte. Geringe Selbstentladung.	Spezielles Ladegerät erforderlich. Nur etwa 25...100x wiederaufladbar.	Roboter, die nur kurzzeitig in Betrieb sind, Prototypen. Achtung: Bei Austausch gegen NiCd Akkus unterschiedliche Zellspannungen beachten!
Lithium-Batterien	Sehr lange Betriebsdauer (>10 Jahre) bei sehr kleinen Strömen.	Zellspannung 3 V	Partielle Stromversorgung von Sekundärsystemen die sehr wenig Strom verbrauchen.

*Rechargeable Alkaline-Manganese

Bezeichnungen, Baugrößen und Daten von gängigen Batterien (und Akkus)

Bezeichnung[1]	Abmessungen	Typ	Gewicht	Spannung/ Kapazität	Energie- dichte[2]
Lady (-) L R 1 (-) KN (UM5)	12 x 30,2 mm	Zink-Kohle Batterie	-	-	-
		Alkalimangan Batterie	-	-	-
		RAM-Batterie	-	-	-
		NiCd-Akku	9 g	1,5 V / 150 mAh	25 Wh/kg
		NiMH-Akku	-	-	-
Micro (AAA) L R 03 (R 03) AM4 (UM4N)	10.5 x 44.5 mm	Zink-Kohle Batterie	-	-	-
		Alkalimangan Batterie	11 g	1,5 V / 1100 mAh	150 Wh/kg
		RAM-Batterie	11 g	1,5 V / 750 mAh	100 Wh/kg
		NiCd-Akku	10 g	1,2 V / 300 mAh	36 Wh/kg
		NiMH-Akku	12 g	1,2 V / 700 mAh	70 Wh/kg
Mignon (AA) L R 6 (R 6) AM3 (UM3N)	14.5 x 50.5 mm	Zink-Kohle Batterie	18 g	1,5 V / 1200 mAh	100 Wh/kg
		Alkalimangan Batterie	23 g	1,5 V / 2600 mAh	170 Wh/kg
		RAM-Batterie	22 g	1,5 V / 1800 mAh	120 Wh/kg
		NiCd-Akku	21 g	1,2 V / 750 mAh	43 Wh/kg
		NiMH-Akku	25 g	1,2 V / 1100 mAh	53 Wh/kg
Baby (C) L R 14 (R 14) AM2 (UM2N)	26.2 x 50.0 mm	Zink-Kohle Batterie	50 g	1,5 V / 3500 mAh	105 Wh/kg
		Alkalimangan Batterie	70 g	1,5 V / 7800 mAh	170 Wh/kg
		RAM-Batterie	68 g	1,5 V /4000 mAh	88 Wh/kg
		NiCd-Akku	75 g	1,2 V / 2200 mAh	36 Wh/kg
		NiMH-Akku	70 g	1,2 V / 2600 mAh	45 Wh/kg
Mono (D) L R 20 (R 20) AM1 (UM1N)	34.2 x 61.5 mm	Zink-Kohle Batterie	100 g	1,5 V / 8000 mAh	120 Wh/kg
		Alkalimangan Batterie	140 g	1,5 V / 16500 mAh	175 Wh/kg
		RAM-Batterie	123 g	1,5 V / 8000 mAh	98 Wh/kg
		NiCd-Akku	145 g	1,2 V / 4500 mAh	37 Wh/kg
		NiMH-Akku	150 g	1,2 V / 5000 mAh	40 Wh/kg
Flach (-) 3 L R1 2 (3 R 12) - (-)	26 x 22 x 67 mm	Zink-Kohle Batterie	100 g	4,5 V / 2500 mAh	110 Wh/kg
		Alkalimangan Batterie	170 g	4,5 V / 5900 mAh	156 Wh/kg
		RAM-Batterie	-	-	-
		NiCd-Akku	-	-	-
		NiMH-Akku	-	-	-
Block (1604 D) 6 L R61 (6 F 22) 6AM6 (006PN)	26.5 x 17.5 x 48.5 mm	Zink-Kohle Batterie	37 g	9 V / 420 mAh	102 Wh/kg
		Alkalimangan Batterie	46 g	9 V / 550 mAh	108 Wh/kg
		RAM-Batterie	-	-	-
		NiCd-Akku	-	-	-
		NiMH-Akku	47 g	8,4 V / 150 mAh	27 Wh/kg
	17 x 34,5 mm -	Lithium-Batterie	17 g	3 V / 1300 mAh	230 Wh/kg
		Lithium-Ionen-Akku	32 g	3,6 V / 1200 mAh	135 Wh/kg

Je nach Modell kann das Gewicht und die Kapazität schwanken. Angegeben sind die Werte eines handelsüblichen Modells im mittleren Preissegment.

1. Reihenfolge der Bezeichnungen:
Zeile 1: Übliche Typ-Bezeichnung (Typ-Bezeichnung nach alter ANSI-Norm) – diese Bezeichnungen sind auch für Akkus üblich;
Zeile 2: Aktuelle Bezeichnung von Alkali-Mangan (Zink-Kohle)-Batterien nach IEC-Norm,
Zeile 3: Alte Bezeichnung von Alkali-Mangan (Zink-Kohle)-Batterien nach JIS-Norm

2. Energiedichte berechnet gemäß: Nennspannung x Nennkapazität / Gewicht.
Die Energiedichte eines Akkus ist keine Konstante, sondern kann je nach Leistung des Verbrauchers unterschiedliche Werte annehmen. Generell kann man sagen, dass Verbraucher kleiner Leistung (z. B. Uhr) dem Akku oder der Batterie mehr Energie entnehmen können als Verbraucher hoher Leistung (z. B. Motor). Das hängt damit zusammen, dass bei Verbrauchern hoher Leistung (= hoher Stromentnahme) die Zellspannung zusammenbricht, da der Innenwiderstand der Zelle mit fortschreitender Entladung steigt. Für weitergehende Betrachtungen sei auf die umfangreiche Spezialliteratur über Akkus und Batterien verwiesen (z.B. http://de.varta.com/index.html).

In der vorher stehenden Tabelle ist zu erkennen, dass die Energiedichte von Batterien und Akkus mit zunehmender Baugröße steigt. Eine Mono-Zelle hat also eine deutlich höhere Energiedichte als eine analoge 9 V Blockbatterie. Das hängt damit zusammen, dass das Verhältnis von energetisch aktiver Füllmasse zum umgebenden Blechmantel/Ableitelektrode usw. bei größeren Batterien und Akkus günstiger wird.

Energiezufuhr und Energiespeicherung mittels Kondensatoren

Auch ein Kondensator speichert bekanntermaßen Energie, sodass man leicht auf die Idee kommen könnte, einen oder mehrere Kondensatoren zur Stromversorgung eines Roboters einzusetzen. Dabei sollte man sich aber zuerst einmal die Energiedichte von geladenen Kondensatoren ansehen (siehe Abschnitt „Zusammenfassung Energiezufuhr und Speicherung"). Dabei stellt man fest, dass die speicherbaren Energiemengen im Verhältnis zu Gewicht und Volumen der Kondensatoren recht bescheiden sind und bestenfalls zur kurzzeitigen Stromversorgung von sehr effizient arbeitenden Robotern taugen. Zwar lassen sich auch mit herkömmlichen Elektrolytkondensatoren gerade bei hohen Spannungen brauchbare Energiemengen speichern, doch ist deren Nutzung aufgrund der beim Betrieb ständig abfallenden Spannung recht aufwendig. So speichert ein 500 g schwerer Hochvolt-Elektrolytkondensator mit 1500 μF immerhin rund 100 Ws, wenn er auf 380 V aufgeladen wird. Ein 5 V Motor mit 1 W könnte damit also rund 100 s betrieben werden, vorausgesetzt man schafft es, die sich stetig von 380 V auf 0 V abfallende Spannung ohne große Verluste auf 5 V zu stabilisieren.

Deutlich günstiger sind da schon Doppelschichtkondensatoren, die so genannten „Gold-Caps" mit einer fast 10 x höheren Leistungsdichte und sehr hoher Kapazität (üblicherweise 0,1 bis 10 F), aber recht geringer Spannungsfestigkeit (üblicherweise 2,4 V bis 5 V) und hohem Innenwiderstand (üblicherweise 30 Ω bis 300 Ω). Der hohe Innenwiderstand bewirkt, dass Doppelschicht-Kondensatoren im Vergleich zu herkömmlichen Elektrolytkondensatoren deutlich längere Ladezeiten (durchaus im Bereich von einigen Minuten) benötigen.

Doppelschichtkondensatoren eignen sich besonders gut zur Pufferung von solargetriebenen Robotern. Allerdings darf man sich über die Kapazität der Gold-Caps keine falschen Vorstellungen machen. Sehr energiesparend Motore, mehrere Gold-Caps und große Solarzellen sind auf jeden Fall notwendig, und um eine mehr oder weniger detaillierte Berechnung der Energiebilanz kommt man kaum herum. Man beachte dabei, dass nicht die gesamte im Kondensator gespeicherte Energie genutzt werden kann:

Gespeicherte Energie W (in Js = Watt) im Kondensator:

$$W = \tfrac{1}{2} \cdot C \cdot U_{max}^2$$

C = Kapazität in F
U_{max} = Ladespannung des Kondensators

Beispiel:
Kondensator C = 1 F auf U_{max} = 5 V geladen: **W = 12,5 Ws**

Nutzbare Energie W (in Js = Watt) im Kondensator:

$$W = \tfrac{1}{2} \cdot C \cdot (U_{max} - U_{min})^2$$

C = Kapazität in F
U_{max} = Ladespannung des Kondensators
U_{min} = Mindestspannung des Verbrauchers

Beispiel:
Kondensator C = 1 F auf U_{max} = 5 V geladen,
Verbraucher benötigt min. 3 V: **W = 2 Ws**

Ein weiterer Punkt, der bei der Energiespeicherung mittels Kondensatoren beachtet werden muss, ist der Leckstrom des Kondensators. So bewirkt der Leckstrom von etwa 0,3 mA eines kommerziell erhältlichen Doppelschicht-Kondensators (5V, 1F), dass sich der geladene Kondensator nach wenigen Stunden wieder entladen hat. Somit lassen sich längere Dunkelperioden mittels Kondensatoren normalerweise nicht überbrücken.

Energiezufuhr über Solarzellen

Solarzellen bieten prinzipiell eine elegante und zeitgemäße Möglichkeit der Energiezufuhr und machen den damit ausgestatteten Roboter örtlich ungebunden, sofern eine hinreichend effektive Sonneneinstrahlung gewährleistet ist.

Abbildung 5.2:
Solarzellen.

Dabei gibt es bei der Stromversorgung mittels Solarzellen zwei Mög-lichkeiten. Entweder man verzichtet gänzlich auf eine Möglichkeit zur Energiespeicherung oder man sieht zusätzliche Akkus, Kondensato-ren usw. vor. Im ersten Fall ist der Roboter nur bei guter Beleuchtung aktiv, im zweiten Fall kann das Gerät nach dem Aufladen in der Sonne aktiv werden und es können auch Dunkelperioden überbrückt wer-den. Allerdings darf man sich über die Leistungsfähigkeit handelsübli-cher Solarzellen im Vergleich zum Energieverbrauch eines „normalen" Roboters keine zu optimistischen Vorstellungen machen. Außerdem sind die Angaben auf manchen im Handel erhältlichen Solarzellen sind nicht realistisch. Das heißt, wenn eine Maximalspannung von 0,45V und ein Maximalstrom von 1 A bei voller Sonneneinstrahlung angegeben ist, so bedeutet dies nicht unbedingt, das die Zelle eine Ma-ximmalleistung von 0,45 W besitzt, da die beiden Maximalwerte unter Umständen unabhängig voneinander gemessen wurden. Möglicher-weise bricht die Spannung beim Strom von 1 A auf 0,25 V zusammen und schon hat man nur noch 0,25 W – und das wohlgemerkt bei voller Sonneneinstrahlung. Damit kann man gerade mal ein einzelnes Relais mit Strom versorgen, von sonstiger Elektronik oder gar Fahrmotoren ganz zu schweigen. Um eine Solarzelle optimal betreiben zu können, muss man das Leistungsoptimum kennen. Dazu wird die Solarzelle bei gegebener Beleuchtung mit einem regelbaren Widerstand belastet und der Stromfluss in Abhängigkeit von der Spannung über einen grö-ßeren Bereich gemessen. Die Leistung lässt sich nun nach $P = U \times I$ für jede Spannung berechnen und das Maximum ermitteln. Da sich das Leistungsoptimum noch etwas mit der Beleuchtungsstärke verschieben kann, ist es günstig, die Messung bei einer Beleuchtungsstärke durchzuführen, die der später vorgesehenen entspricht. Eine solche Kurve kann beispielsweise wie in Abbildung 5.3 aussehen.

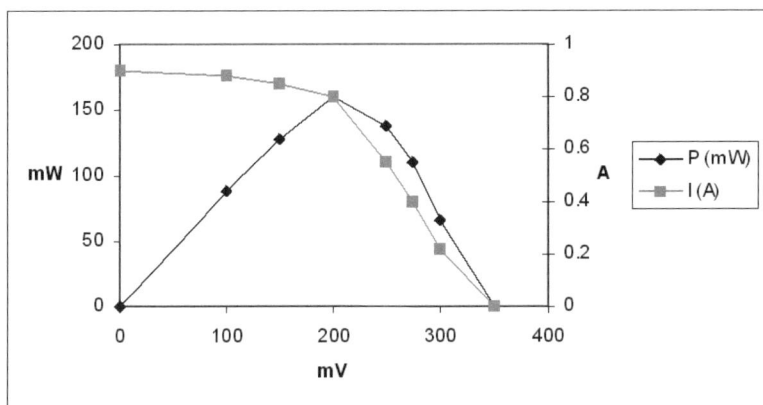

Abbildung 5.3:
Leistungsopti-
mum einer Solar-
zelle.

Das gemessene Leistungsoptimum liegt also bei etwa 50% der angegebenen Zellspannung von 450 mV. Somit werden zur optimalen Versorgung eines 12 V Motors also mindestens 60 in Reihe geschalteter Solarzellen benötigt!

Erfahrungsgemäß ist es aber schwierig, ein Gerät ohne weitere Energiespeichermaßnahmen nur mit Solarzellen zu betreiben. Was aber nicht heißt, dass es gänzlich unmöglich ist. Als Faustregel kann man davon ausgehen, dass käufliche Solarzellen etwa einen Wirkungsgrad von 10% besitzen. Die Sonneneinstrahlung bei wolkenlosem Himmel beträgt in unseren Breiten etwa 150 W / m^2. Eine 10 x 10 cm Solarzelle liefert also unter diesen optimalen Bedingungen maximal 0,15 W. In der Literatur auftauchende Werte für die Sonneneinstrahlung von etwa 1000 W/m^2 sind unrealistisch, da die von der Sonne auf die Erdatmosphäre treffende Energie etwa 1350 W/m^2 beträgt. Davon werden aber beim Durchgang durch die Atmosphäre rund 50% absorbiert bzw. reflektiert. Somit erreichen also maximal 675 W/m^2 die Erdoberfläche. Dieser Wert wird aber nur am Äquator bei senkrechtem Sonnenstand und klarer Luft erreicht. Unter normalen Bedingungen und in Mitteleuropa liegen die gemessenen Werte für die Sonneneinstrahlung deutlich darunter.

Damit man sich ein besseres Bild von den Verhältnissen machen kann, sind in der folgenden Tabelle übliche Beleuchtungsstärken der Energieeinstrahlung gegenübergestellt. Bei den Angaben handelt es sind um Durchschnittswerte aus Mitteleuropa.

5. Energie

Vergleichs-beleuchtung	Beleuchtungsstärke in Lux*	Energieeinstrahlung in W/m²	Maximalleistung einer handelsüblichen Solarzelle (10 x 10 cm), Wirkungsgrad 10%
Vollmondnacht	0,2 Lux	0,0003 W/m²	0,0000003 W
Straßenbeleuchtung	20 Lux	0,03 W/m²	0,00003 W
Wohnraumbeleuchtung	150 Lux	0,22 W/m²	0,0002 W
Beleuchtung zum Lesen	300 Lux	0,44 W/m²	0,0004 W
Sonnenlicht (im Schatten)	5.000 Lux	7,4 W/m²	0,007 W
Tageslicht	50.000 Lux	74 W/m²	0,07W
Sonnenlicht (direkte Bestrahlung)	100.000 Lux	147 W/m²	0,15 W

* 1 Lux = 1 lumen/ m² = 1,47 mW/m²

(Diese Umrechnung gilt für Licht einer Wellenlänge von 555 nm, was dem Mittelwert des sichtbaren Lichts entspricht.)

Entscheidet man sich für den kombinierten Einsatz von Akkus und Solarzellen, bietet sich die Verwendung von Bleiakkus an. Bleiakkus können mit gutem Wirkungsgrad spannungsgesteuert geladen werden und es gibt zu diesem Zweck im Handel bereits zahlreiche preiswerte Ladegeräte und Module.

Weiterhin wären auch RAM-Zellen, die ebenfalls spannungskonstant (1,65V) geladen werden können (siehe auch Abschnitt „Energiezufuhr und Energiespeicherung mittels Akkus oder Batterien") geeignet. Allerdings gibt es kaum günstige kommerzielle Solarladegeräte für RAM-Zellen. Möglicherweise kann man mit einer einfachen Spannungs-Konstanthaltungs-Schaltung bereits brauchbare Ergebnisse erzielen.

Abbildung 5.4:
Einfache Solarladeschaltung für Gold-Cap-Kondensatoren und Bleiakkus.

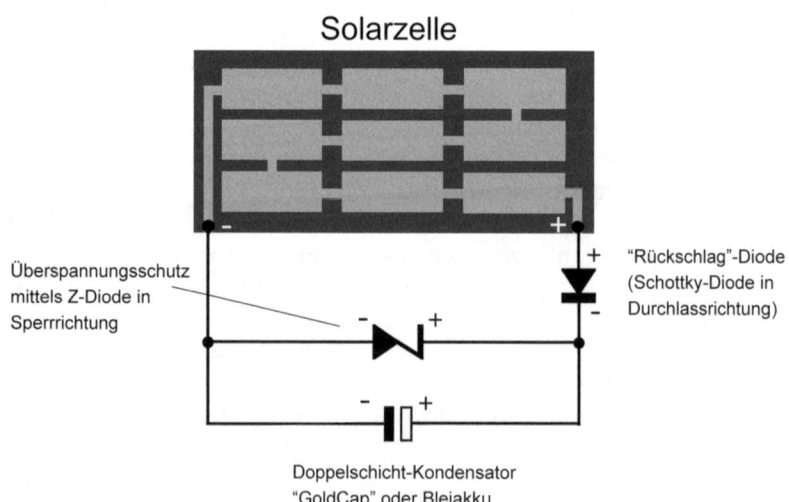

Solarzelle

Überspannungsschutz mittels Z-Diode in Sperrrichtung

"Rückschlag"-Diode (Schottky-Diode in Durchlassrichtung)

Doppelschicht-Kondensator "GoldCap" oder Bleiakku

Eine weitere, sehr einfache und elegante Möglichkeit zur Energiespeicherung in Verbindung mit Solarzellen stellt der Einsatz von Doppelschichtkondensatoren dar. Doppelschichtkondensatoren, auch oft „GoldCaps" genannt benötigen keinerlei Ladeschaltung und können (fast) direkt an eine bzw. mehrere Solarzellen angeschlossen werden. „Fast" bedeutet, dass zur Verhinderung einer Entladung während einer Dunkelperiode zwischen Solarzelle und Kondensator noch eine Diode geschaltet werden muss. Da einfache Siliziumdioden auch in Durchlassrichtung einen Spannungsabfall von etwa 0,7 V verursachen, sollte man günstiger weise eine Schottky-Diode verwenden. Schottky-Dioden verursachen lediglich einen Spannungsabfall von etwa 0,3 bis 0,4 V. Da Doppelschichtkondensatoren nicht besonders spannungsfest sind (aufgedruckten Wert unbedingt einhalten!), sollte man auch noch einen „Überlauf" in Form einer Z-Diode schaffen wie in Abbildung 5.4 skizziert.

Eine andere Möglichkeit, einen Roboter mit Sonnenenergie zu betreiben besteht darin, ihn solange Energie sammeln zu lassen, bis ein genügender Vorrat erreicht ist und ihn erst dann für eine gewisse Zeit, oder bis der Energievorrat verbraucht ist, zu betreiben. Beispielsweise kann sich der Roboter am Ende seiner Aktivitätsperiode an eine günstige Stelle zum Energiesammeln (besonders helle Stelle!) bewegen oder er erkennt an der aktuellen Helligkeit, wann es günstig ist, sich nach einer neuen Position zum Laden der Akkus umzuschauen. Diese Möglichkeiten sind zwar sehr elegant, setzen aber ein hohes Maß an elektronischem Aufwand voraus.

Ein weiteres Problem besteht darin, dass von vielen Solarzellen nur eine Spannung von 0,2…0,3 V geliefert wird, sofern man sie nahe am Leistungsoptimum betreibt. Dies ist zum Betrieb der meisten elektronischen Systeme viel zu wenig. Beträgt die Systemspannung eines Roboters beispielsweise 12 V, würde man etwa 48 in Reihe (= hintereinander) geschaltete Solarzellen benötigen (48 x 0,25 V = 12 V). Damit man auch mit weniger Solarzellen auskommen kann, gibt es mehrere Möglichkeiten. Eine davon ist die Verwendung eines so genannten „Aufwärts"-Spannungsreglers. Dies ist ein Spannungsregler, der eine kleine Eingangsspannung in eine höhere Ausgangsspannung umwandelt. Solche Geräte mit gutem Wirkungsgrad (ungefähr 85 %) sind besonders für höhere Ströme sehr teuer. In diesen Fällen bietet sich eine andere Variante der „Spannungsumwandlung" an. Da Roboter normalerweise mit mehreren in Reihe geschalteten Akkus (z. B. 2 x 6 V = 12 V) betrieben werden, bietet es sich an, diese Akkus zum Laden entweder manuell oder durch ein Relais gesteuert von Reihenschaltung in Parallelschaltung umzustellen. Zwar benötigt ein Relais ebenfalls eine gewisse Leistung, diese fällt aber bei Verwendung größerer Solarzellen im Vergleich zum fixen Wirkungsgrad eines Spannungsreglers immer weniger ins Gewicht. Zudem ist der finanzielle Aufwand deutlich geringer.

Zum Umschalten zwischen Reihen- und Parallel-Schaltung zweier Akkus benötigt man einen Schalter oder ein Relais mit 2 Wechselkontakten, wie es die Abbildungen 5.5 und 5.6 zeigen.

Abbildung 5.5:
Parallelschaltung zweier Akkus (zum Laden, 6 V).

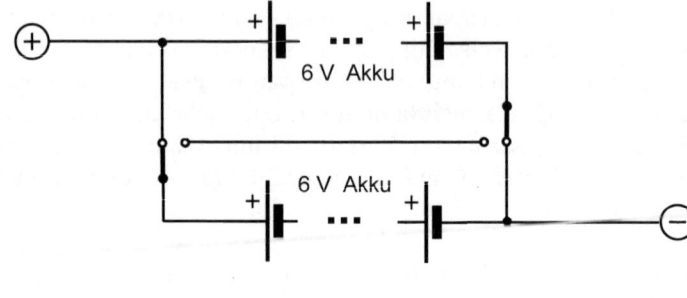

Abbildung 5.6:
Reihenschaltung zweier Akkus (Betriebszustand, 12 V).

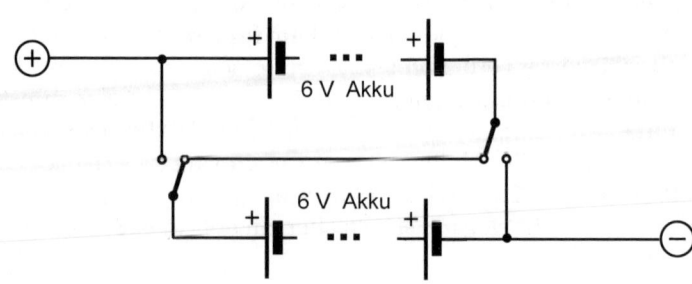

Selbstverständlich funktioniert das auch mit anderen Spannungen und auch mit mehr als zwei Akkus. Allerdings braucht man für jeden zusätzlichen Akku weitere 2 Umschalter! Bei den Akkus sollte man sich auf Bleiakkus oder auch Doppelschichtkondensatoren beschränken, da andere Akkus (NiCd, NiMH) nicht ohne weiteres parallel geladen werden können.

Wer es auf die Spitze treiben will, kann sogar zusätzlich noch zwischen zwei Akkupacks umschalten, wovon der eine (parallel geschaltet) immer geladen und der andere (in Reihe geschaltet) zum Betrieb des Roboters genutzt wird.

Energiezufuhr über Peltier-Elemente

Nicht nur Lichtenergie, sondern auch thermische Energie in Form einer nutzbaren Wärmedifferenz kann prinzipiell direkt in elektrische Energie umgewandelt werden. Dieser Effekt tritt zwischen zwei Kontaktstellen verschiedener Metalle auf, sobald die Kontaktstellen eine unterschiedliche Temperatur besitzen und wird thermoelektrischer Effekt oder Seebeck-Effekt genannt. Dabei können, je nach Kontaktfläche, hohe Ströme fließen. Allerdings ist die nutzbare Spannungsdifferenz sehr gering. Sie liegt je nach Metallpaarung und Temperaturdifferenz im Bereich weniger Mikro- bis Millivolt und kann zur Temperaturmessung genutzt werden. Ein direkter Einsatz zur Energiegewinnung erscheint aber aufgrund der sehr niedrigen Spannungen (und der niedrigen theoretisch möglichen Wirkungsgrade) nicht besonders aussichtsreich.

Der thermoelektrische Effekt wird auch in kommerziellen Geräten in umgekehrter Form zur Erzeugung einer Temperaturdifferenz direkt aus elektrischer Energie eingesetzt. Diese so genannten Peltier-Elemente sind mittlerweile recht günstig zu haben, da sie zur Kühlung von Computerchips eingesetzt werden. Bei diesen Elementen sind zahlreiche Kontaktstellen hintereinander geschaltet, sodass sie bei brauchbaren Spannungen (oft etwa 1…10 V) und Stromstärken im Bereich einiger Ampere betrieben werden können.

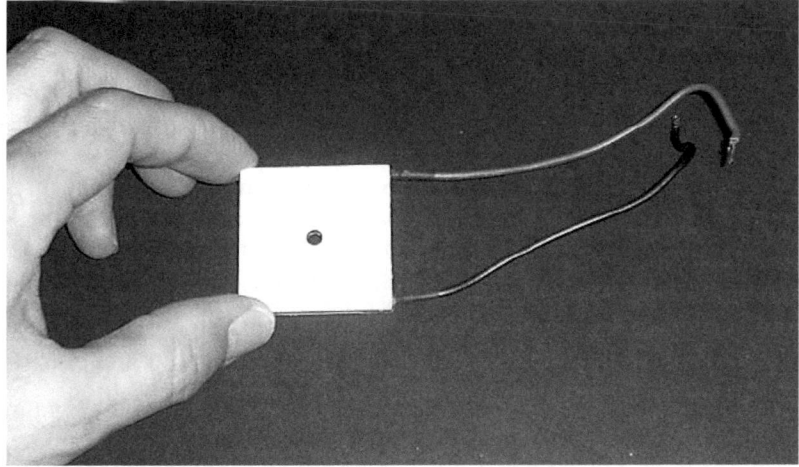

Abbildung 5.7:
Peltier-Element.

Heizt man nun eine der beiden Seiten eines solchen Elementes (4 x 4 cm, 12V, 4 A) auf (z. B. durch Sonneneinstrahlung auf das geschwärzte Peltier-Element), kann man an den Anschlussdrähten eine Spannung von etwa 0,3 V je 10 K Temperaturdifferenz abgreifen. Der Kurzschlussstrom bei dieser Anordnung beträgt etwa 100 mA je 10 K Temperaturdifferenz. Da jedoch die Wärme schnell von der wärmeren zur kälteren Seite geleitet wird, muss die kältere Seite ständig gekühlt werden, um eine brauchbare Temperaturdifferenz aufrechterhalten zu können. Sofern diese Kühlung (z. B. Kühlkörper + Ventilator) Energie

verbraucht, wird dadurch die bescheidene vom Peltier-Element gelieferte Leistung leider schnell wieder aufgebraucht, sodass es wohl schwierig ist, mittels Peltier-Elementen eine positive Energiebilanz zu erhalten. Je größer allerdings die Temperaturdifferenz ist, desto höher ist die Leistung des Moduls und desto einfacher ist die Wärmeabfuhr von der zu kühlenden Seite. Wer sich weiter über Peltier-Elemente informieren möchte, findet zahlreiche Internetseiten zu diesem Thema, beispielsweise: *http://www.siteware.ch/peltier/*
http://www.hcrs.at/peltier.htm

Chemische Energiezufuhr und Speicherung

Die Zufuhr chemischer Energie ist uns vom Kraftfahrzeug bestens bekannt. Beim Kfz sorgt ein Verbrennungsmotor für die Umwandlung von chemischer in mechanische Energie und ein angeschlossener Generator wiederum für die Umwandlung eines Teils der mechanischen Energie in elektrische Energie, die in der Batterie (Bleiakku) sozusagen zwischengelagert wird. Da der verwendete Kraftstoff sehr energiereich ist lassen sich die damit betriebenen Gefährte wie allseits bekannt über größere Strecken bewegen, ohne dass Energie = Kraftstoff nachgeführt werden muss. Allerdings ist der dafür notwendige Aufwand (Verbrennungsmotor mit all seinen Hilfsaggregaten) ziemlich hoch und besonders für kleine Selbstbau-Roboter kaum tragbar (von der Abgasproblematik beim Indoor-Betrieb einmal ganz zu schweigen).

Gleiches gilt für die altbekannte Dampfmaschine, die zudem im Vergleich zu Verbrennungsmotoren einen ziemlich schlechten Wirkungsgrad aufweist. Wer sich dennoch einen dampfbetriebenen Roboter bauen möchte, kann dazu selbstverständlich auf eine preiswerte Spielzeugdampfmaschine und einen Gleichstrommotor als elektrischen Generator zurückgreifen.

Allerdings gibt es noch eine Möglichkeit, chemische Energie direkt in elektrische Energie umzuwandeln. Dies geschieht in so genannten Brennstoffzellen. Brennstoffzellen können mittlerweile nicht nur Wasserstoff, sondern auch Kraftstoffe wie Methanol verdauen. Einfache, für den Hobbybereich geeignete Brennstoffzellen verwenden aber Wasserstoff als Energieträger. Dies ist problematisch, da der benötigte Wasserstoff nur mit recht hohem Aufwand, beispielsweise in so genannten Metallhydridspeichern, gelagert werden kann. Die erzielte Energiedichte fällt dann eher bescheiden aus, rechnet man das Gewicht des Metallhydrid-Speichers dazu. Zudem liefern diese Zellen eine Spannung von lediglich etwa 0,9 V, sodass zum Betrieb der üblichen elektrischen Systeme eines Roboters entweder zahlreiche Zellen hintereinander geschaltet werden müssen, oder aber die Spannung muss (wiederum verlustreich) hochgeregelt werden. Allerdings haben Mini-Brennstoffzellen neben Ihren Nachteilen (hoher Preis, niedrige Energiedichte, niedrige Spannung) den Vorteil, dass sie sich im Gegensatz zu Batterien und Akkus nicht selbst entladen.

Drahtlose Übertragung elektrischer Energie

Auch die drahtlose Übertragung elektrischer Energie in Form von Wechselfeldern ist durchaus interessant und wird bereits zum Aufladen von kleinen Akkugeräten genutzt. In diesen befindet sich die Sekundärwicklung eines Trafos. Die zugehörige Primärwindung ist räumlich getrennt im Ladeteil eingebaut. Zum Laden wird das entsprechende Gerät in das Ladeteil gestellt. Der Selbstbau einer solchen Station für einen mobilen Roboter ist allerdings nicht ganz so einfach und soll hier nur als Idee für den findigen Bastler im Raum stehen gelassen werden. Gleiches gilt im Prinzip auch für die Übertragung von elektrischer Energie mittels hochfrequenter Wechselfelder (Stichwort „Tesla-Generator"). Auch dies ist möglich, soll hier aber aufgrund des dazu notwendigen Aufwandes nicht weiter ausgeführt werden. Der interessierte Leser sei auch hier auf diverse Literatur und Internet Seiten verwiesen (siehe Anhang).

Mechanische Energiezufuhr und Speicherung

Sicher wird sich manch einer fragen, was denn nun eine mechanische Energiezufuhr sein soll, und wie man das verwirklichen kann. Nun, vielleicht erinnern Sie sich an die einfachen Flugmodelle, die durch Verdrillen eines Gummirings „aufgezogen" wurden, oder an die kleinen Modellautos, bei denen ein massereiches Schwungrad durch Rückwärtsrollen in Drehung versetzt wurde. Oder denke man nur an eine ganz normale Aufziehuhr, die nach dem Aufziehen (Zufuhr mechanischer Energie) mehrere Tage lang eine Mechanik mit bewegten Teilen in Gang hält. Das sind schon einfache Beispiele für mechanische Energiezufuhr und Speicherung.
Die Energiespeicherung erfolgt durch Dehnung eines Gummirings, einer Feder oder durch eine rotierende Masse. All diese Methoden haben aber leider für den Betrieb eines Roboters deutliche Nachteile. So lassen sich durch Dehnung eines Gummiringes oder auch mittels einer rotierenden Masse (außer bei sehr aufwendigen, schnelldrehenden Systemen) nur wenig Energie im Verhältnis zur Masse speichern. Zudem muss bei bewegten Systemen (Fahrzeugen usw.) auch die rotierende Masse mitbewegt werden, die sich durch ihre Trägheit äußerst negativ bemerkbar machen kann. Durch die unvermeidlichen Reibungseffekte

wird die Rotation ständig abgebremst und kommt nach einiger Zeit ganz zum Stillstand.

Weiterhin ist eine vernünftige Signalverarbeitung auf das Vorhandensein von elektrischer Spannung angewiesen. Daher muss die mechanische Energie zumindest teilweise mittels eines Generators wieder in elektrische Energie umgewandelt werden, was aufgrund der dabei auftretenden Verluste ungünstig ist. Obwohl Systeme zur mechanischen Energiezufuhr und besonders Speicherung schon bezüglich ihres Einsatzes in Kraftfahrzeugen geprüft wurden, erscheint diese Methode für einen selbstgebauten Roboter wenig geeignet und wird nicht weiter ausgeführt.

Energiezufuhr und Speicherung durch komprimierte Gase

Diese Variante ist bei einigen Modellflugzeugen verwirklicht, bei denen eine Gaspatrone (CO_2) eingesetzt ist, die einen Motor antreibt. Der Vorteil liegt in der Zuverlässigkeit und der verhältnismäßig hohen Leistung des Expansionsmotors. Allerdings sind die heutzutage verwendeten Elektromotore ebenfalls sehr kräftig und die Akkus sehr leistungsstark, sodass Gasmotore kaum noch anzutreffen sind. Für Roboter ist eine hohe Leistungsdichte des Motors ohnehin nicht so entscheidend und es gelten ebenfalls die beim Punkt „mechanische Energiezufuhr" bereits aufgeführten Nachteile, sodass auf diese Betriebsvariante hier nicht näher eingegangen wird.

Zusammenfassung Energiezufuhr und Speicherung

In der Tabelle auf der folgenden Seite sind die Energieinhalte der erwähnten Energieträger unter Nennung einiger spezifischer Eigenschaften vergleichend gegenübergestellt.

Um die zugeführte und gespeicherte Energie in gerichtete Bewegung umzusetzen, benötigt man eine geeignete Vorrichtung. Bei mechanischer Energie kann dies ein gummiring- oder federbetriebener Motor sein. Bei der Speicherung der Energie in Form eines komprimierten Gases benötigt man einen Gasmotor zu der Umsetzung in mechanische Energie. Reagiert ein chemischer Energieträger mit Sauerstoff und wird die Expansionsarbeit der dadurch direkt oder indirekt erhitzten Gase in mechanische Energie umgesetzt, hat man es wahrscheinlich mit einem klassischen Verbrennungsmotor, einer Dampfmaschine, einem Sterlingmotor oder vielleicht sogar mit einer Turbine oder gar einem Raketenmotor zu tun.

Energieinhalt verschiedener Energiespeicher

Speichermedium	Energieinhalt[1]	Bemerkungen
Gespannter Gummiring	50 Wh/kg	Einfache Umwandlung in mechanische Energie.
Flüssiges CO_2 (Gaspatrone 50 g mit 10 g CO_2)	500 Wh/kg	Einfache Umwandlung in mechanische Energie mittels sehr kleiner Motore möglich.
Wasserstoff	500 Wh/kg	Gespeichert als Metallhydrid mit typ. 2 % Gew.-Anteil an Wasserstoff.
Benzin	10000 Wh/kg	Recht aufwendiger Motor notwendig, Wirkungsgrad beim Umwandeln in elektrische oder mechanische Energie max. 60 %
Bleiakku	20...45 Wh/kg	Bedingt spannungsstabil beim Entladen.
NiCd-Akku	40...50 Wh/kg	Schnellladefähig, hochstromfest, Memory-Effekt
NiMH-Akku	50...70 Wh/kg	Bedingt schnellladefähig, hohe Selbstentladung
Li-Ionen Akku	100...150 Wh/kg	Hohe Energiedichte, geringe Selbstentladung.
Zink-Kohle Batterie	100...120 Wh/kg	Da nicht aufladbar, teuer und wenig ökologisch.
Alkali-Mangan Batterie	150...180 Wh/kg	Da nicht aufladbar, teuer und wenig ökologisch.
Elektrolytkondensatoren $W = 1/2\ C\ U_{max}^2$	1500 µF, 25V, 25 g: 0,006 Wh/kg 15.000 µF, 25V, 50 g: 0,03 Wh/kg 1500 µF, 380V, 500g: 0,06 Wh/kg	Sehr geringe Kapazität. Spannung fällt beim Entladen kontinuierlich ab.
Doppelschichtkondensator „Gold-Cap" $W = 1/2\ C\ U_{max}^2$	Z. B. 5V, 1F = 0,3 Wh/kg	Spannung fällt beim Entladen kontinuierlich ab. Hoher Innenwiederstand (z. B. 30 Ω bei 5V, 1F-Typ)

1) Alle Angaben sind ungefähre Angaben und können sich mit fortschreitender technischer Entwicklung ändern.

Zwar zeigt die obige Tabelle, dass mittels chemischer Energie die weitaus größten Energiemengen gespeichert werden können, dennoch ist aufgrund des zu deren Umsetzung in mechanische Energie notwendigen Verbrennungsmotors der Einsatz im kleinen Robotern sehr beschränkt. Zudem wird zur Steuerung und besonders zur Signalverarbeitung bei Robotern normalerweise ohnehin elektrische Energie benötigt, die bei allen nicht-elektrischen Versorgungsvarianten erst separat mittels eines Generators oder evtl. einer Brennstoffzelle hergestellt werden muss. Somit bietet sich an, direkt elektrische Energie sowohl zur Signalverarbeitung als auch für Antriebszwecke zu verwenden, zumal die Zufuhr und Speicherung elektrischer Energie bereits mit einfachen Mitteln recht effektiv möglich ist. Lediglich sehr große Fahrzeuge/Roboter können aufgrund des höheren Energieinhaltes üblicher Kraftstoffen mit einem Verbrennungsmotor als Antrieb ausgestattet werden.

Da diese großen Geräte aber nicht Gegenstand diese Buches sind, wird hier der Speicherung und Umsetzung von elektrischer Energie die grösste Aufmerksamkeit gewidmet. Die Speicherung von elektrischer Energie erfolgt dabei vorzugsweise in Akkus. In Einzelfällen sind auch noch Batterien oder „Gold-Cap Kondensatoren" einsetzbar. Die Umwandlung von elektrischer Energie in mechanische Energie geschieht am häufigsten durch die Verwendung von Elektromotoren. Für Nischenanwendungen, besonders für lineare Bewegungen, sind noch Elektromagnete oder sogenanner Nitinol-Draht möglich.

2. Exkurs: Möglichkeiten zum Stromsparen / Gewichtsparen!

Um einen von der äußeren Energiezufuhr möglichst unabhängigen oder möglichst lange aktiven Roboter zu bauen, muss mit der Energie sehr sparsam umgegangen werden. Gleiches gilt für das Gewicht, da der zur Fortbewegung notwendige Energieverbrauch stark vom Gewicht abhängig ist. In diesem Exkurs sind daher einige Möglichkeiten zum Energie- und Gewichtsparen nach ihrer Effizienz gewichtet aufgelistet. Effiziente Möglichkeiten zur Strom und Gewichtseinsparung kommen dabei zuerst.

❑ Leichte und kompakte (Glockenanker-) Getriebemotore (z. B. von Faulhaber oder Maxon) verwenden. Diese Motore besitzen einen eisenlosen Rotor und sind teils mit starken Seltenerdmagneten ausgerüstet. Daher haben sie einen sehr hohen Wirkungsgrad bei geringem Gewicht und kleiner Baugröße. Sie sind selbst mit Getriebe (meist Planetengetriebe zum Aufschrauben) klein und leicht. Daher ist zum Betrieb auch wenig Akkukapazität notwendig. Der Stromverbrauch eines guten Maxon-Getriebemotors, der zum Antrieb eines etwa 500 g schweren Roboters völlig ausreicht beträgt bei 5 V ungefähr 20 mA. Das sind also 100 mW – man vergleiche diesen Wert einmal mit dem Stromverbrauch eines Relais oder einer älteren Leuchtdiode! Glockenankermotore sind neu allerdings sehr teuer. Oftmals gibt es aber günstige Angebote bei ebay oder als Restposten im Elektronik-Versandhandel.
Die Verwendung von Schrittmotoren inkl. der notwendigen Steuerelektronik mag zwar beim Einsatz eines digitalen Steuercomputers günstig sein, energietechnisch ist diese Variante allerdings wegen des schlechten Wirkungsgrades von Schrittmotoren inkl. der notwendigen Steuerelektronik wenig sinnvoll.

❑ Leichte Baumaterialien verwenden. Dünnes Sperrholz oder evt. Balsaholz ist nicht das schlechteste, bietet aber gerade bei geschraubten Verbindungen manchmal zu wenig Halt. Auch Alu-Lochblech, Pertinax oder Lochrasterplatten sind geeignet und schon etwas stabiler. Teile aus Messing, Kupfer oder gar Eisen und Stahl schlagen schnell mit einem deutlichen Mehrgewicht zu Buche.

❑ Bei elektrischen Schaltungen Relais nach Möglichkeit vermeiden oder so schalten, dass sie die meiste Zeit im Ruhezustand sind. Auf jeden Fall stromsparende Typen verwenden. Ein gutes 5 V-Signalrelais sollte nicht mehr als 20 mA Strom verbrauchen. Somit liegt ein solches Relais beim Stromverbrauch aber immerhin in der gleichen Größenordnung wie ein guter (Glockenanker-) Fahrmotor. Notfalls kann bei höheren Betriebsspannungen der Stromverbrauch noch durch einen Vorwiderstand gesenkt werden. Besser ist aber von vornherein die Verwendung eines Relais mit niedrigerer Nennspannung bzw. einem höherem Spulenwiderstand. Letztendlich ist bei gegebener Spannung nämlich nur der Spulenwiderstand für den Energieverbrauch ursächlich, nicht die angegebene Nennspannung. Bei der Auswahl des Relais ist aber zu beachten, dass die Akkuspannung im Laufe der Zeit abfällt und das Relais dann evtl. nicht mehr durchschaltet. Hier muss gegebenenfalls ein Kompromiss eingegangen und experimentiert werden. Als besonders stromsparend sind in diesem Zusammenhang die so genannten „Reed"-Relais zu nennen. Diese Relais sind zudem sehr klein und leicht, haben allerdings auch nur eine geringe Schaltleistung, die jedoch in vielen Fällen durchaus noch für das Einschalten eines stromsparenden Glockenanker Motors ausreichend ist. Eher hinderlich ist die Tatsache, dass Reed-Relais oft nur mit einem einzelnen Öffner oder Schließer ausgestattet sind. Wechsler findet man selten und Reed-Relais mit 2 Wechslern, wie sie für das Umpolen einer Spannung notwendig sind, gibt es meines Wissens nicht.

❑ Eine weitere Möglichkeit, um Energie zu sparen, ist die Verwendung von bistabilen Relais. Das sind Relais mit normalerweise zwei Spulen, die zum Schalten jeweils nur einen kurzen Spannungsstoss auf die Anzugs- oder Abwurfspule benötigen. Da bistabile Relais gepolt sind, ist auch das Umpolen der Erregerspannung zum Auslösen des Relais nutzbar. Allerdings benötigen bistabile Relais, um sie wirklich stromsparend zu betreiben, einen zusätzlichen Schaltungsaufwand. Wird nämlich die Erregerspannung nach der Auslösung nicht abgeschaltet, verbrauchen auch bistabile Relais nicht weniger Strom als monostabile Relais.

❑ Weiterhin soll noch kurz auf so genannte Stromstoß-Schalter hingewiesen werden. Diese Art von Relais schaltet nach jedem Spannungsstoss um (Flipflop-Schaltung) und verbraucht danach (sofern die Erregerspannung nach dem Umschalten abgeschaltet wird) keine weitere Energie. Sofern nur gelegentlich zwischen zwei Zuständen geschaltet wird, sind Stromstoßschalter also energetisch sehr günstig. Da Stromstoßschalter in der Haustechnik verbreitet sind, gibt es sie leider fast nur in Bauformen für Hutschienen-Montage und für Erregerspannungen ab etwa 12V.

❑ Leuchtdioden (LEDs) und besonders Lämpchen möglichst vermeiden. Sofern man sein Gefährt mit Leuchtdioden ausstatten möchte (was zugegebenermaßen einen nicht unerheblichen Reiz besitzt), sollte man nur stromsparende Typen verwenden. Der Stromverbrauch von Leuchtdioden ist nämlich während der letzten 25 Jahre von anfänglich etwa 20 mA auf heutzutage teilweise weniger als 2 mA zurückgegangen. Im Übrigen verbrauchen Leuchtdioden umso mehr Energie, je höher die Versorgungsspannung ist. Bei höheren Versorgungsspannungen braucht man nämlich einen Vorwiderstand, um den durch die Leuchtdiode fließenden Strom auf den angegebenen Wert (z. B. 2…5 mA) zu begrenzen. An diesem Widerstand, durch den natürlich der gleiche Strom wie durch die Leuchtdiode fließt, fällt dann die „überschüssige" Spannung ab und wird in Wärme umgesetzt.

❑ Möglichst alle elektrischen Systeme sollten auf eine einzige Betriebsspannung ausgelegt werden. Jede interne Änderung von Spannungen (Spannungsregler, Strombegrenzungswiderstände), egal in welcher Richtung, kostet deutlich Energie. Lediglich für die Fahrmotore kann es, besonders bei starken Motoren, günstig sein, separate Akkus und damit auch eine separate Spannung vorzusehen. Große Motore verursachen nämlich recht hohe Störspannungen (Bürstenfeuer) und können die am gleichen Stromkreis liegende Elektronik stören. Weiterhin verursachen die Antriebsmotore bei starker Belastung oder bei schon recht tief entladenen Akkus einen Spannungsabfall, der unter Umständen dazu führt, dass die ebenfalls an diesem Stromkreis liegende Steuerelektronik nicht mehr funktioniert. Für die Stromversorgung der Elektronik haben sich folgende Spannungswerte als besonders günstig erwiesen: 4,8 V (4 NiCd-Akkus zu je 1,2 V) für TTL-Schaltungen und 5 V-Relais; 9 V (2 x 4,5 V Flachbatterie) bzw. 9,6 V (8 x 1,2 V NiCd-Akkus) für Operationsverstärker (741) und 9 V-Relais. Da manche Schaltungen eine positive und negative Betriebsspannung benötigen (z. B. Operationsverstärker), muss man bei dem verwendeten Akku- oder Batteriepack (gerade Anzahl von Zellen!) einen Mittelabgriff vorsehen.

❑ Bei der Verwendung von fertig gekauften elektronischen Baugruppen oder Modulen ist oft der Stromverbrauch im Katalog oder auf der Verpackung angegeben (man unterscheide Ruhestrom und Arbeitsstrom – besonders wenn die Baugruppe Relais enthält). Gegebenenfalls kann man den Energieverbrauch eines fertigen Moduls durch Austausch des vorhandenen Relais gegen einen sparsameren Typ deutlich herabsetzen. Bei selbstgebauten Schaltungen ist es schwierig, konkrete Tipps zu geben. Generell ist es günstig, energiesparende C-MOS Bauteile anstatt beispielsweise TTL-Bausteinen zu verwenden. Bei vielen Schaltungen wird auch an anderer Stelle Leistung verbraucht (z. B. Spannungsteiler mit Widerständen usw.). Hier zu guten Lösungen zu kommen, setzt recht gute elektronische Kenntnisse und Erfahrung voraus. Entweder man berechnet seine Schaltung möglichst genau im Voraus oder man misst den Stromverbrauch in verschiedenen Betriebszuständen und versucht dann, durch gezielte Veränderungen eine Verbesserung zu erzielen, ohne dass die Schaltung ihre Funktion einstellt.

Verlustleistungen im Überblick		
Objekt	**Versorgungsspannung 5V**	**Versorgungsspannung 9V**
Glockenanker-Getriebemotor Nennspannung 5V DC, Stromverbrauch 20 mA	Gesamtleistung: **100 mW**	Verwendung eines Festspannungsreglers 5V (U_{Fix5}): Leistungsabfall an U_{Fix5}: 80 mW Leistungsabfall an Motor: 100 mW Gesamtleistung: **180 mW**
Spielzeug-Getriebemotor Nennspannung 4,5 V	Gesamtleistung: **2000 mW**	Betrieb mit 9 V nicht möglich
Kleinsignalrelais Nennspannung 5 V	Typ 1: R_{Spule} 80 Ω: **315 mW** Typ 2: R_{Spule} 125 Ω: **140 mW** Typ 3. R_{Spule} 370 Ω: **70 mW**	Typ 1: R_{Spule} 80 Ω + Vorwiderstand 64 Ω: **567 mW** Typ 2: R_{Spule} 125 Ω + Vorwiderstand 100 Ω: **360 mW** Typ 3: R_{Spule} 370 Ω + Vorwiderstand 300 Ω: **125 mW**
Kleinsignalrelais Nennspannung 12 V	Betrieb mit 5 V nicht möglich	Typ 1: R_{Spule} 320 Ω: **252 mW** Typ 2: R_{Spule} 720 Ω: **113 mW** Typ 3: R_{Spule} 1400 Ω: **54 mW**
LED„alt" (Durchlassspannung 2 V, Stromverbrauch 20 mA)	Vorwiderstand R_v: 150 Ω, Leistungsabfall an LED: 40 mW Leistungsabfall an R_v: 60 mW Gesamtleistung: **100 mW**	Vorwiderstand R_v: 350 Ω, Leistungsabfall an LED: 40 mW Leistungsabfall an R_v: 140 mW Gesamtleistung: **180 mW**
LED„neu" (Durchlassspannung 2V, Stromverbrauch 2 mA)	Vorwiderstand R_v: 1500 Ω, Leistungsabfall an LED: 4 mW Leistungsabfall an R_v: 6 mW Gesamtleistung: **10 mW**	Vorwiderstand R_v: 3500 Ω, Leistungsabfall an LED: 4 mW Leistungsabfall an R_v: 14 mW Gesamtleistung: **18 mW**
Bausatz z.B.: „Dämmerungsschalter" von Conrad Electronic	Betrieb mit 5 V nicht möglich	Ruhezustand: **45 mW** Arbeitszustand: **360 mW**

5.2 Energieumsetzung/Antriebe

Hier sollen einmal die wichtigsten Möglichkeiten der Umsetzung von elektrischer Energie in mechanische Energie mit ihren spezifischen Vor- und Nachteilen vorgestellt werden.

Elektromotore / Getriebemotore

Da Batterien und Akkumulatoren nur Gleichspannung liefern, ist man bei der Auswahl von Motoren weitestgehend auf Gleichstrommotore beschränkt. Wechselstrombetriebene Motore benötigen einen Wechselrichter, dessen Betrieb mit einer nicht unerheblichen Verlustleistung und einem hohen schaltungstechnischen Aufwand einhergeht. Auch Schrittmotore sind in gewisser Weise mit Wechselstrommotoren vergleichbar, da die verschiedenen Wicklungen von Schrittmotoren ebenfalls in einem bestimmten zeitlichen Ablauf mit Spannung versorgt werden müssen. Schrittmotore benötigen daher in jedem Fall eine geeignete Ansteuerelektronik. Das Hauptproblem beim Einsatz einer solchen Anordnung besteht dabei in der hohen Verlustleistung von Schrittmotor und Steuerkarte, deren Wirkungsgrad oft nicht einmal 25 % erreicht. Die Vorteile von Schrittmotoren liegen lediglich in deren Ansteuerbarkeit mittels eines Computers und deren guten Positionierbarkeit. Wird dies nicht genutzt, überwiegen die Nachteile (schlechter Wirkungsgrad, hohes Gewicht, aufwendige Ansteuerelektronik) die Vorteile bei weitem.

Aus den genannten Gründen ist eigentlich nur die Verwendung von Niederspannungs-Gleichstrommotoren zu empfehlen. Solche Motore gibt es in mannigfaltiger Ausführung, teilweise bereits mit Getriebe im Handel (Conrad Electronic, Respotec). Für Modellbauzwecke sind auch sehr leistungsstarke Motore zu haben. Diese sind recht teuer und für die Verwendung in Robotern meist deutlich überdimensioniert. Allzu schnell darf sich der Roboter nämlich normalerweise nicht bewegen, da er ansonsten z. B. vor Hindernissen nicht rechtzeitig bremsen kann und dann das Hindernis (Möbel!) oder sich selbst beschädigt.

Gut geeignet sind kleine DC-Getriebemotore, deren Leistung und Drehzahl je nach Modellgröße ausgewählt werden muss. Besonders günstig sind auch Getriebemotore, deren Untersetzung durch Umschalten oder durch Umstecken von Zahnrädern geändert und damit dem jeweiligen Fahrzeug angepasst werden kann.

Getriebemotore gibt es in allen möglichen Preis- und Leistungsklassen auf dem Markt. Beim Kauf sollte man auf folgende Punkte beachten.

● Ist die Leistung des Getriebemotors dem Gewicht und Einsatzzweck des Roboters angepasst? Für einen 500 g schweren Roboter mit Rädern, der sich auf Teppichboden bewegt und keine Steigungen überwinden muss, genügt durchaus ein kleiner Getriebemotor mit 0,1 W!

● Entspricht die Drehzahl am Getriebeausgang der gewünschten Rad-Drehzahl, damit nicht noch ein zusätzliches Unter- oder gar Übersetzungsgetriebe angebaut werden muss?

- Erlaubt die Antriebswelle (Durchmesser, Länge, Abflachung!) die direkte Montage der vorgesehenen Antriebsräder (sofern es das Gewicht des Roboters zulässt)? Dies erspart die Montage einer zusätzlichen Kupplung und einer separaten Radaufhängung (siehe dazu auch Abschnitt 6.1 „Räder").

- Ist der Wirkungsgrad der Motor-Getriebekombination gut? Ein guter Getriebemotor sollte einen Gesamtwirkungsgrad von mindestens 75 % erreichen. Allerdings lässt sich dieser kaum selbst bestimmen und man ist auf, leider oft sehr spärliche, Herstellerangaben angewiesen.

- Ist das Gewicht des Getriebemotors gering bzw. das Leistungsgewicht (W/kg) günstig?

- Ist die Bauform für den Einbau in den vorgesehenen Roboter geeignet?

Im Folgenden sind einige Motor-Getriebe-Kombinationen kurz mit ihren spezifischen Vor- und Nachteilen sowie dem bevorzugten Einsatzgebiet vorgestellt.

Vario-Getriebebausatz
Für erste Versuche ist der Vario-Getriebebausatz von Conrad Electronic (24 07 88) eine günstige und brauchbare Möglichkeit zum Antrieb eines kleinen Roboters. Ungünstig ist der verhältnismäßig hohe Stromverbrauch, das hohe Laufgeräusch und das recht kleine Drehmoment der Einheit. Da die Plastikzahnräder nur auf die Welle aufgesteckt sind, drehen sie bei hoher Belastung auf der Welle durch. Daher sollte man auch mit der Verwendung von Öl bei diesen Getrieben vorsichtig sein. Allerdings kann ein winziger Tropfen Öl am Durchgang der Welle durch das Plastikgehäuse das Laufgeräusch deutlich senken. Auf ebenem Boden können zwei dieser Getriebebausätze ein Fahrzeug von bis zu 1 kg noch brauchbar bewegen. Der Achsdurchmesser diese Getriebes beträgt übrigens 3 mm und eignet sich zum direkten Aufstecken von Holzrädern oder, nach Erweiterung auf 4 mm von Fischertechnik-Rädern (siehe dazu Abschnitt 6.1 Räder).

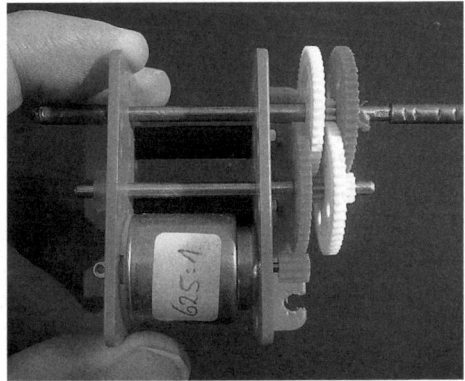

Abbildung 5.8: *Vario-Getriebemotorbausatz (mit Untersetzung 625:1 aufgebaut).*

Modellbau-Servos als Antriebsmotore

Servomotore für den Modellbaubereich sind als Antriebsmotore ebenfalls bestens geeignet. Möchte man einen Servomotor als Antriebsmotor verwenden, muss allerdings vorher die eingebaute Steuerelektronik und das Stellpotentiometer entfernt werden. Der Motor wird dann direkt an die Betriebsspannung angeschlossen. Nach dem Öffnen des Servogehäuses sollte man sich den Einbau der verschiedenen Zahnräder gut merken, damit man es später wieder richtig zusammensetzen kann. Sofern der Stellmotor und das Getriebe eines Servos noch funktioniert, sind für diesen Zweck natürlich auch defekte Servos brauchbar. Aber Achtung: Es gibt einige wenige Servomotore bei denen das End-Getriebezahnrad nicht über den ganzen Umfang Zähne besitzt. Dies ist normalerweise zwar nicht problematisch, aber ein Umrüsten des Servos auf kontinuierlichen Betrieb ist in diesem Fall nicht möglich. Bevor man sich also mit einer größeren Menge an vermeintlich günstigen Servos eindeckt, sollte man vorsichtshalber zuerst einmal ein Exemplar aufschrauben und testen, ob der Umbau auch wirklich funktioniert.

Abbildung 5.9: *Modellbau-Servo (auf kontinuierliche Betriebsweise umgebaut).*

Glockenanker-Getriebemotore (Hersteller: Maxon, Faulhaber)
Präzisions-Glockenanker Getriebemotore sind sicherlich die beste Antriebsmöglichkeit für Roboter, da diese Motore klein, leicht und äußerst stromsparend sind. Leider sind sie sehr teuer, sodass man günstigerweise versuchen sollte, gebrauchte Motore zu bekommen. Gebrauchte Motore gibt es immer mal wieder bei ebay zu ersteigern. Da

Abbildung 5.10: *Hochwertige DC-Getriebemotore.*

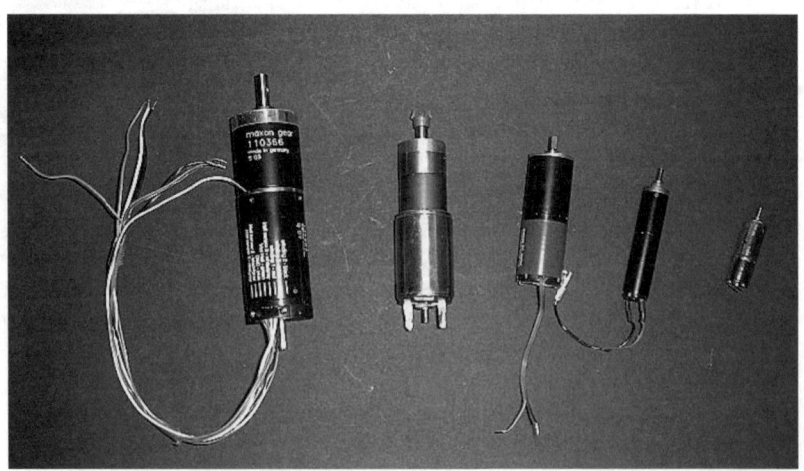

man bei gebrauchten Motoren bei der Untersetzung auf die angebotene Getriebevariante angewiesen ist, muss man die Fahrgeschwindigkeit durch die Radgrösse auf den Roboter anpassen.

Scheibenwischer-Motore
Scheibenwischer Motore besitzen ein Schneckengetriebe, welches an der ausgehenden Welle eine brauchbare Drehzahl von etwa 50...150 UpM liefert. Gebrauchte Scheibenwischermotore werden in mannigfaltiger Ausführung ständig bei ebay versteigert. Sie sind sehr kräftig und dadurch auch zum Antrieb schwerer Konstruktionen geeignet. Durch vorgefertigte Befestigungsbohrungen sind sie verhältnismäßig leicht zu montieren. Allerdings kann konstruktionsbedingt meist kein Rad direkt auf die Getriebeachse montiert werden, da diese normalerweise durch die Befestigungszapfen verdeckt ist. In diesem Fall wird also zusätzlich eine Kupplung (siehe 4. Exkurs „Kupplung") und eine separate Radaufhängung (Abschnitt 6.1 „Räder"). benötigt. Scheibenwischermotore sind zwar sehr robust und kräftig, aber auch recht schwer und der Wirkungsgrad ist eher niedrig. Der Stromverbrauch ist hoch und liegt je nach Belastung im Bereich von einigen Ampere, sodass für längeren Betrieb auch große Akkus benötigt werden. Sie sind daher nur für sehr große, stark belastete Roboter geeignet.

Getriebe

Am Einfachsten ist es, wie bereits im vorhergehenden Abschnitt „Motore" erwähnt, wenn man einen kompletten Getriebemotor verwendet. Bei fertigen Getriebemotoren kann man relativ sicher sein, dass das Getriebe an die Motorleistung angepasst ist.

Nichtsdestotrotz kann es notwendig werden, selbst ein Getriebe anzufertigen oder einen vorhandenen Getriebemotor noch weiter zu untersetzen. Getriebe gibt es nun in der Technik beziehungsweise im Maschinenbaubereich sozusagen wie „Sand am Meer". Leider sind viele Getriebe aber für den stationären Einsatz vorgesehen und dementsprechend wurde auf eine gewichtssparende Bauweise kein besonderer Wert gelegt. Außerdem übersteigen viele dieser Getriebe die finanziellen Möglichkeiten eines Hobbybastlers bei weitem, sodass eigentlich nur der Selbstbau bleibt. Aufgrund der Einfachheit sind für den Eigenbau hauptsächlich Riemen- und Kettengetriebe sowie einfache Zahnradgetriebe geeignet. Diese werden daher in den folgenden beiden Kapiteln etwas genauer behandelt.
Allen Getrieben gemeinsam ist, dass man an einer Stelle Drehmoment/Drehzahl hineinstecken muss und an anderer Stelle, abzüglich von mehr oder weniger großen Verlusten in Folge von innerer Rei-

bung, wieder in anderem Verhältnis herausbekommt. Die üblichen Elektromotore sind normalerweise recht hochdrehend. Zum Antrieb eines Roboters sind aber kleine Rad-Drehzahlen notwendig, sodass man eigentlich immer Untersetzungsgetriebe benötigt. Aus diesem Grund werden hier besonders Untersetzungsgetriebe (Antriebswelle dreht schneller als Abtriebswelle) erwähnt. Alle Ausführungen gelten aber prinzipiell auch für Übersetzungsgetriebe (Antriebswelle dreht langsamer als Abtriebswelle, z. B. Fahrrad).

Riemen-/Kettengetriebe

Riemen und Kettengetriebe haben, besonders wenn sie mit flexiblen Verbindungselementen wie z. B. Gummiringen oder leicht durchhängenden Ketten betrieben werden, den Vorteil, dass sie Unterschiede im Abstand der beiden Scheiben oder Zahnräder gut tolerieren. Somit sind an die Exaktheit der Lage der Achsenbohrungen keine allzu großen Anforderungen gestellt. Sofern Gummiringe zur Kraftübertragung verwendet werden sind die übertragbaren Kräfte und der Wirkungsgrad einer solchen Anordnung allerdings gering.

Abbildung 5.11:
Prinzipskizze Riemen- bzw. Kettengetriebe.

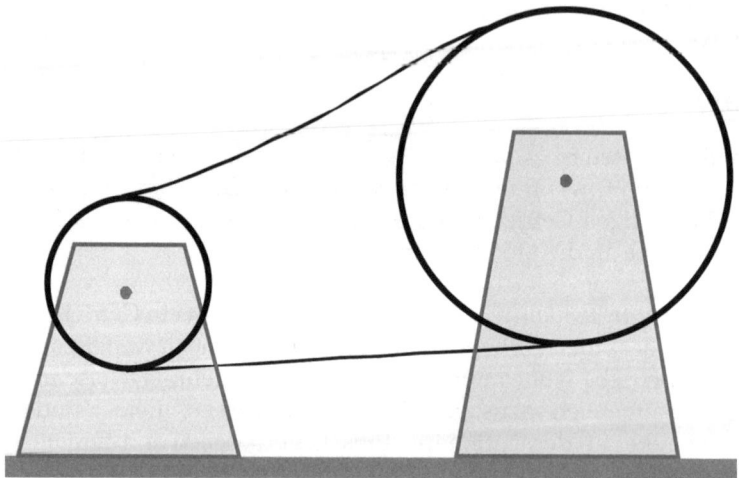

$$\text{Über} - /\text{ Untersetzung}: \frac{Durchmesser\ Rad\ 1}{Durchmesser\ Rad\ 2}$$

Bezüglich der Laufräder und des Verbindungselementes sind zahlreiche Kombinationen möglich. Die wichtigsten sind in der folgenden Tabelle zusammengestellt.

Räder	Verbindung	Vor-/Nachteile
Schnurlaufräder	Gummiring / O-Ring	Einfach und günstig. Gummiring passt sich gut dem Radabstand an. Jedoch schlechter Wirkungsgrad und nur kleine Kräfte übertragbar.
Keilriemenscheibe	Keilriemen	Recht teuer, sehr stabil, große Kräfte übertragbar, recht guter Wirkungsgrad. Keilriemen muss genau dem Scheibenabstand angepasst oder zusätzlich gespannt werden. Eher für große Roboter geeignet.
Zahnriemenscheibe	Zahnriemen	Recht teuer, sehr stabil, große Kräfte übertragbar, guter Wirkungsgrad. Zahnriemen muss genau dem Scheibenabstand angepasst oder zusätzlich gespannt werden. Eher für große Roboter geeignet.
Kettenräder	Rollenketten (z. B. Fahrradkette)	Rollenketten sind recht teuer aber auch sehr stabil und es sind große Kräfte übertragbar. Der Wirkungsgrad ist gut. Rollenketten sind daher eher für große Roboter geeignet. Da Rollenketten normalerweise leicht geschmiert sind, eignen sie sich nicht als Laufketten.
Zahnräder	Bandkette (Metallus, Fischertechnik)	Bandketten sind nicht so stabil wie Rollenketten, aber dafür deutlich günstiger und benötigen keine Schmierung. Es können kleine bis mittelgroße Kräfte bei gutem Wirkungsgrad übertragen werden.

Die genannten Kettengetriebe eignen sich, sofern die Kette nicht geschmiert ist, auch gleichzeitig als Kettenantriebe. Eine solche Anordnung sieht dann z.B. folgendermaßen aus:

Abbildung 5.12: *Einfaches Gummiring-Getriebe (zweistufig).*

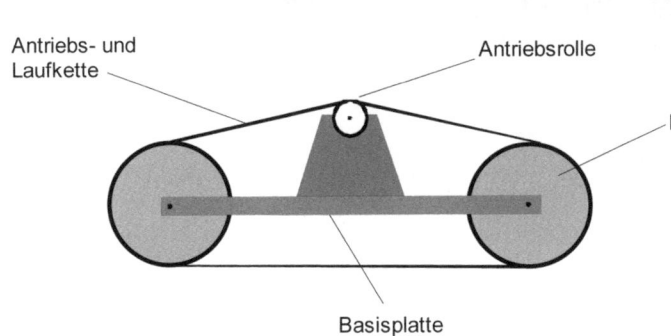

Antriebs- und Laufkette

Antriebsrolle

Laufrad

Basisplatte

Abbildung 5.13: *Riemen-/Kettengetriebe zum direkten Antrieb.*

Weitere Ausführungen dazu siehe auch Abschnitt 6.2 „Kettenantriebe und Ähnliches".

Zahnradgetriebe

Zahnradgetriebe sind weit verbreitet und in den verschiedensten Ausführungen erhältlich. Für den Selbstbau kommen hauptsächlich einfache Stirnradgetriebe mit mehreren ineinander greifenden Zahnrädern oder bedingt auch Schneckengetriebe in Frage. Zahnradgetriebe können zur stärkeren Unter-/Übersetzung auch aus mehr als zwei Zahnrädern bestehen. Dazu wird eine Kombination eines großen und eines kleinen Zahnrades auf einer gemeinsamen Welle oder meistens sogar aus einem Stück gefertigt zwischengeschaltet. Das große Zahnrad wird beispielsweise angetrieben und das zugehörige kleine Zahnrad treibt das nächste größere Zahnrad an ... usw.

Abbildung 5.14:
Scheiben-/Zahnradgetriebe (einstufig).

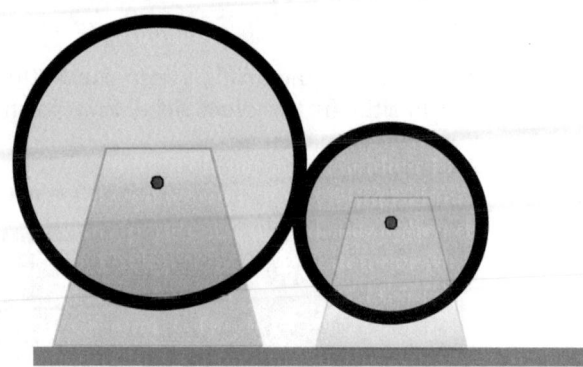

Getriebe mit 2 ineinander greifenden Zahnrädern
(Zähne nicht explizit gezeichnet)

Abbildung 5.15:
Einstufiges Zahnradgetriebe (praktische Ausführung).

Bei mehrstufigen Zahnradgetrieben können die zwischengeschalteten Zahnradkombinationen (zwei Zahnräder aus einem Stück mit zentraler Bohrung) sogar lose mit abweichender Geschwindigkeit auf einer vorhandenen, sich drehenden Achse mitlaufen. Dadurch lässt sich deutlich Platz sparen. Dieses Konzept lässt sich sehr gut an dem kleinen „Vario-Getriebebausatz" Best.-Nr.: 24 07 88) der Firma Conrad Electronic erkennen. Das zugrunde liegende Prinzip ist hier nochmals skizziert.

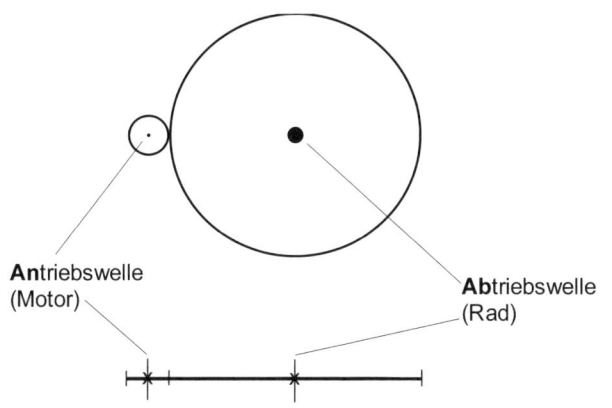

Abbildung 5.16:
Einstufiges
Untersetzungs-
Getriebe
(Vereinfachte
Darstellung).

Berechnung der Untersetzung:

$$Untersetzung = \frac{D\,(\,Antriebszahnrad\,)}{D\,(\,Abtriebszahnrad\,)}$$

Da die Anzahl Zähne proportional zum Durchmesser ist kann auch mit dieser gerechnet werden.

Bei mehrstufigen Getrieben erhält man die Gesamtuntersetzung durch Multiplikation der einzelnen Teil-Untersetzungen.

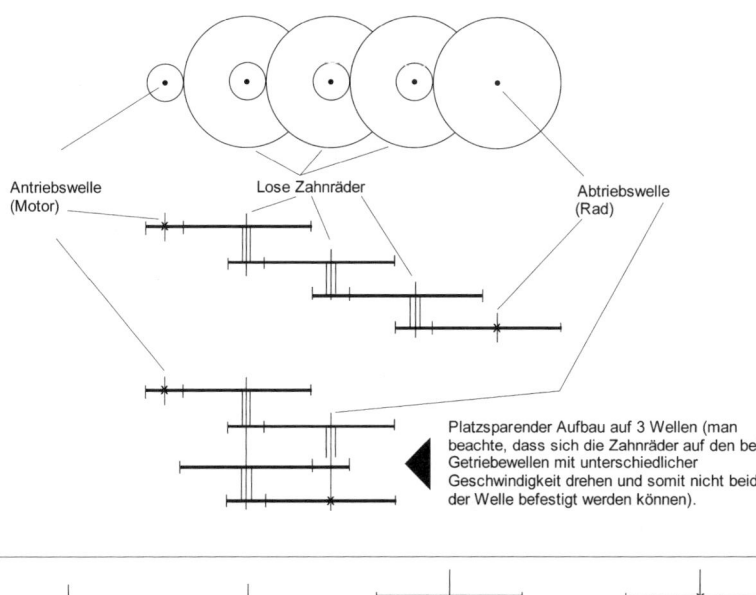

Abbildung 5.17:
Vierstufiges
Untersetzungs-
Getriebe auf 5
Wellen.

Antriebswelle
(Motor)

Lose Zahnräder

Abtriebswelle
(Rad)

Platzsparender Aufbau auf 3 Wellen (man beachte, dass sich die Zahnräder auf den beiden Getriebewellen mit unterschiedlicher Geschwindigkeit drehen und somit nicht beide auf der Welle befestigt werden können).

Legende

Zahnrad lose auf Welle

Zahnrad fest auf Welle

2 Zahnräder verbunden, lose auf Welle

2 Zahnräder verbunden, fest auf Welle

Möchte man ein Getriebe selbst herstellen und ist die Frage der Untersetzung geklärt, stellt sich die Frage nach dem zu verwendenden Material. Zahnräder gibt es in verschiedenen Kunststoffen, Messing und Stahl. Zwar lassen sich mit Stahlzahnrädern die größten Drehmomente übertragen, doch ist deren Bearbeitbarkeit schwierig und das Gewicht hoch. Messingzahnräder sind ebenfalls recht schwer, doch sehr gut zu bearbeiten und in zahlreichen Größen und Ausführungen erhältlich. Kunststoffzahnräder sind leicht und je nach Material lassen sich durchaus große Drehmomente übertragen. Billigst Kunststoff-Zahnräder sind jedoch oft aus relativ weichem PE oder Polystyrol und nur für kleine Drehmomente geeignet. Gute Kunststoffzahnräder sind aus Acetalharz oder Delrin®.

Bei allen Zahnrädern muss auch auf eine gute Befestigungsmöglichkeit auf der Getriebewelle geachtet werden, damit das Zahnrad nicht auf der Welle rutscht.

Da die meisten Zahnräder eine runde Zentralbohrung besitzen und auf einer ebenfalls runden Welle befestigt werden müssen, bieten sich dazu die folgenden Befestigungsvarianten an:

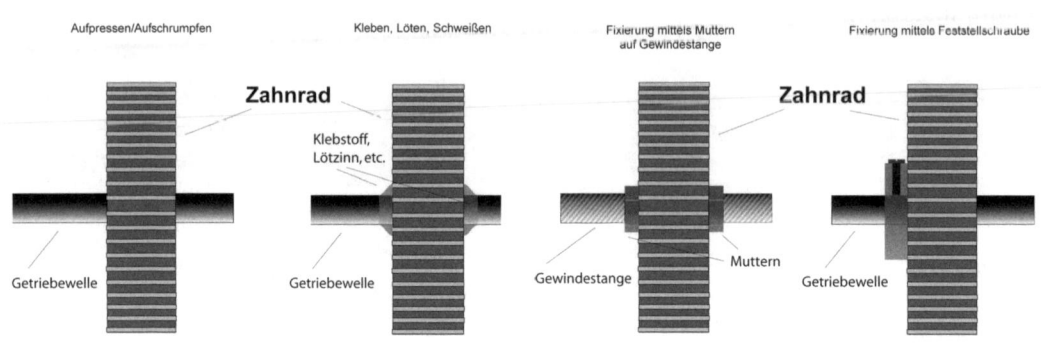

Abbildung 5.18: *Befestigungsvarianten von Rädern auf Antriebswellen.*

- **Aufpressen/Aufschrumpfen:**
  Einfache Kunststoffzahnräder mit einer etwas kleineren Bohrung (etwa 0,05...0,1 mm) als die Getriebewelle können direkt auf diese geschoben werden. Die Verbindung ist nicht sehr belastbar und kann durch Spuren von Fett und Öl gänzlich unbrauchbar werden (Zahnrad rutscht auf der Welle).

Metallzahnräder mit einer etwas kleineren Bohrung als die Getriebewelle (z. B. 3,99 mm bei einem Stahl-Zahnrad, welches auf ungefähr 400 °C erwärmt wird für eine 4,00 mm-Welle) können vorsichtig auf ca. 400 °C erhitzt werden (Achtung – nicht „ausglühen" da dadurch besonders bei Stählen Festigkeitsverlust eintritt) und so direkt auf die Getriebewelle geschoben werden. Die Verbindung ist bei passgenauen Teilen nach dem Abkühlen sehr belastbar.

- **Kleben, Löten, Schweißen:**
  Kleben ist für alle Arten von Zahnrädern geeignet. Die Getriebewelle sollte dazu eine gewisse Rauigkeit besitzen. Trotzdem sind geklebte Verbindungen aufgrund der hohen herrschenden Kräfte normalerweise für die Zahnradbefestigung nicht gut geeignet. Schweißen und Löten ist bei metallischen Wellen und Zahnrädern möglich und ergibt belastbare Verbindungen.

- **Fixierung mittels Muttern auf Gewindestange:**
  Dies setzt voraus, dass sich in die Getriebewelle ein Gewinde einschneiden lässt (was bei gehärteten Wellen kaum möglich ist!). Damit eine feste Verbindung gewährleistet ist und sich die Muttern nicht lösen, müssen sie sehr gut angezogen und zusätzlich gesichert sein (z. B. Federringe). Diese Befestigungsvariante ist eher für nicht zu stark belastete Zahnräder geeignet.

- **Fixierung mittels Feststellschraube:**
  Einige Zahnräder besitzen einen zusätzlichen Flansch mit einer oder zwei Bohrungen für (Maden-) Schrauben. Damit können diese Zahnräder schnell und einfach auf einer Welle festgeklemmt werden. Wellen mit einer abgeflachten Seite sind für diese Befestigungsvariante ebenfalls gut geeignet.

Zahnräder unterscheiden sich nicht nur hinsichtlich des Materials aus dem sie bestehen und der Anzahl Zähne, sondern auch ganz offensichtlich in der Größe der Zähne (bezüglich der Anordnung der Zähne wollen wir uns einmal auf Stirnzahnräder mit gerader Verzahnung beschränken).

Unterschiedlich große Zähne benötigt man, da man auch unterschiedlich starke Drehmomente übertragen möchte. Mit großen Zähnen lassen sich nämlich bei gleichem Material höhere Drehmomente übertragen. Für die Praxis kommt noch hinzu, dass größere Zähne kleine Ungenauigkeiten im Abstand der Achsenbohrungen oder im Rundlauf besser verkraften als kleine Zähne. Die Zahngröße von Zahnrädern wird in Form des als so genannten „Moduls" angegeben. Gängig für Zahnräder für 3…4 mm Achsen ist Modul 0,3 bis 1,0. Mit der Angabe des Moduls und der Zahnanzahl lässt sich auch der Abstand der Achsenbohrungen einfach berechnen.

Achsabstand a für zwei Zahnräder mit **Z1** und **Z2** Zähnen im Modul **m**

$$a = m \cdot \frac{Z1 + Z2}{2}$$

Da der Abstand der beiden Bohrungen, besonders bei kleinen Modulgrößen, kaum einen Fehler verzeiht, kann dieser Abstand auch experimentell ermittelt werden. Dazu werden die beiden Zahnräder, so wie sie später angeordnet sein sollen, mit zwei Schraubzwingen etc. auf die Getriebeplatte gespannt. Damit die Zähne noch etwas Spiel haben, empfiehlt es sich noch ein Stückchen dünnes Papier zwischen die beiden Zahnräder zu klemmen. Dann werden die Löcher auf der Getriebeplatte vorsichtig mittels eines genau passenden Bohrers durch die Bohrungen der Zahnräder hindurch gebohrt.

Eine recht weit verbreitete Getriebevariante sind Schneckengetriebe.

Abbildung 5.19:
Schneckengetriebe.

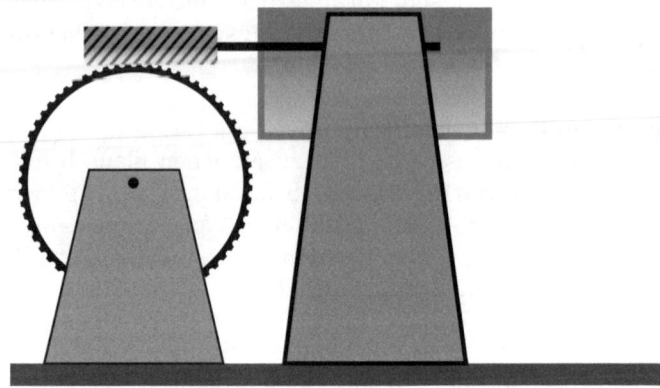

Schneckengetriebe sind immer als Untersetzungsgetriebe ausgeführt und finden sich in vielen Baukästen wie z. B. Fischertechnik. Die Untersetzung von Schneckengetrieben ist abhängig von der Steigung der Antriebsschraube und der Zahnanzahl des angetriebenen Zahnrades. Am einfachsten ermittelt man die Untersetzung experimentell durch manuelles Drehen der Antriebsschraube. Eine Besonderheit dieser Schneckengetriebe liegt darin, dass sich recht hohe Untersetzungen in einer einzigen Getriebestufe Platz sparend realisieren lassen und, dass die Abtriebswelle um 90 ° zur Antriebswelle versetzt ist. Ein Beispiel für eine solche Motor-Getriebekombination ist ein handelsüblicher Scheibenwischermotor. Die Abtriebswelle ist bei einigen Schneckengetrieben auf beiden Seiten aus dem Getriebegehäuse herausgeführt. Dies kann aus konstruktiven Gründen hilfreich sein.

Selbst eine kleine elektrische Spieluhr kann mit ihrem stark untersetzenden Schneckengetriebe als klingender Antrieb für eine kleines Roboterfahrzeug verwendet werden.

Abbildung 5.20:
Schneckengetriebe aus Metallbaukasten Teilen.

Abbildung 5.21:
Schneckengetriebe in elektrischer Spieluhr.

Getriebe Bauvorschläge und Beispiele

Nach allen prinzipiellen und theoretischen Betrachtungen folgen hier nun einige einfache und praxisbewährte Beispiele zum Selbstbau eines Getriebes.

Nahezu alle Motore können leicht mit einem einfachen Getriebe nachgerüstet werden. Dazu benötigt man ein kleines Zahnrad, welches auf der Motorwelle befestigt werden kann und ein großes Zahnrad, welches auf einer Welle befestigt werden kann, die dann auch das oder die Antriebsräder trägt. Im Falle von handelsüblichen kleinen Spielzeugmotoren können beispielsweise Kunststoff-Zahnräder (Conrad Electronic, Artikel-Nr.: 29 77 04) eingesetzt werden. Dieses Sortiment beinhaltet zahlreiche Zahnräder mit Bohrungen von 2,9 und 3,1 mm. Die Zahnräder mit 2,9 mm Bohrung können dabei fest auf 3 mm Wellen, wie beispielsweise die Motorwelle der meisten kleinen Spielzeugmotore gepresst werden. Die Zahnräder mit 3,1 mm Welle können gleichzeitig frei drehbar auf 3 mm Wellen laufen. Ein Beispiel für ein einfaches einstufiges Getriebe zeigt die folgende Skizze:

Abbildung 5.22:
Einstufiges Selbst-
bau-Getriebe.

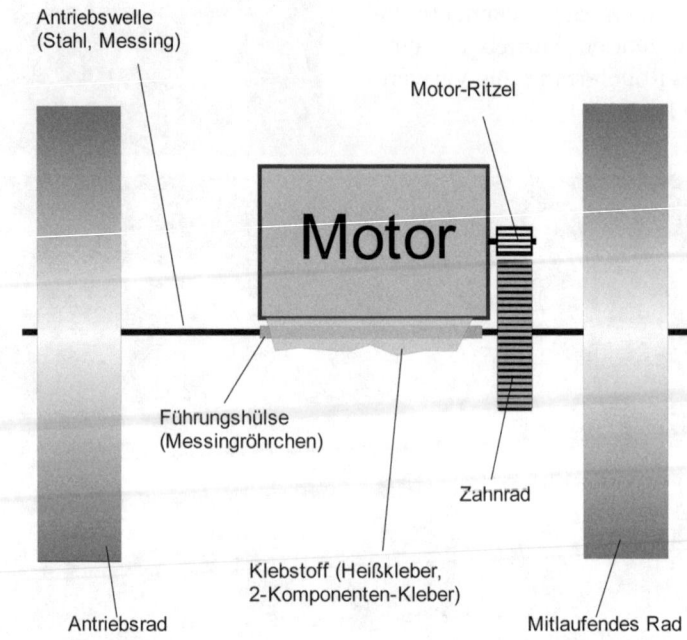

Als Antriebswelle verwendet man am besten eine 3 mm (Feder-) Stahlwelle. Messingwellen verbiegen sich bei Belastung schnell und verklemmen dann in der Führungshülse. Auf die Antriebswelle und die Motorwelle (3 mm) werden jeweils Kunststoff-Zahnräder mit 2,9 mm Bohrung gepresst. Als Führungshülse verwendet man beispielsweise ein Messingröhrchen mit 3 mm Innendurchmesser. Sofern die Welle darin nicht ganz sauber läuft, kann man das Röhrchen noch vorsichtig mit einem 3 mm Bohrer „aufbohren" und die Stahlwelle mit einem 600er-Schmirgelpapier glätten. Die Führungshülse wird mit der Antriebswelle und dem Zahnrad direkt auf den Motor geklebt. Sie muss solange fixiert werden, bis der Kleber abgebunden hat. Sofern keine allzu großen Kräfte übertragen werden müssen (was bei Verwendung von aufgepressten Kunststoff-Zahnrädern ohnehin nicht möglich ist), kann zum Festkleben eine Heiss-Klebepistole verwendet werden. Der Kleber ist in wenigen Minuten kalt und das Getriebe kann sofort getestet werden. Ist man mit dem Ergebnis nicht zufrieden, lässt sich der Kleber auch schnell wieder entfernen und ein neuer Versuch starten.

Bei Verwendung von stabileren Metall-Zahnrädern kann zum Verkleben auf einen fest aushärtenden 2-Komponentenkleber zurückgegriffen werden. Da dieser Kleber nach dem Aushärten nicht mehr flexibel ist, muss zwischen die beiden Zahnräder vor dem Verkleben ein Stückchen Papier festgeklemmt werden, da sie ansonsten zu stark ineinander greifen und das Getriebe dann nur schwer läuft.

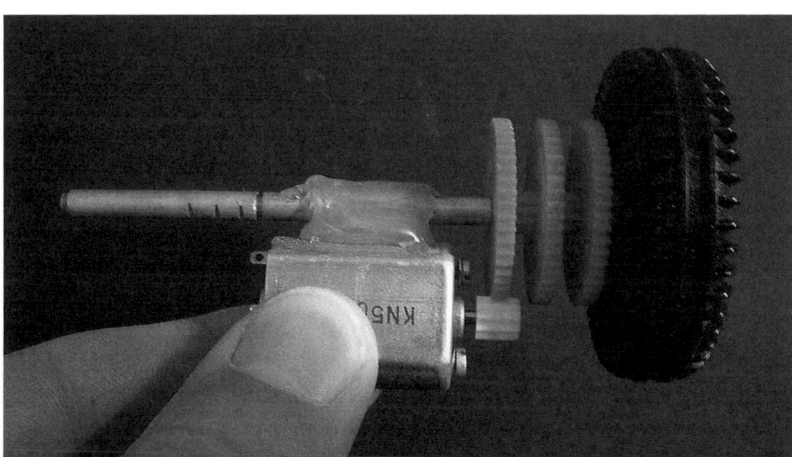

Abbildung 5.23: Antriebseinheit mit einstufigem Zahnradgetriebe.

Abbildung 5.24: Antriebseinheit mit zweistufigem Zahnradgetriebe.

Auf der Antriebswelle werden günstigerweise zwei Räder befestigt. Bei nur einem Rad besteht die Gefahr, dass sich das Getriebe bei Belastung verzieht und verklemmt. Die beiden Räder können fest mit der Antriebswelle verbunden werden. Damit sich der Anrieb besser für Kurvenfahrten eignet, ist es aber günstiger, eines der beiden Räder nur lose auf der Welle laufen zu lassen. Bezüglich Details zur Radbefestigung siehe Abschnitt 6.1 „Räder".

Lineare Bewegungen

Lineare Bewegungen sind in vielen Fällen unabdingbar. Beispielsweise bei Schreit- bzw. Gehrobotern, zur Höhenverstellung eines Fahrzeuges oder zum Ausfahren eines Greifers. Zur Erzeugung einer linearen Bewegung gibt es zahlreiche Möglichkeiten. Einerseits lassen sich Drehbewegungen in lineare Bewegungen umsetzen. Andererseits besteht auch die Möglichkeit, lineare Bewegungen direkt zu erzeugen. Beide Varianten können wiederum auf unterschiedlichste Weise realisiert werden. Einige Varianten dazu sind hier skizziert.

Umsetzung einer Drehbewegung in eine (pseudo-) lineare Bewegung

Da normale Elektromotoren eine Drehbewegung erzeugen, benötigt man zur Umsetzung dieser Drehbewegung in eine lineare Bewegung eine geeignete Vorrichtung. Diese Vorrichtungen werden allgemein als Lineargetriebe bezeichnet. Für die praktische Ausführung eines Lineargetriebes gibt es nun wiederum zahlreiche Möglichkeiten. Die folgenden Beispiele berücksichtigen jedoch nur die Varianten, die auch ohne übermäßigen Aufwand im Hobbybereich realisierbar sind.

Schraubenspindel

Bei einem Schraubenspindelantrieb wird eine Schraube (Gewindestange) mittels eines Elektromotors angetrieben und damit eine Platte mit Innengewinde bewegt. Die Führung der Platte übernehmen dabei spezielle Führungsstäbe. Rechts sind zwei Beispiele zur Realisierung einer Hubplatte mit Schraubenspindelantrieb skizziert.

Bei den Bauskizzen sind jeweils zwei Führungsstäbe gezeichnet. Um eine gute Stabilität in allen Richtungen zu erzielen, sind allerdings drei oder vier Führungsstäbe notwendig. Als Führungsstäbe eignen sich gut Messingstäbe, in die man auch leicht ein Gewinde schneiden kann. Eine andere Möglichkeit bietet die Verwendung von Gewindestangen, auf die an den Gleitstellen ein Messingrohr aufgeschraubt (mit einer Mutter an jedem Ende fixieren) oder besser aufgelötet ist. Die Basisplatten können aus Kunststoff, Sperrholz oder Aluminium gefertigt sein. In Kunststoff- und Aluminiumplatten können die notwendigen Gewinde direkt eingeschnitten werden. Bei Holzplatten muss dazu eine spezielle Mutter eingeschraubt werden.

Lineareinheiten mit Schraubenspindelantrieb gibt es auch in kommerzieller Ausführung. Leider sind diese Geräte meistens recht schwer und ziemlich teuer, was den Einsatz im Hobby-Roboterbau einschränkt.

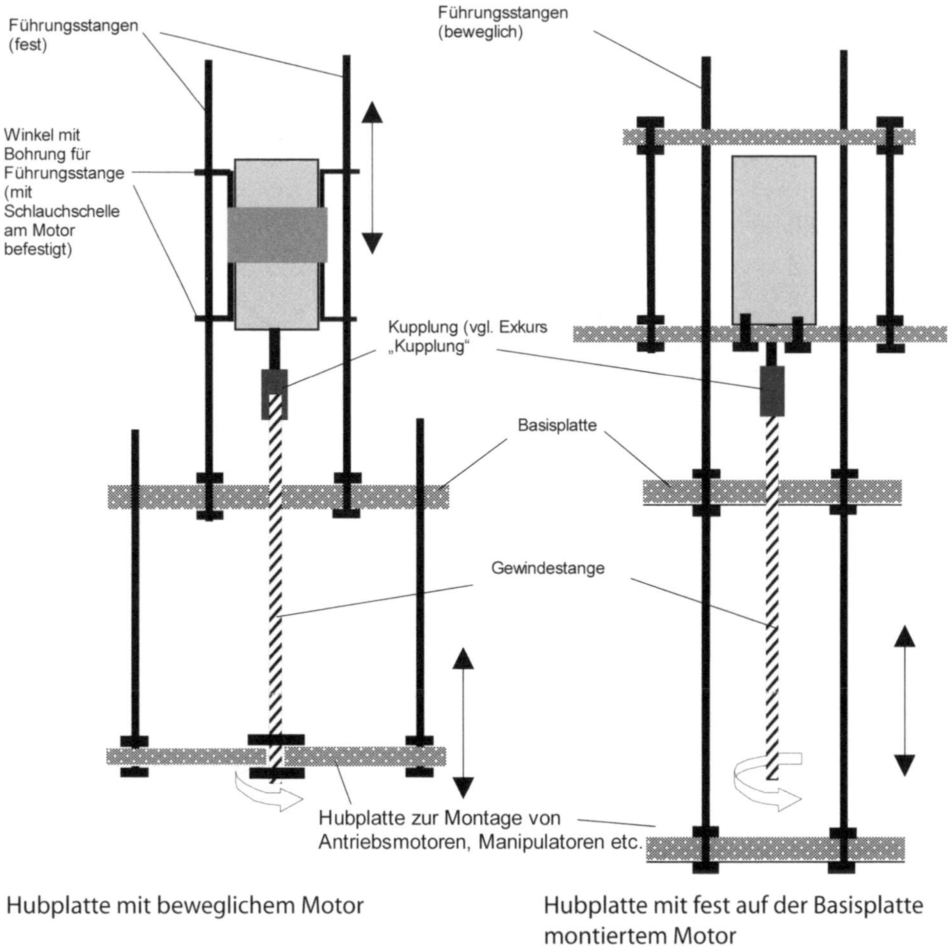

Führungsstangen
(fest)

Führungsstangen
(beweglich)

Winkel mit
Bohrung für
Führungsstange
(mit
Schlauchschelle
am Motor
befestigt)

Kupplung (vgl. Exkurs
„Kupplung")

Basisplatte

Gewindestange

Hubplatte zur Montage von
Antriebsmotoren, Manipulatoren etc.

Hubplatte mit beweglichem Motor

Hubplatte mit fest auf der Basisplatte
montiertem Motor

Abbildung 5.25: *Ausführungsvarianten einer Hubplatte.*

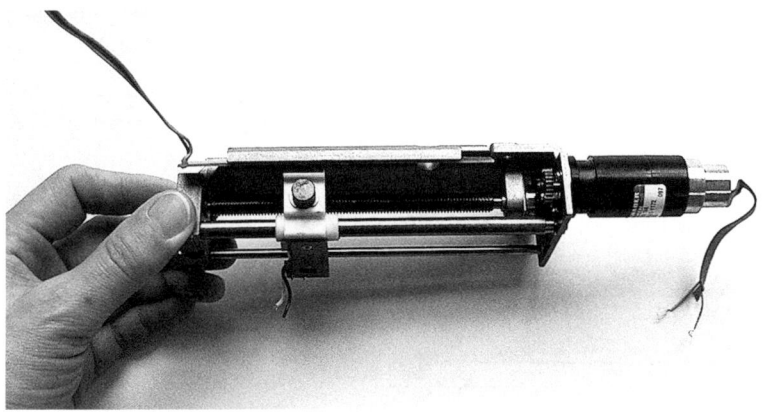

Abbildung 5.26:
*Lineareinheit mit
Schraubenspin-
delantrieb
(professionelles
Bauteil).*

Scherengitter

Eine weitere Variante eine Drehbewegung in eine lineare Bewegung umzusetzen besteht in der Verwendung eines Scherengitters, wie es auch in manuell oder elektrisch betätigten Hubtischen verwendet wird.

Abbildung 5.27:
Linearbewegung mittels Scherengitter.

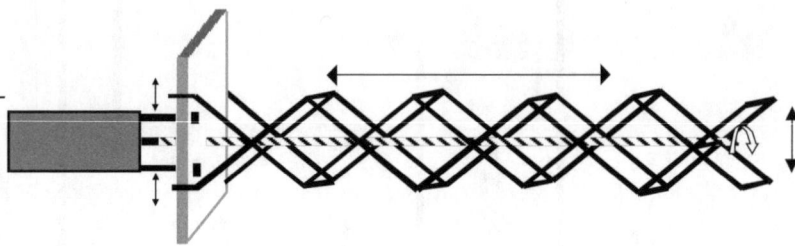

Mit einem solchen Scherengitter lassen sich recht große Auslenkungen bei kleinen Verstellgeschwindigkeiten realisieren. Mit zunehmender Auslenkung verringert sich allerdings die Belastbarkeit.

Aber Vorsicht: So einfach das Prinzip auch aussieht, so schwierig ist doch dessen brauchbare Umsetzung. Die oben skizzierte Konstruktion besitzt eine große Anzahl von Gelenken. Jedes einzelne Gelenk vergrößert die Gesamtreibung der Konstruktion. Damit sich überhaupt etwas bewegt, müssen alle Gelenke und Verbindungen sehr exakt gearbeitet und am besten noch kugelgelagert sein. Dies ist mit normalen Hobbywerkzeugen nur sehr schwierig möglich. Bei zu viel Toleranz der Gelenke wiederum wird die Gesamtkonstruktion so wackelig, dass sie sich in nahezu jede Richtung bewegt, nur nicht in die vorgesehene.

Eine etwas einfachere Variante des Scherengitters lässt sich aber durchaus sinnvoll zum Erreichen eine linearen Bewegung einsetzen, wie die Abbildung 5.28 zeigt. Die beiden horizontalen Platten können damit parallel verschoben werden. Diese Konstruktion ist beispielsweise gut geeignet, einen Roboter-Fuß auf und ab zu bewegen.

Abbildung 5.28:
Scherengitter zur Parallelverschiebung.

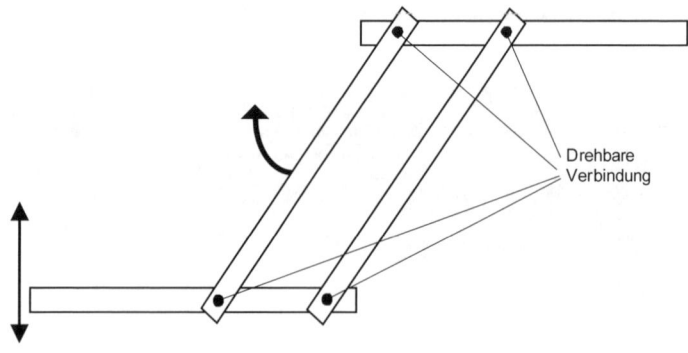

Drehbare
Verbindung

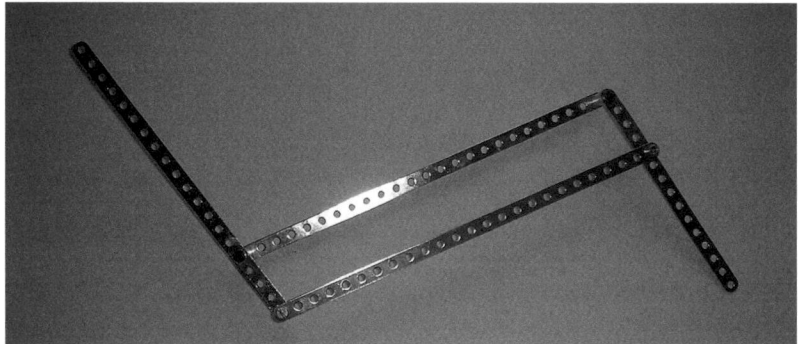

Abbildung 5.29:
Scherengitter
(Praktische Aus-
führung mit Me-
tallbaukasten-
Teilen.

Im Detail ist darauf zu achten, dass sich die einzelnen Gitterstäbe bei der Bewegung nicht gegenseitig behindern.

Abbildung 5.30:
Scherengitter –
Detailansicht.

Zahnstangengetriebe

Ein Zahnstangengetriebe besteht aus einer beweglichen Zahnstange, die von einem sich drehenden Zahnrad linear bewegt wird. Zahnstangen und passende Zahnräder sind beispielsweise von Fischertechnik (Knobloch AG) oder Conrad Electronic erhältlich. Die Fischertechnik-Zahnräder besitzen eine recht grobe Zahnung, sodass keine zu großen Anforderungen an die Passgenauigkeit der Konstruktion gestellt werden.

Die in Abbildung 5.31 eingezeichneten Schalter dienen zur Abschaltung der Antriebsmotore bei Erreichen der Endstellung. Die genaue Funktion und Ausführung dieser Endschalter sowie weitere Varianten der End-Abschaltung sind im Abschnitt „Endabschaltung" erläutert.

Endschalter   **Endschalter**

Abbildung 5.31: *Zahnstangengetriebe mit Endabschaltung.*

Abbildung 5.32:
Zahnstangen Ge-
triebe.

Abbildung 5.33:
Zahnstangen An-
trieb mit Fischer-
technik Bauteilen.

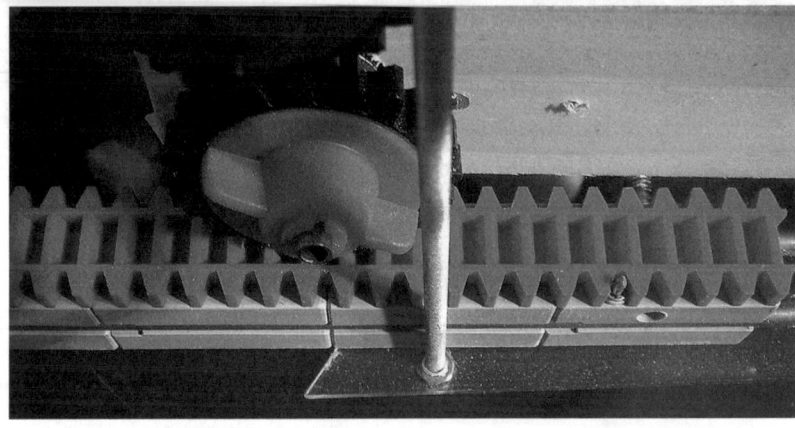

Sofern die Zahnstange gut gelagert und in einem gleichmäßigen Abstand am antreibenden Zahnrad vorbeiführt, lässt sich eine lineare Bewegung mit sehr gutem Wirkungsgrad und vergleichsweise bescheidene mechanischen Aufwand erreichen. Die Anforderungen an die Genauigkeit des mechanischen Aufbaus sind dabei umso einfacher, je größer die Zahnung gewählt wird. Zur reibungsarmen Befestigung von Zahnstangen und anderen Bauteilen, die linear bewegt werden müssen, eignen sich übrigens sehr gut handelsübliche Schubladen-Auszüge. Diese gibt es in günstig in jedem Baumarkt in verschiedensten Längen und auch in gewichtssparender Aluminiumausführung.

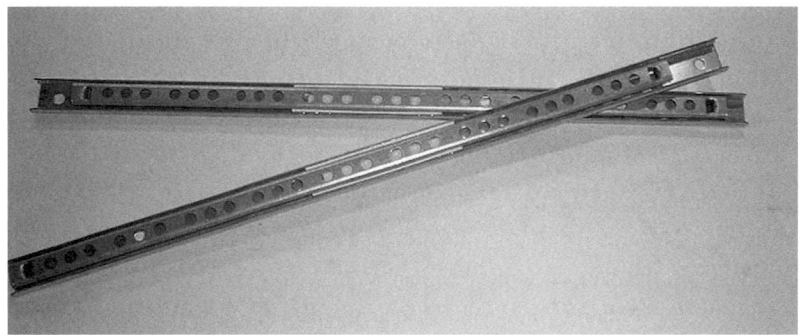

Abbildung 5.34:
Schubladen Auszüge aus Aluminium.

Seilrollengetriebe

Ähnlich dem Zahnstangenantrieb ist der Antrieb mittels einer angetriebenen Rolle und eines Seils. Prinzipiell ist dabei eine motorgetriebene Vor- und Rückwärtsbewegung möglich (Variante 1). Wahlweise kann man für die Rückwärtsbewegung jedoch auch eine Feder verwenden (Variante 2).

Drehende Seiltrommel   Linear bewegte Masse

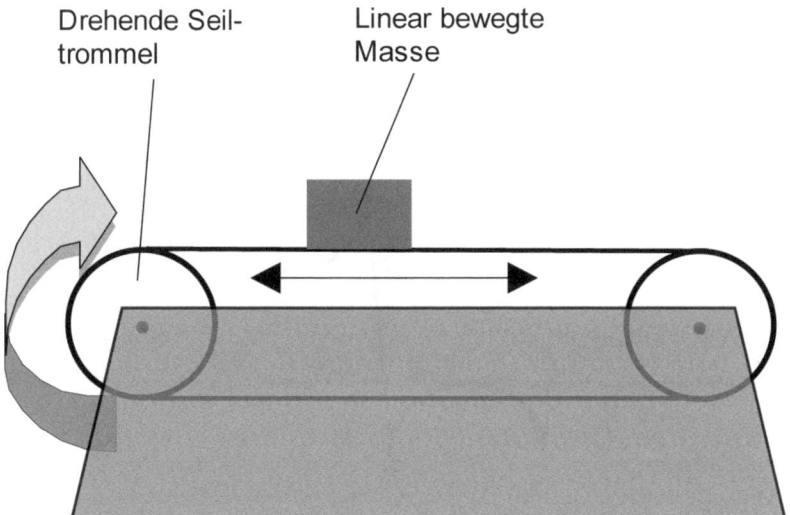

Abbildung 5.35:
Linearbewegung mittels Seilrolle (Variante 1).

Abbildung 5.36:
*Linearbewegung
mittels Seilrolle
(Variante 2, Rück-
führung mittels Fe-
der).*

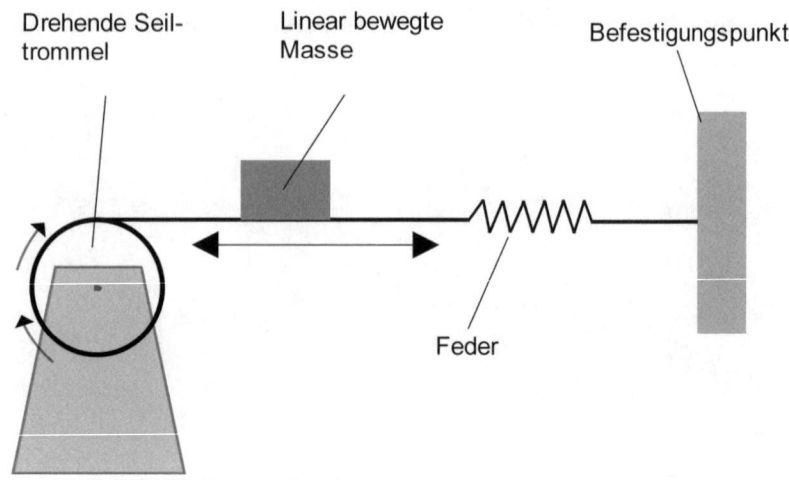

Eine weitere Untersetzung erreicht man bei Verwendung von losen
Rollen. Das zugrunde liegende Prinzip ist allseits unter dem Namen
„Flaschenzug" bekannt und in einschlägigen Physik Lehrbüchern ausführlich erklärt. Daher soll hier auf weitere Erläuterungen verzichtet
und nur kurz das Prinzip dargestellt werden. Die feste Rolle ist dabei
als motorgetriebene Seilwinde ausgeführt.

Abbildung 5.37:
*Linearbewegung
einer losen Rolle
(Flaschenzug!).*

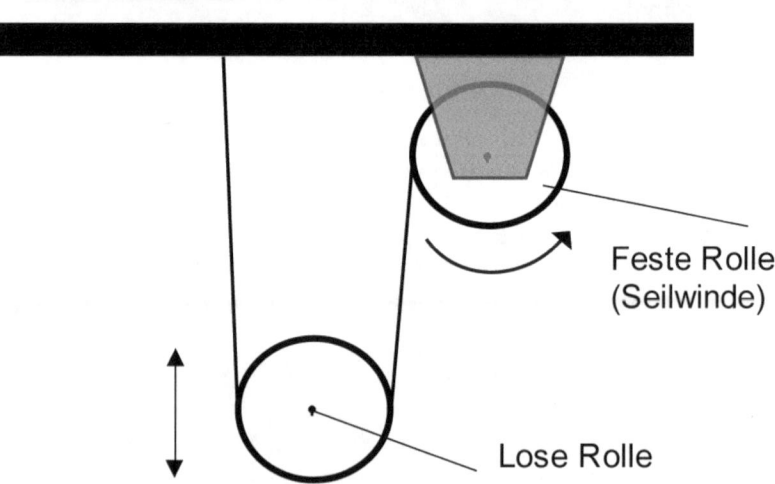

Um es sich besser vorstellen zu können, wie denn nun eine Anwendung dieses Prinzips im Roboterbau aussehen könnte, ist in der folgenden Skizze ein Fahrzeuges gezeigt, das seinen Schwerpunkt durch

Ausfahren und Einziehen der jeweiligen Antriebseinheiten auch bei Bergauf- oder Bergabfahrt in stabiler, waagrechter Position halten kann.

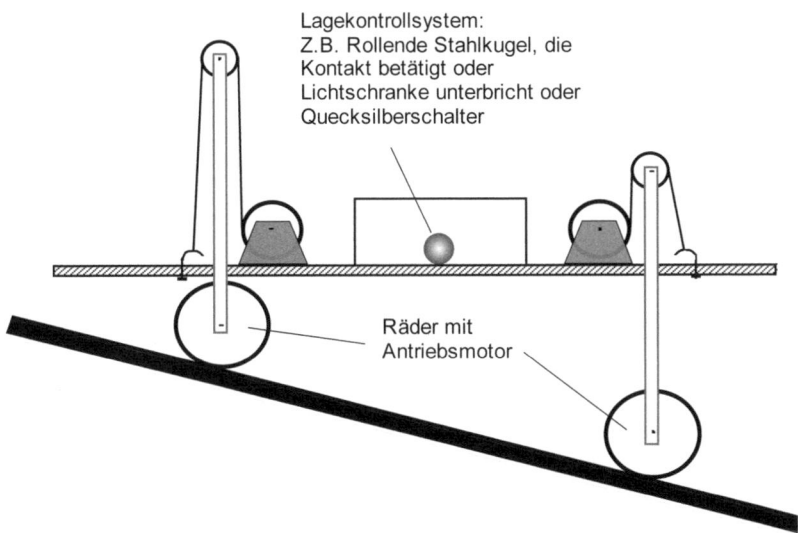

Lagekontrollsystem:
Z.B. Rollende Stahlkugel, die Kontakt betätigt oder Lichtschranke unterbricht oder Quecksilberschalter

Räder mit Antriebsmotor

Abbildung 5.38: *Anwendungsbeispiel Linearbewegung mittels loser Rolle.*

Abbildung 5.39: *Seilrollen-Antrieb einer höhenverstellbaren Antriebseinheit.*

Kurvengetriebe

Eine weitere Möglichkeit lineare Bewegungen aus einer Drehbewegung zu erhalten, besteht in der Verwendung von Excenter- oder Kurvenscheiben. Je nach Anzahl und Geometrie der Scheiben können auch komplizierte Bewegungsabläufe erreicht werden. Die Funktion eines Kurvengetriebes besteht darin, dass eine in einer Richtung bewegliche Stange die Umrandung einer (fast) beliebig formbaren Kurvenscheibe abtastet. Fast beliebig bedeutet dabei, dass die Kurvenscheibe in Drehrichtung keine unstetigen oder zu steile Stellen = Sprünge haben darf, da dort die Abtastrolle hängen bleiben würde. Einige brauchbare und noch relativ leicht zu realisierende Varianten eines Kurvengetriebes zeigen die folgenden Beispiele.

Abbildung 5.40:
Kurvengetriebe für einfache lineare Bewegungen.

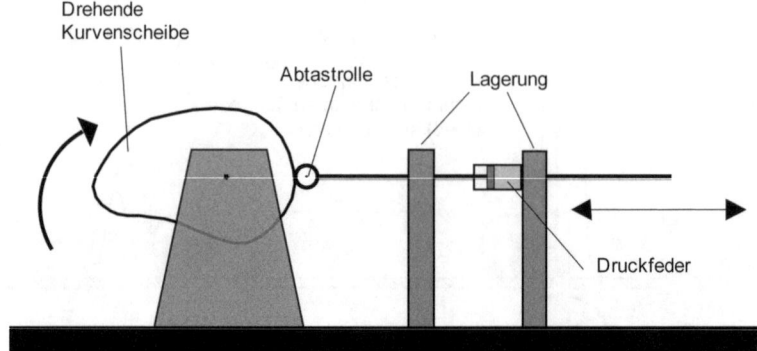

Eine sehr ähnliche Variante nutzt die feste Verbindung einer linear geführten Stange mit einer umlaufenden Scheibe oder einem Scheibensegment. Diese Variante ist aus dem Ottomotor bestens bekannt und dient dort zur Umsetzung einer linearen Kolbenbewegung in eine Drehbewegung. Da die linear bewegte Stange aber direkt mit der umlaufenden Scheibe in einem bestimmten Abstand verbunden ist, erhält man hier immer nur eine sinusförmige lineare Bewegung.

Abbildung 5.41:
Linearbewegung mittels Pleuelstangenantrieb.

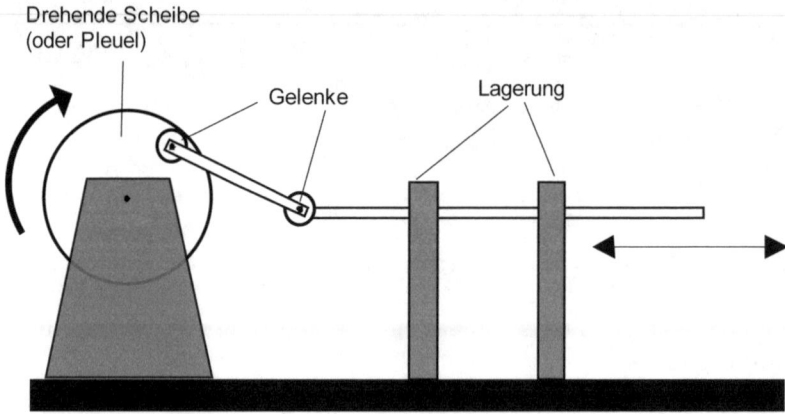

Eine halbkreisförmige Bewegung kann durch die Anordnung auf der nächsten Seite erreicht werden.

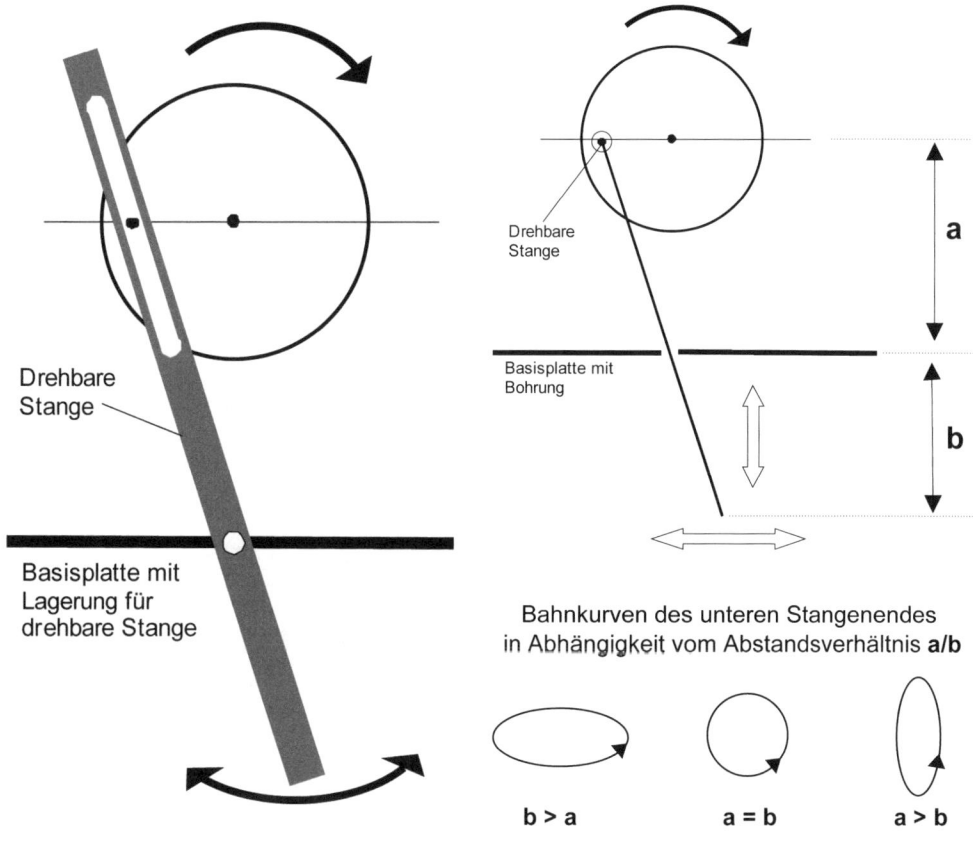

Abbildung 5.42: *Erzeugung einer halb-kreisförmigen Bewegung.*

Abbildung 5.43: *Erzeugung einer halb-kreisförmigen Bewegung mit überlagerter Auf- Ab-Bewegung.*

Etwas kompliziertere Bewegungsmuster mit mehr Einflussmöglich-keiten erhält man aus zwei überlagerten linearen Bewegungen durch die bereits erwähnte Anordnung eines drehbaren Rades und einer an einem Punkt geführten Stange. Dieser Führungspunkt kann fix sein (z. B. Bohrung in einer Grundplatte) oder auch selbst beweglich. So las-sen sich sehr interessante Bewegungen in zwei Richtungen (x- und y-Achse) erzeugen, die sich sehr gut für Beinbewegungen von Laufma-schinen eignen, deren Beine sich ja ebenfalls mindestens in zwei Rich-tungen bewegen müssen.

Abbildung 5.44:
Beinbewegung aus
Drehbewegung
(praktische Aus-
führung in einer
6-beinigen Geh-
maschine mit 4 be-
weglichen Beinen).

Abbildung 5.45:
Beinbewegung aus
Drehbewegung
(praktische Aus-
führungen in Pro-
totypen
zweibeiniger Geh-
maschinen).

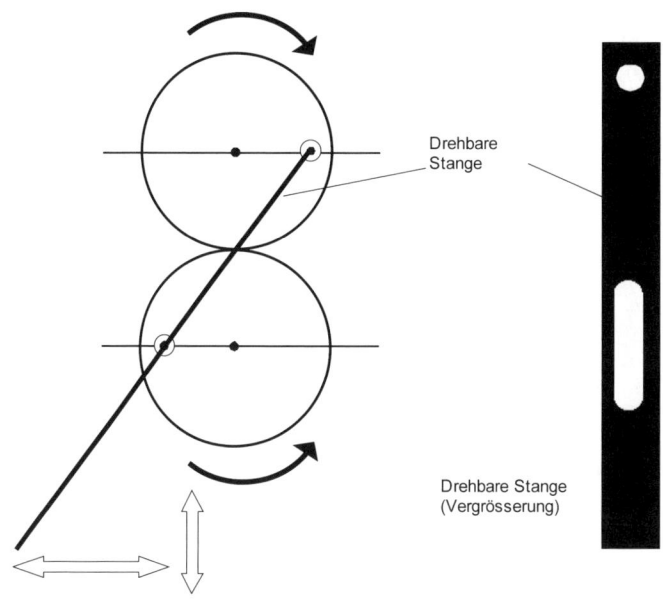

Abbildung 5.46:
Erzeugung einer komplexen Bewegung mit überlagerter Auf- Ab-Bewegung.

Drehbare Stange

Drehbare Stange
(Vergrösserung)

Drehbare Scheibe + Stange mit beweglichem Fixpunkt
mittels zweier gleichgroßer Zahnräder

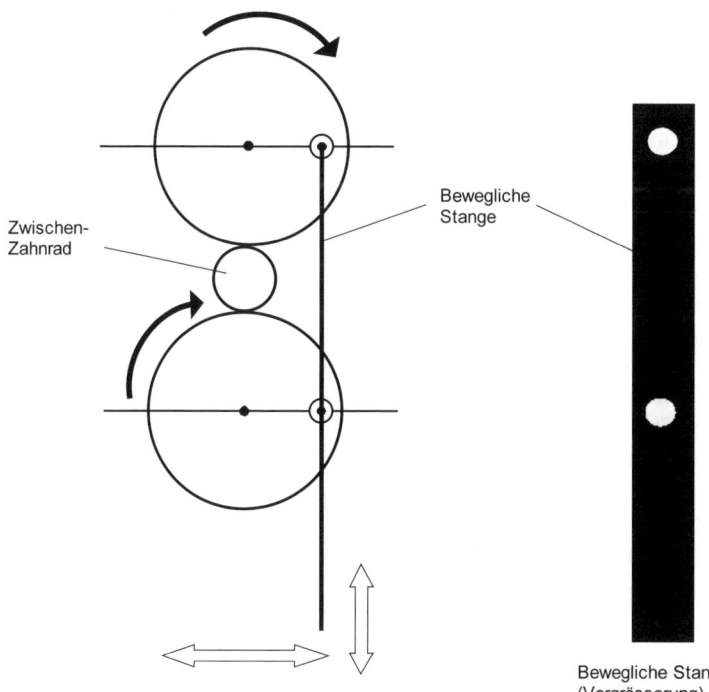

Abbildung 5.47:
Erzeugung einer halbkreisförmigen Bewegung mit überlagerter Auf- Ab-Bewegung.

Zwischen-Zahnrad

Bewegliche Stange

Bewegliche Stange
(Vergrösserung)

Bewegliche Stange mit 2 Zahnrädern mit Zwischenzahnrad

Durch Veränderung der relativen Stellung der beiden Zahnräder und der Länge des beweglichen Stabes lassen sich die erzielbaren Bewegungsmuster in bestimmten Grenzen verändern. Hier eine kurze Zusammenstellung verschiedener Bewegungsmuster. Zwei Zahnräder drehen sich dabei gegeneinander (a...c). Um eine gleichsinnige Drehung der beiden Hauptzahnräder zu erreichen, kann noch ein kleines Zwischenzahnrad (d...f) eingefügt werden. In den folgenden Skizzen sind nur die Befestigungspunkte des Stabes skizziert.

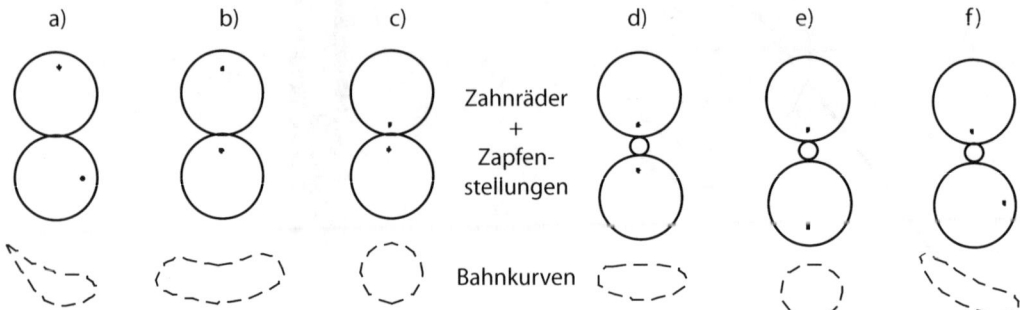

Abbildung 5.47a: *Befestigungspunkte, Zahnräder, Zapfenstellungen, Bahnkurven.*

a...c: Zwei direkt verbundene Zahnräder mit verschiedenen Zapfenstellungen
d...e: Über Zwischenzahnrad verbundene Zahnräder mit verschiedenen Zapfenstellungen

Man beachte, dass die Zapfenstellungen bei c und d ungünstig sind, da dort die beiden Zapfen in einer Zahnradstellung zu nahe zusammen kommen (= sehr großer Hebelarm). Werden zwei Zahnräder mit unterschiedlicher Anzahl an Zähnen kombiniert, ergeben sich komplizierte, nicht stationäre Bahnkurven, die normalerweise nicht für z. B. Beinbewegungen von Robotern genutzt werden können.

Allen geschilderten Anordnungen mit zwei oder drei Zahnrädern ist gemeinsam, dass sie nur einen Freiheitsgrad besitzen. Das heißt, nur eine Stellgröße (Stellung des Antriebszahnrades) kann geändert werden und hat eine eindeutige Beinstellung zur Folge.

Positioniergetriebe

Eine zweidimensionale Bewegung mit zwei echten Freiheitsgraden kann dagegen durch die nachfolgend beschriebene Anordnung zweier Servo- oder Schrittmotore erreicht werden. Eine zweidimensionale Bewegung ist für Beinbewegungen und viele andere Anwendungen meist ausreichend und ohnehin schon schwierig genug zu realisieren, da hohe Anforderungen an die Lager, die Motore und die Ansteuerung gestellt sind, sodass ein Selbstbau kaum in Frage kommt. Bei solchen

Antrieben müssen die einzelnen Bauelemente perfekt aufeinander abgestimmt sein und es muss großer Wert auf eine gewichtssparende Bauweise gelegt werden. Durch einen weiteren Motor kann das Modell aber prinzipiell auch auf dreidimensionale Bewegungen erweitert werden. Dann können beliebige Bewegungen im Raum ausgeführt werden.

Abbildung 5.48:
Zweidimensionales Positioniergetriebe.

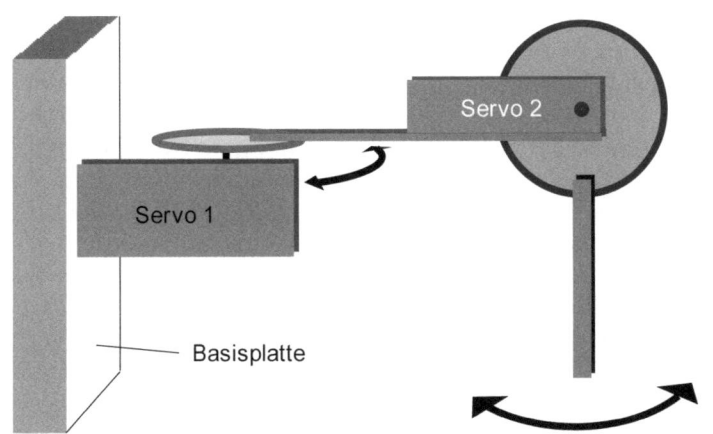

Eine kurze Zusammenfassung der vorgestellten Lineargetriebe unter Angabe ihrer speziellen Vor- und Nachteile gibt die folgende Tabelle.

Variante	Vorteile	Nachteile
Hubplatte	Große Hubwege möglich, hohe Kräfte übertragbar.	Langsame Verstellgeschwindigkeit.
Scherengitter	Nur für Spezialanwendungen.	Sehr präziser mechanischer Aufbau notwendig.
Zahnstangengetriebe	Große Hubwege möglich, große Kräfte übertragbar.	Präzise lineare Führung und gute Lagerung notwendig.
Seilrollengetriebe	Große Hubwege möglich, mittelgroße Kräfte übertragbar. Kraft auch über komplizierte Wege übertragbar.	Einfache mechanische Umsetzung, aber zusätzliche Führung notwendig. Durch die Elastizität der Seile keine exakte Positionierung möglich.
Kurvengetriebe	Normalerweise nur kleine Hubwege möglich. Einfache Varianten leicht zu realisieren.	Übertragung großer Kräfte schwierig. Mäßig schwierige mechanische Umsetzung.
Positioniergetriebe	Große Hubwege und hohe Verstellgeschwindigkeiten möglich.	Schwierige mechanische Umsetzung. Je größer der Hubweg, desto kleiner die übertragbare Kraft.

Direkte lineare Bewegungen

Memory-Legierungen usw.

Bereits seit den 60er-Jahren sind die so genannten „Formgedächtnis- oder Memory-Legierungen" bekannt. Die am weitesten verbreitete Formgedächtnis-Legierung ist das „Nitinol". Nitinol ist eine Nickel-Titan Legierung, die in kaltem Zustand leicht gebogen werden kann, in heißem Zustand aber hart wird und recht kraftvoll in eine bei der Herstellung festgelegte Form übergeht. Im Handel erhältlich ist zum Beispiel Nitinoldraht, der bei Raumtemperatur herstellungsbedingt in seiner gestreckten Form vorliegt. Wird dieser Draht über seine sogenannte Transformationstemperatur, z. B. 70 °C, erwärmt erfolgt eine Kontraktion um etwa 5...8 %, je nach Art und Alter des Drahtes. Diese Erwärmung kann z. B. durch heißes Wasser oder auch durch einen Stromfluss durch den Draht selbst erzeugt werden. Um wieder in die ursprüngliche Form zurückzugehen, muss der Draht abkühlen. Dies benötigt eine gewisse Zeit, die bei der Ansteuerung zu berücksichtigen ist. Man hat generell die Wahl, den Draht thermisch zu isolieren = geringer Heizstrom und lange Abkühlzeit, oder zu Kühlen = hoher Heizstrom und schnelle Abkühlzeit. Eine allzu gute Kühlung verringert den sehr bescheidenen Wirkungsgrad von ungefähr 1...10 % schnell auf Werte von weit unter 1 %. Das Hauptargument für die Verwendung von Nitinoldraht im Roboterbau, nämlich dessen geringes Gewicht, wird durch den enorm schlechten Wirkungsgrad und die daher notwendigen Riesenakkus zum Betrieb leider oftmals mehr als wettgemacht. Die meisten Anwendungen beschränken sich daher auch auf reine Demonstrationsmodelle ohne richtige Funktion oder zumindest auf Systeme, die extern mit Energie versorgt werden. Der Einsatz von Nitinoldraht im Roboterbau dürfte aus diesen Gründen auch weiterhin auf Nischenprobleme beschränkt bleiben.

Zudem ist die schlechte Verarbeitbarkeit von Nitinol hinderlich. Nitinoldrähte können nur schwierig verlötet werden (Kontaktstellen unmittelbar vor dem Löten abschleifen!) und auch das Festklemmen der meistens sehr dünnen Drähte ist nicht so einfach.

Günstiger sind da schon fertig konfektionierte, mit einer Öse zur Schraubbefestigung versehene Drähte oder Federn. Oder auch kleine Stempel mit einer Feder, ähnlich einem Stossdämpfer, so genannte Pistons. Die Leistung eines solchen Pistons (Gesamtlänge 10 cm, Gewicht 10 g, Hersteller: Mondotronic Robotstore) ist folgendermaßen beschrieben: Stromaufnahme 5 A bei 1 V für 2 Sekunden. (5 W, bzw. 10 Ws). Dabei erfolgt eine Ausdehnung um 2 cm mit einer Kraft von max. 4,5 N. Zum Vergleich habe ich einmal versucht, den gleichen Effekt (Anhebung eines 450 g Gewichtes innerhalb von 2 Sekunden um 2 cm) mittels eines Glockenanker Getriebemotors (60 g) zu erzielen. Dazu reichen 20 mA bei 5 V leicht aus (Leistung also 0,1 W, Energieverbrauch 0,2 Ws). Dieser Vergleich zeigt, dass die Vorteile des Nitinoldrahtes durch den hohen Energieverbrauch schnell aufgezehrt werden. Aus diesem Grunde macht es auch überhaupt keinen Sinn, die Kontraktion eines Nitinoldrahtes mittels irgendwelcher komplizierten Vorrichtungen wieder in eine kreisförmige Bewegung zu verwandeln.

Zur besseren Übersicht sind hier nochmals die wichtigsten Eigenschaften von Nitinol zusammengefasst:

Vorteile	Direkte lineare Bewegung möglich, geringes Gewicht, kleine Bauform.
Nachteile	Hoher Energieverbrauch. Für rotierende Anwendungen sind Elektromotore immer wesentlich günstiger. Kaum lötbar (Oxidschicht und Gefahr der Überhitzung – der Draht verliert dann seine Thermoelastizität!).
Transformationstemperatur	Herstellbedingt einstellbar von -100 bis +100 °C – meist etwa 70 °C
Lieferformen	Drähte, konfektionierte Drähte für Schraubanschluss, Zug- und Druckfedern, Röhren
Spezifischer elektr. Widerstand	50...110 Ω x cm
Dichte	6,5 g/ml
Schmelzpunkt	1300 °C
Wärmeleitfähigkeit	8...18 W/m x K
Relative Kontraktion	8 % (1...100 Zyklen), 5 % (100...100.000 Zyklen)
Wirkungsgrad	Maximal 5 %, normalerweise weit tiefer!
Kraft	Ein 0,1 mm Draht kann etwa 150 g heben!
Preis	Etwa 2,-/m (0,5 mm Draht)
Weitere Infos zu Nitinol	http://memory-metalle.de
Hersteller/Vertrieb	Mondotronic Robot-Store (USA) Memory-Metalle GmbH, Am Kesselhaus 5, D-79576 Weil am Rhein Tel.: +49-(0)7621-799121 Fax.: +49-(0)7621-799244

Widerstandsdraht

Bei dem im vorangegangenen Kapitel erwähnten Nitinoldraht erfolgt beim Erwärmen des Metalls eine Kontraktion, die zur Bewegung einer Anordnung genutzt werden kann. Prinzipiell ist aber auch der umgekehrte Weg möglich. Schließlich dehnt sich nahezu jeder beliebige Draht, je nach seinem Ausdehnungskoeffizient α (siehe Tabelle im Anhang), beim Erwärmen aus. Der Ausdehnungskoeffizient für Stahl beträgt beispielsweise etwa 10^{-5} K^{-1}.

Somit dehnt sich ein 10 cm langer Stahldraht beim Erwärmen von 20 °C auf 120 °C um: $\Delta l = 100\,mm \cdot 10^{-5} \cdot 100\,k = 0,1\,mm$ aus. Die Längenänderung ist also mit 0,1 % im Vergleich zu Nitinol mit etwa 5...8 % wesentlich geringer und somit auch wesentlich schwieriger umzusetzen. Der Wirkungsgrad ist, besonders durch die für brauchbare Längenänderungen notwendigen hohen Temperaturen, ebenfalls ziemlich schlecht. Eigene Versuche mit dünnem Konstantan-Draht ergaben einen Leistungsverbrauch von mindestens 10 W für einen 30 cm langen Draht, der über ein Gelenk eine kleine Greifzange bewegte. Da dies für eine praktische Nutzung deutlich zu wenig ist, wird hier auf die Verwendung von Widerstandsdraht zum Erzielen einer linearen Bewegung nicht weiter eingegangen.

Bimetalle

Eine weitere Möglichkeit eine lineare Bewegung durch Erwärmung mittels elektrischem Strom hervorzurufen, besteht in der Erwärmung von Bimetallstreifen, wie sie beispielsweise in Bimetallthermometern eingebaut sind. Diese Bimetallstreifen bestehen aus zwei aufeinander geschweissten (bzw. verpressten) Metallen mit unterschiedlichem thermischen Ausdehnungskoeffizienten. Prinzipiell ist es möglich, diese Streifen durch einen Stromfluss direkt zu beheizen. Allerdings ist der elektrische Widerstand der Streifen sehr klein, sodass hohe Ströme fliessen müssten. Um dies zu vermeiden, kann man die Streifen auch indirekt beheizen (beispielsweise mittels eines isolierten Heizdrahtes), was durch den schlechten Wärmeübergang aber nur recht langsame Reaktionszeiten ergibt. Zudem sind die erreichbaren Haltekräfte der flexiblen Bimetallstreifen extrem gering und in der Praxis kaum verwertbar. Daher ist auch vom Einsatz von Bimetallstreifen für Aktuatoren abzuraten.

Piezo-Aktuatoren

Piezo-Aktuatoren sind meist keramische Körper, die ihre Länge bei Anlegen einer Spannung von etwa 100...1000 V ändern. Diese Längenänderung liegt im Bereich von einigen Mikrometern, allerdings mit sehr hoher Genauigkeit (nm-Bereich!) und hoher Stellkraft (bis einige 1000 N). Piezoaktuatoren werden bei Manipulationen im mikroskopischen Bereich eingesetzt. Mit einer geeigneten Übersetzung gelangt man in Stellbereiche von einigen Millimetern. Allerdings sind piezoelektrische Aktuatoren auch recht teuer, sodass sich Ihr Einsatz im Hobbybereich nicht gerade anbietet.

Elektromagnete

Mittels Elektromagneten können lineare Bewegungen im Bereich von wenigen Millimetern bis zu einigen Zentimetern ausgeführt werden. Somit eignen sich Elektromagnete eher für Aufgaben, wie beispielsweise eine Greifzange öffnen und schließen oder eine Kupplung betätigen und weniger für den eigentlichen Antrieb eines Roboters. Die meisten Elektromagnete bestehen aus einer stromdurchflossenen Spule in die, gegen eine interne Feder, ein Eisenkern hineingezogen wird. Nach Abschalten des Stroms drückt diese Feder den Eisenkern wieder aus der Spule heraus. Solche Elektromagnete verbrauchen im Vergleich zu ihrer mechanischen Leistung sehr viel Strom und sind verhältnismäßig schwer. Oft dürfen sie daher auch nicht permanent betrieben werden, da sie dann durch die hohe Verlustleistung zu heiß werden. Ein weiterer Nachteil ist, dass die Zugkraft proportional zur Eindringtiefe des Eisenkerns in die Spule ist. Da sich der Eisenkern anfangs noch großteils außerhalb der Spule befindet, ist die Zugkraft in dieser Stellung auch am geringsten. Die genannten Nachteile schränken den Einsatz von Elektromagneten für mobile Roboter stark ein.

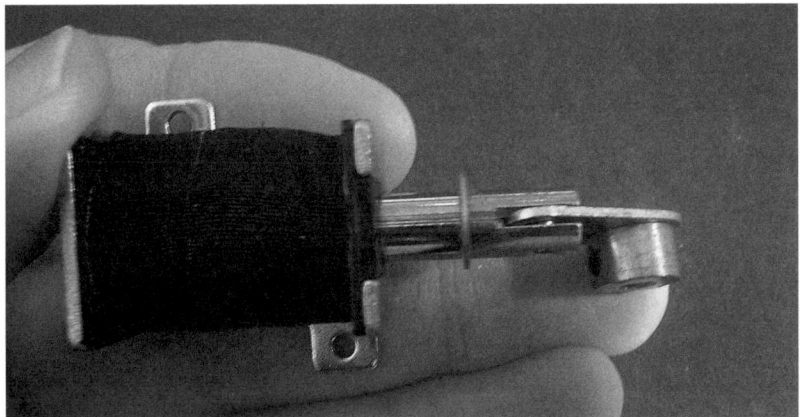

Abbildung 5.49:
Elektro-Zugmagnet.

6. Fortbewegung

Zu Beginn dieses Kapitels möchte ich nochmals an die Eingangs erwähnte Definition von Prof. Schiedermeier erinnern: „Ein Roboter ist ein mechanisches System, dessen Bewegungsfunktionen denen lebender Organismen entsprechen oder das die Bewegungsfunktion mit intelligenten Funktionen kombiniert und dem Willen des Menschen entsprechend handelt."

Ein Roboter impliziert also in irgendeiner Weise eine Bewegungsfunktion (wodurch er sich auch von einem Computer unterscheidet). Das können einerseits bewegliche Aufbauten an einem ortsfesten Gerät sein (Industrieroboter) oder auch gänzlich mobile Systeme.

Im diesem Kapitel werden Möglichkeiten der Fortbewegung gänzlich mobiler Systeme vorgestellt. Eine Übersicht über verschiedene Varianten der Fortbewegung zeigt das folgende Organigramm. Auf die einzelnen Fortbewegungsmöglichkeiten wird nachfolgend näher eingegangen.

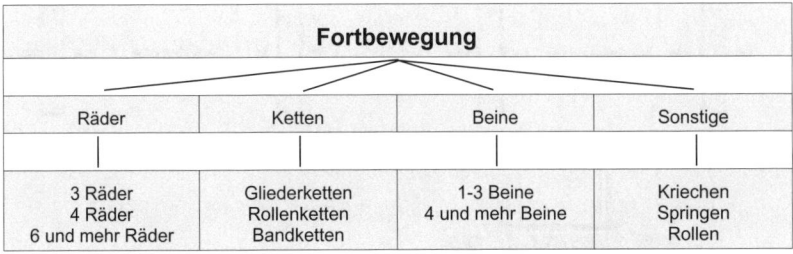

Fortbewegung			
Räder	Ketten	Beine	Sonstige
3 Räder 4 Räder 6 und mehr Räder	Gliederketten Rollenketten Bandketten	1-3 Beine 4 und mehr Beine	Kriechen Springen Rollen

6.1 Räder

Die einfachste Variante der Fortbewegung ist sicherlich mit Rädern zu realisieren. Dabei bestehen noch gewisse Unterschiede in der Anzahl der verwendeten Räder. Fahrzeuge mit insgesamt einem oder zwei Rädern (Einrad, Fahrrad) sind (sofern der Schwerpunkt über dem Rad liegt, was normalerweise der Fall ist) nicht stabil. Um eine ausreichende Stabilität zu gewährleisten sind also mindestens drei Räder notwendig. Bei mehr als drei Rädern ist ein Bodenkontakt aller Räder bei nicht ebenem Boden nicht mehr ohne weiteres gewährleistet, sodass gegebenenfalls eine Höhenverstellung (z. B. Federung) einzelner Räder vorgesehen werden muss. Auf diese Problematik wird in den folgenden Kapiteln noch genauer eingegangen.

Nun muss jedes Rad noch irgendwie befestigt werden. Dabei ist zu unterscheiden, ob es sich um ein Antriebsrad oder nur um ein mitlaufendes Rad handeln soll. Da sich die Befestigungsvarianten für Antriebs- und mitlaufende Räder deutlich unterscheiden, wird auf jede Variante separat eingegangen.

Mitlaufende Räder

Die Befestigung mitlaufender Räder ist nicht sonderlich kompliziert. Sie können bei kleinen und leichten Fahrzeugen ohne gesondertes Lager auf eine starre Welle gesteckt und gegen Herunterrutschen durch einen Splint, Mutter usw. gesichert werden (Abb. 6.1a). Die starre Befestigung zweier Räder auf einer sich drehenden Welle (Abb. 6.1b) ist ungünstig, da sich bei Kurvenfahrten beide Räder gleich schnell drehen, was zum Durchrutschen eines der beiden Räder führt. Dies verursacht größere Kurvenradien, einen höheren Kraftaufwand und eine höhere Radabnutzung.

Abbildung 6.1:
Befestigungsvarianten für mitlaufende Räder.

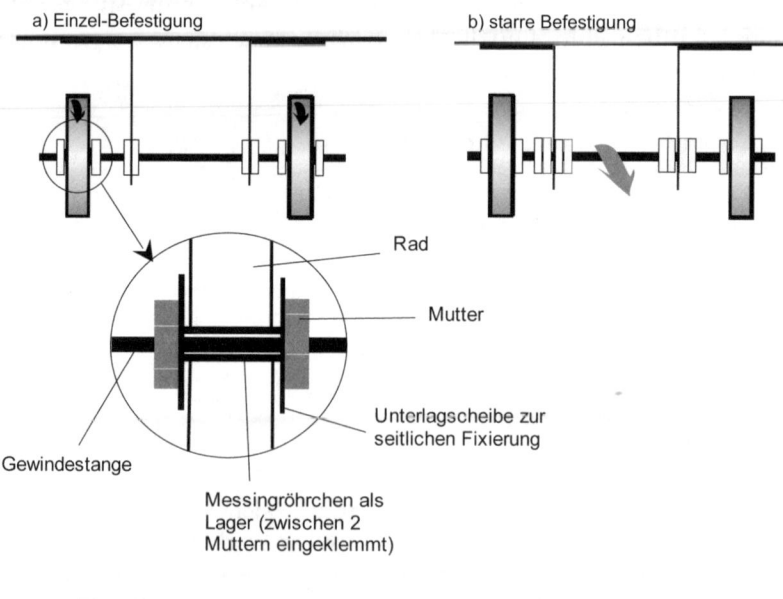

a) Einzel-Befestigung

b) starre Befestigung

Rad

Mutter

Unterlagscheibe zur seitlichen Fixierung

Gewindestange

Messingröhrchen als Lager (zwischen 2 Muttern eingeklemmt)

‖ Gekonterte (gegeneinander angezogene) Mutter   ▯ Einfache Mutter

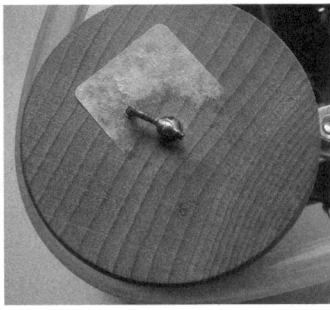

Zwischen Muttern geklemmtes Antriebsrad

Fischertechnik Antriebsrad zum
Festziehen auf 4 mm Wellen

Antriebsrad aus Holz mit angelöte-
tem Mitnehmer-Haken

Abbildung 6.2:   *Radbefestigungen.*

Als Achse kann im einfachsten Fall
eine Gewindestange verwendet
werden. Zur besseren Lagerung
sollten die Räder aber nicht direkt
auf der Gewindestange laufen.
Günstig ist ein Stück Messingrohr,
das zwischen zwei Muttern eingeklemmt als Lager dient (siehe Abbildung 6.1).

Abbildung 6.3:
*Drehbare Möbel-
rolle.*

Mitlaufende Räder können zudem
noch drehbar gelagert sein. Die im
Handel erhältlichen Möbelrollen
sind solche, meist sogar kugelgela-
gerte, mitlaufende und drehbar gelagerte Räder. Sie eignen sich hervorragend für 3-rädrige Fahrzeuge mit 2-Radantrieb.

Antriebsräder

Schwieriger ist da schon die Befestigung von Antriebsrädern. Antriebsräder (gilt übrigens in gleicher Weise für Zahnräder bei Getrieben!) müssen in irgendeiner Weise fest mit der Motor- bzw. meistens
der Getriebewelle verbunden werden. Dabei kann die Befestigung
kraftschlüssig oder formschlüssig erfolgen. Kraftschlüssig bedeutet,
dass die Verbindung zwischen Welle und Rad durch Erhöhung der
Reibung vonstatten geht. Ein Beispiel für eine solche kraftschlüssige
Verbindung ist das Befestigen eines Fischertechnik Rades auf einer
Welle durch Festziehen der Nabenschraube oder das Einklemmen ei-

nes Rades zwischen zwei Muttern auf einer Gewindestange. Wird bei Überlastung einer kraftschlüssigen Verbindung die maximale Reibungskraft überschritten, kommt es zum Durchdrehen des Rades auf der Welle, meistens ohne Zerstörung von Teilen.

Räder aus Fischertechnik-Baukästen haben sich im Übrigen bei eigenen Versuchen als Antriebsräder bestens bewährt. Sie sind als Ersatzteile im Spielwarengeschäft oder bei der Firma Knobloch (siehe Anhang) günstig erhältlich. Räder von Fischertechnik besitzen eine zweiteilige Kunststoffnabe und lassen sich auf 4 mm-Achsen durch gegenseitiges Verschrauben leicht fixieren. Dünnere Achsen müssen durch Aufpressen eines passenden Messingröhrchens auf 4 mm Außendurchmesser gebracht werden. Sofern die Getriebewelle an einer Seite eine kleine Abflachung besitzt, lassen sich so recht exakte und haltbare Verbindungen herstellen. Für 3 mm-Achsen ist dies völlig problemlos, da handelsübliche Messingröhrchen mit 3 mm Innen- und 4 mm Außendurchmesser in fast jedem Bastelgeschäft oder Baumarkt zu haben sind. Das Auflöten des Messingröhrchens auf die Getriebewelle ist nicht empfehlenswert, da sich Stahlwellen kaum löten lassen und das zugehörige Getriebe dabei so heiß wird, dass zumindest das Schmierfett flüssig wird (bewirkt mangelhafte Schmierung), wenn sich nicht sogar das Getriebe so verzieht, dass es gänzlich unbrauchbar wird. Bei der Montage des Antriebsrades muss darauf geachtet werden, dass sich das Antriebsrad möglichst nahe beim Getriebe befindet, da ansonsten die Belastung für das Getriebe aufgrund der großen Hebelwirkung sehr groß wird. Außerdem besteht die Gefahr, dass sich das aufgepresste Messingröhrchen verbiegt und das Antriebsrad in der Folge nicht mehr rund läuft.

Eine formschlüssige Verbindung eines Antriebsrades auf einer Antriebswelle liegt vor, wenn Welle und Nabe durch passgenaue Teile miteinander verbunden sind. Ein solcher Fall ist beispielsweise eine Welle mit Vierkantenden und eine darauf passende Vierkantnabe oder auch das Durchbohren der Welle und die Befestigung des Rades mit einem Splint. Werden formschlüssige Verbindungen überlastet, erfolgt eine Zerstörung von Teilen (z. B. Splint bricht ab usw.). Eine Gegenüberstellung der beiden Befestigungsvarianten anhand zweier einfacher Beispiele zeigt Abbildung 6.6.

Abbildung 6.4:
Radbefestigung an einer Getriebewelle.

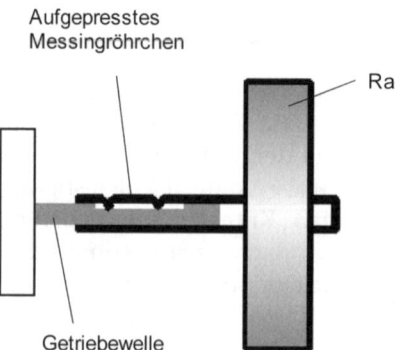

Aufgepresstes
Messingröhrchen

Rad

Getriebewelle

Abbildung 6.5:
Auf Getriebewelle gepresstes Messingröhrchen.

Abstand Rad – Getriebe zu groß! In der Folge hat sich in diesem Beispiel die Welle bereits leicht gebogen!

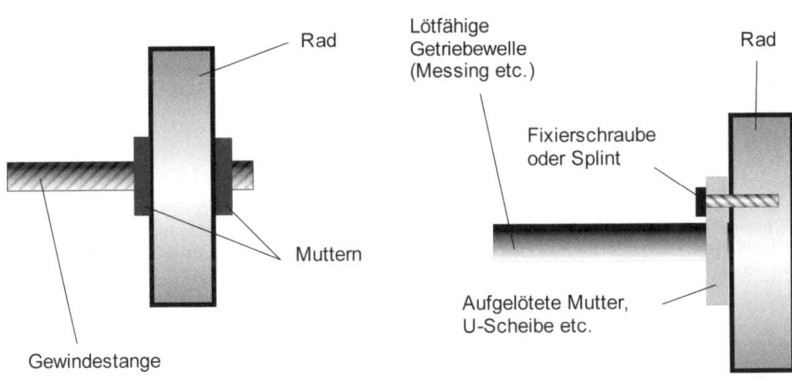

Abbildung 6.6:
Form- und kraftschlüssige Radbefestigung.

In der Praxis sind die Einflussmöglichkeiten auf die Befestigungsvarianten, besonders für den Hobbybastler stark eingeschränkt. Normalerweise muss man nämlich, von einer vorgegebenen Getriebewelle ausgehend, eine irgendwie zu den vorhandenen Rädern passende Verbindung erstellen. Dabei können die oftmals aus gehärtetem Stahl bestehenden Getriebewellen handelsüblicher Getriebemotore quasi nicht bearbeitet werden. Gelingt es nicht, das Rad direkt auf der Getriebewelle zu befestigen, muss man eine Verbindung zwischen Getriebewelle und einer weiteren Welle, auf der das Rad befestigt ist, schaffen. Solche Verbindungen zwischen zwei Wellen sind im „Exkurs Kupplung" genauer beschrieben.

Bei Antriebsrädern ist im Gegensatz zu mitlaufenden Rädern auch die Beschaffenheit des Rades (Größe, Material, Gewicht) von erhöhter Bedeutung. Antriebsräder müssen in der Lage sein, den Roboter in der für ihn vorgesehenen Umgebung zuverlässig zu bewegen. Außerdem muss die Radgeometrie selbstverständlich auch an die Größe des Roboters angepasst werden. Ganz allgemein steigt die Geländegängigkeit eines Roboters mit zunehmender Radgröße. Genaue Werte lassen sich jedoch naturgemäß nicht angeben. Es empfiehlt sich daher, vor der endgültigen Fertigstellung eines aufwendigen Roboters mit einem einfachen Funktionsmodell gleichen Gewichtes einige Fahrversuche durchzuführen. Schließlich ist es ärgerlich, wenn das mühevoll angefertigte Gerät für den Indoor-Bereich an jeder Teppichkante und Fliesenleiste kapitulieren muss. Außer der Radgröße ist auch das Material und die Beschaffenheit von großer Bedeutung. Eine Übersicht verschiedener Räder mit ihren spezifischen Eigenschaften ist in der folgenden Tabelle zusammengefasst.

Rad-Varianten (Antriebsräder)

Räder	Vorteile	Nachteile	geeignet für
Fischertechnik Räder	Leicht und preiswert. Lassen sich direkt auf 4 mm Achsen montieren.	Nur in Hartgummi und nur in zwei Größen erhältlich. Schlechte Bodenhaftung – Überwindung von Teppichkanten oder Fußbodenleisten problematisch.	Indoor-Bereich und begrenzt Outdoor-Bereich. Nur weitgehend ebene Flächen.
Zahnräder (z. B. von Fischertechnik)	In verschieden Durchmessern und Materialien erhältlich. Fischertechnik-Zahnräder aus Kunststoff lassen sich direkt auf 4 mm Achsen montieren.	Schlechte Bodenhaftung auf glattem Untergrund. – Überwindung von Teppichkanten oder Fußbodenleisten problematisch.	Indoor-Bereich und begrenzt Outdoor-Bereich, verbesserte Geländegängigkeit gegenüber Hartgummi-Rädern auf losem Untergrund.
Selbst angefertigte Räder (Holz, Alu, Kunststoff)	Maßgeschneidert herstellbar	Nicht ganz einfach herzustellen – siehe nachfolgende Ausführungen	Bevorzugt Indoor-Bereich
Holzräder mit (Silikon-) Gummiring	Preiswert im Baumarkt erhältlich. Durch Modifizierung mit Silikongummi (Abb. 6.9) sehr gute Bodenhaftung auf glattem Untergrund.	Spezielle Befestigung auf der Welle notwendig	Indoor-Bereich
Spritzen-Vorsatzfilter	Leicht, direkt auf 4 mm-Welle aufsteckbar.	Nur einer Größe erhältlich, glatte Oberfläche	Indoor-Bereich. Nur für kleine und leichte Geräte und völlig ebenen Untergrund.
Modellbau-Räder (Luftreifen)	In zahlreichen Ausführungen, auch als Luftreifen, maßgeschneidert auf den Einsatzbereich erhältlich.	Teuer	Indoor- und Outdoor-Bereich
Spikes	Verbesserung der Bodenhaftung auf rauem, unebenem Untergrund.	Schwierig herzustellen – Gefahr des Aufwickelns von Fasern (Teppich!). Erhöhter Rollwiderstand.	Indoor- und Outdoor-Bereich – verbesserte Geländegängigkeit.
Magnetische Räder	Möglichkeit eine Wand (aus Blech) entlang zufahren: Anwendung: Badewannenreiniger, Robotwischer für Magnettafeln!	Starke Magnete notwendig – aufwendig herzustellen – siehe unten.	Indoor-Bereich

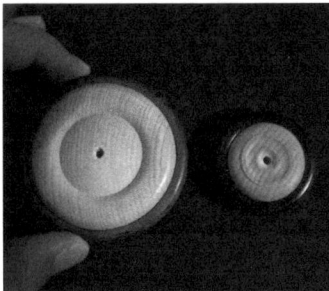  

| Holzräder | Fischertechnik Räder | Einmal anders: Lüfterrad als Antriebsrad für ein Schneemobil? |

Abbildung 6.7: *Verschiedene Räder.*

Eigenherstellung einfacher Räder

Einfache Räder lassen sich mit einer Laubsäge aus Sperrholz, Kunststoff, Plexiglas oder nicht zu dickem Metall aussägen. Zum Aussägen aus Holz kann auch eine Lochsäge verwendet werden. Dies hat den Vorteil, dass die ausgesägte Scheibe bereits ein zentrales Loch besitzt. Allerdings ist bei den meisten Lochsägen das zentrale Loch für die üblichen 4 mm Wellen zu groß, sodass der Durchmesser durch Einfügen eines Röhrchens (Alu, Kunststoff) oder einer Gewindemuffe reduziert werden muss. Soll in eine ausgesägte Scheibe nachträglich ein zentrales Loch gebohrt werden, ist es wichtig z. B. mit einem Zirkel wirklich genau das Zentrum zu ermitteln und das Loch mittels eines Bohrständers zu Bohren, da ansonsten die Gefahr besteht, dass das Rad später unrund läuft. Gelingt es, ein gutes Zentrumsloch zu bohren, können auch zahlreiche runde Halbfertigprodukte aus dem Baumarkt oder Bastelgeschäft zu Rädern umfunktioniert werden. Kleine Metallscheiben mit einem recht präzisen Zentrumsloch finden sich im Übrigen in Form einiger exotischer Münzen!

Die selbst gefertigten Räder können, um die Bodenhaftung zu verbessern, noch mit einem O-Ring ausgestattet oder mit Silikonkitt ausgespritzt werden. Dies ist im folgenden Kapitel genauer beschrieben. Zum Ausrüsten mit einem O-Ring muss der Durchmesser der Scheibe etwas größer als der verwendete O-Ring gewählt werden. Preiswerte O-Ringe gibt es im Baumarkt (Sanitärbedarf) oder man stellt sie sich, wie erwähnt, selbst her. Zur Vorbereitung spannt man die ausgesägte Scheibe, wie in der folgenden Abbildung gezeigt, mittels einer Gewindestange in eine fixierte Bohrmaschine und fräst mit einer einfachen Rundfeile eine halbkreisförmige Vertiefung in die Lauffläche. Diese Vertiefung nimmt dann später den O-Ring auf.

Abbildung 6.8:
Einfräsen einer
halbrunden Vertie-
fung.

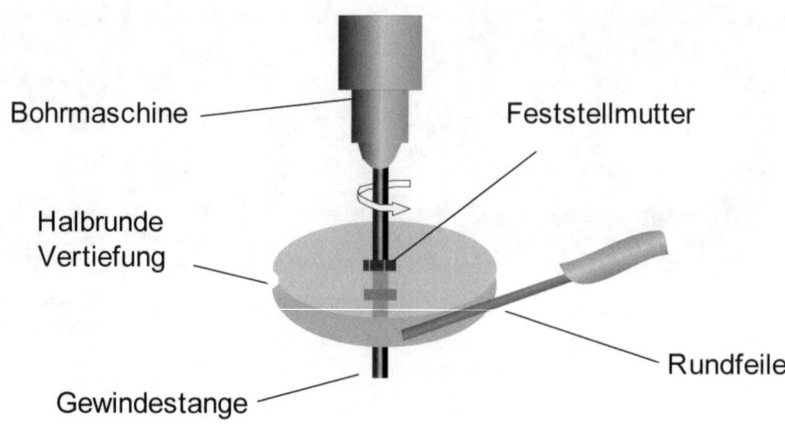

Holzräder mit (Silikon-) Gummiring

Holzräder muss man sich jedoch nicht unbedingt selbst herstellen. In vielen Baumärkten gibt es nämlich einfache Möbelräder aus Holz, komplett mit einem aufgezogenen O-Ring sehr preiswert und in zahlreichen Grössen. Diese Räder lassen sich leicht modifizieren. Dazu wird der Original-O-Ring (meist aus hartem Gummi) entfernt und die umlaufende Rinne mit Silikonkitt ausgespritzt. Mit etwas Übung erhält man einen gleichmässigen, besonders auf glatten Flächen extrem gut haftenden Überzug. Gegebenenfalls können einzelne Unebenheiten nach dem Trocknen noch mit einem scharfen Messer korrigiert werden. Sofern vorhanden kann der Original-O-Ring natürlich auch

Abbildung 6.9:
Modifizierung von
Holzrädern durch
Ausspritzen mit Si-
likon.

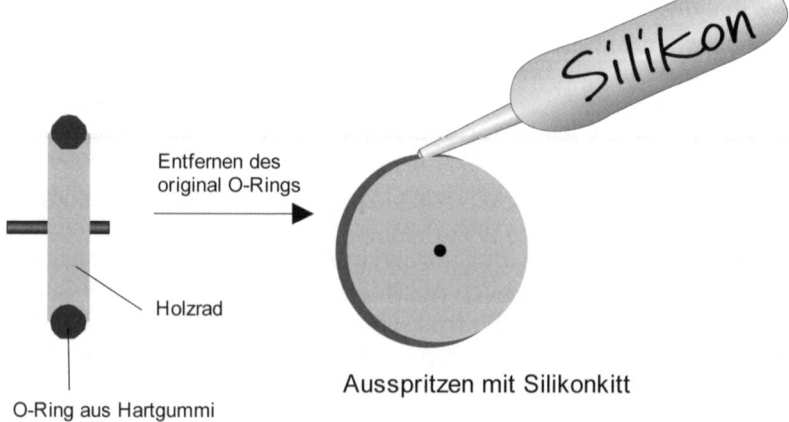

gegen einen anderen O-Ring aus besser haftfähigem Material (Weich-gummi, Silikongummi) ausgetauscht werden. O-Ringe aus Silikon können übrigens auch selbst auf Maß angefertigt werden (siehe dazu Abschnitt 6.2 „Kettentriebe und Ähnliches").

Spritzen-Vorsatzfilter
Spritzen-Vorsatzfilter sind kleine Kunststoffteile, die im Labor- und Medizinbereich zur Filtration von Lösungen verwendet werden. Diese Filter besitzen eine konische Bohrung, die sich fest auf 4-mm Wellen schieben und in dieser Form als kleines, leichtes Rad verwenden lässt. Eine solche Anordnung zeigt das Foto in Abbildung 6.10.

Abbildung 6.10:
Auf 4 mm-Welle gestecktes mit-laufendes Rad (Spritzenvorsatz-filter).

CD-Räder
Interessante Räder lassen sich auch aus alten CDs fertigen. Wenn man die innere Öffnung vorsichtig mit einer feinen Feile um einige Millime-ter erweitert, lässt sich die CD auf einer normalen Fischertechnik-Nabe festziehen. Beim Bearbeiten der CDs ist allerdings eine gewisse Sorg-falt nötig, da das verwendete Polycarbonat sehr spröde ist und bei Ver-wendung einer zu groben Feile leicht splittert. Man erhält so aber ein sehr großes, leichtes Rad, das für den Einsatz im Wohnzimmer und für sehr langsam drehende Getriebemotore bestens geeignet ist. Steigun-gen oder Hindernisse können aber aufgrund des sehr glatten Randes der CD kaum bewältigt bzw. überwunden werden.

Antriebsrad mit Fischertechnik-Nabe   Mitlaufendes Rad mit aufgeklebter Scheibe

Abbildung 6.11: *Selbst hergestellt Räder aus alten CDs.*

Spikes

Einfache Hartkunststoffräder können zur Verbesserung der Geländegängigkeit mit Spikes nachgerüstet werden. Dazu werden am einfachsten Blechschrauben in vorgebohrte Löcher auf der Stirnfläche des Rades eingeschraubt. Solche Spikes erhöhen jedoch den Rollwiderstand, verringern die Bodenhaftung auf glattem Untergrund und tragen stets die Gefahr in sich, dass sie sich in Fäden (Teppich!) und ähnlichem verheddern.

Magnetische Räder

Zur Eigenherstellung magnetischer Räder, mit denen sich ein Fahrzeug an senkrechten oder sogar überhängenden (magnetisierbaren) Wänden bewegen kann, benötigt man möglichst starke Magnete. Magnetische Räder haben im Vergleich zu Magneten, die sich an der Unterseite eines Fahrzeugs befinden den Vorteil, dass sie auch bei unebenem Untergrund (Badewanne) einsetzbar sind. Bei Magneten an der Unterseite eines Fahrzeuges (um dieses an eine magnetische Fläche zu ziehen) wird die Haltekraft nämlich mit der 3ten Potenz des Abstandes sehr schnell zu klein und das Fahrzeug rutscht ab. Magnetische Räder, die dauernden Bodenkontakt gewährleisten, sind da wesentlich effizienter. Damit die Magnete aber auch ein etwas schwereres Fahrzeug (mit Motoren, Akkus usw.) tragen können, kommen für diesen Zweck eigentlich nur Seltenerd-Magnete (z. B. Samarium-Cobaltat oder Neodym-Eisen) in Frage.

Bezüglich der Bauform sind Ringmagnete mit einem Durchmesser etwas kleiner als die Radgröße am günstigsten. Da diese Magnete jedoch

Kurzinformation Magnete

Einfache, preiswerte Magnete (schwarz, sehr spröde) bestehen oft aus Ferrit. Chemisch gesehen ist dies hauptsächlich Eisenoxid mit Bariumoxid (6 Fe_2O_3 x BaO). Das sogenannte Energieprodukt (ein Maß für die Stärke eines Magnetwerkstoffes) beträgt etwa 20 kJ/m^3.

Zur Herstellung von Seltenerdmagneten werden hauptsächlich die folgenden beiden Legierungen verwendet:

Samarium-Cobaltat ($SmCo_5$) – Energieprodukt: 195 kJ/m^3
Neodym-Eisen-Bor ($Nd_2Fe_{14}B$) – Energieprodukt: 280 kJ/m^3

Das Energieprodukt der Seltenerdmagnete ist somit etwa um den Faktor 10 höher, als das von einfachen Ferrit-Magneten. Leider ist auch der Preis wesentlich höher – mindestens um den Faktor 100! Mit etwas Glück lassen sich solche Magnete jedoch bisweilen als Restposten oder bei ebay günstig erwerben.

Eine sehr gute Übersicht über Magnetmaterialien findet man im Internet unter:

http://www.supermagnete.de sowie ***http://www.ibsmagnet.de***

sehr teuer sind, kann man sich auch mit einem Ring aus vielen kleinen Magneten behelfen. Beide Möglichkeiten sind hier kurz dargestellt. Die Magnete werden auf das ausgesägte und mit Zentralbohrung versehene (Halb-)Rad geklebt. Dabei ist darauf zu achten, dass die Magnete nicht zu weit innen angeklebt werden, sodass ein oder mehrere O-Ringe etwas überstehend aufgezogen werden können. Nahe der zentralen Bohrung werden noch zwei Abstandhalter eingefügt, die das Zusammenziehen der beiden Radhälften bei der Montage auf einer Gewindestange als Antriebswelle verhindern.

Abbildung 6.12:

Herstellung von Magneträdern.

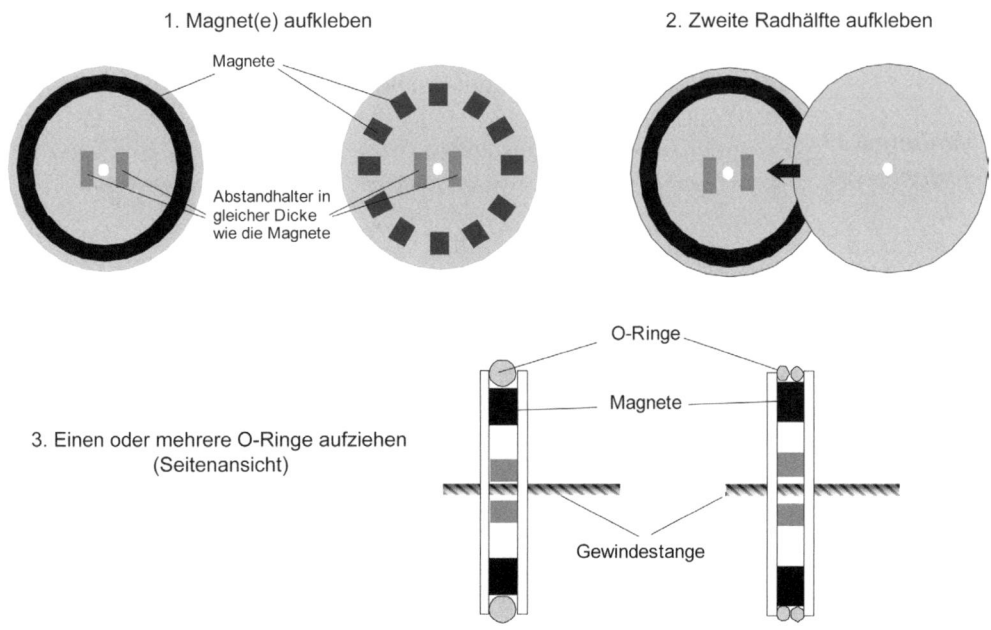

1. Magnet(e) aufkleben

Magnete

Abstandhalter in gleicher Dicke wie die Magnete

2. Zweite Radhälfte aufkleben

3. Einen oder mehrere O-Ringe aufziehen (Seitenansicht)

O-Ringe

Magnete

Gewindestange

Natürlich ist es auch möglich, sofern es die Rad- und Magnetgröße zulässt, in die Lauffläche eines ein vorhandenen Rades (z. B. aus Vollgummi) in geringem Abstand Löcher zu bohren und dort passende Rundmagnete einzulassen.

Befestigung der Getriebemotor-Rad-Einheit

Zur Befestigung eines Rades auf einer Getriebewelle ist es am einfachsten, wenn das Rad direkt auf die passende Getriebewelle aufgesteckt und mittels Stellschraube usw. fixiert werden kann. Der Getriebemotor mit dem Rad muss dann noch unter der Basisplatte des Roboters befestigt werden. Dies kann mittels eines einfachen Winkels (siehe Skizze „Befestigungsvariante 1" in Abbildung 6.13) oder unter Zuhilfenahme einer speziellen Schlauchklemme (siehe Skizze „Befestigungsvariante 2" in Abbildung 6.14) erfolgen.

Die Variante der direkten Befestigung des Antriebsrades an der Getriebewelle ist bei allen Getriebemotoren mit einer hinreichend langen Getriebewelle möglich. Allerdings wird diese Vorgehensweise bei schwereren Roboter immer problematischer, da die Getriebewelle dabei mit dem ganzen Gewicht des Roboters einseitig belastet wird. Das kann im Getriebe zu Spannungen, Reibungsverlusten und im schlimmsten Fall zur Zerstörung des Getriebes führen. Genaue Werte lassen sich nicht angeben. Wenn man aber merkt, dass sich das Laufgeräusch des Getriebes bei senkrechter Belastung der Welle ändert, oder sich die Getriebewelle gar biegt, sollte man eine andere, aufwendigere Befestigungsvariante, wie z. B. Befestigungsvariante 3a oder 3b wählen, bei der die Getriebewelle nicht direkt belastet wird (Abbildung 6.18). Die folgenden Skizzen sollen die Problematik verdeutlichen:

Abbildung 6.13:
Befestigungsvariante 1:
Rad direkt an Getriebewelle, Motor mit Winkel an die Basisplatte geschraubt.

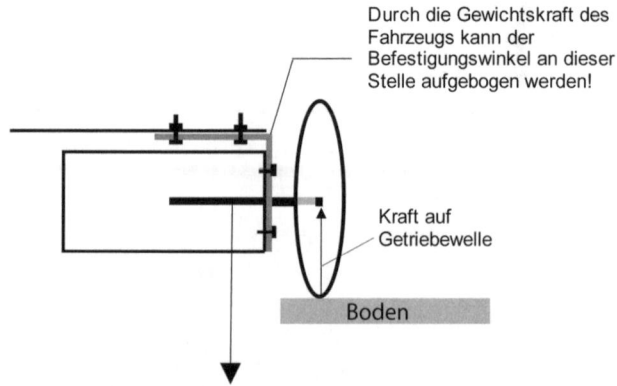

Durch die Gewichtskraft des Fahrzeugs kann der Befestigungswinkel an dieser Stelle aufgebogen werden!

Kraft auf Getriebewelle

Boden

Kraft im Getriebe auf die Zahnräder.
Diese Kraft belastet die Zahnräder und wird über diese auf den ganzen Motor übertragen. Dies wiederum führt zum Aufbiegen des Befestigungswinkels, der je nach Gewicht besonders stabil gehalten werden muss!

Anstatt mit einem einfachen Winkel und Schrauben können Moto-re/Getriebemotore auch mittels spezieller Schlauchklemmen unter einer Bodenplatte befestigt werden (siehe Abbildungen 6.14 und 6.15). Die verwendeten Edelstahl Schlauchklemmen werden unter der Bezeichnung Unisto® (Bezugsquellen siehe Anhang) vertrieben und eignen sich bestens zur Befestigung von runden Teilen wie beispielsweise runder Getriebemotore.

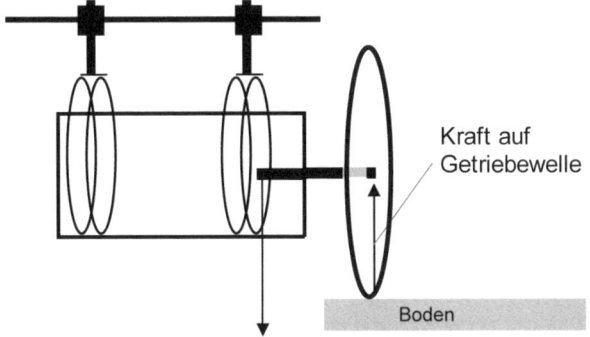

Kraft im Getriebe auf die Zahnräder.
Diese Kraft belastet die Zahnräder und wird über diese auf den ganzen Motor übertragen. Durch die beiden Befestigungspunkte mittels Schlauchschellen wird sie jedoch gut an die Basisplatte weitergeleitet.

Abbildung 6.14:
Befestigungsva-
riante 2:
Rad direkt an
Getriebewelle,
Motor mit Spe-
zial-Schlauch-
schellen an die
Basisplatte ge-
schraubt.

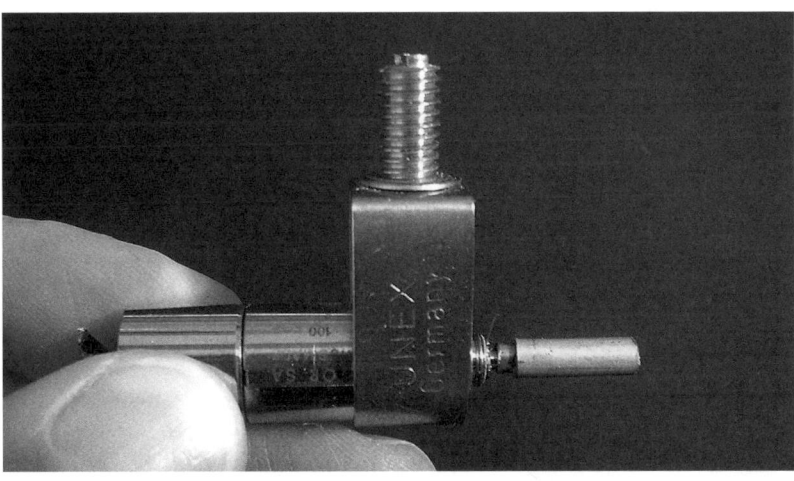

Abbildung 6.15:
Micro-Getriebe-
motor mit
Schlauchschel-
lenbefestigung.

Eine einfache Federung erhält man durch Montage des Getriebemotors an eine Motorplatte, die mit vier Schrauben und vier Druckfedern an der Basisplatte befestigt wird, so wie es Abbildung 6.16 zeigt.

Abbildung 6.16:
*Einfache Federung
für Getriebemo-
tor-Radaufhän-
gung.*

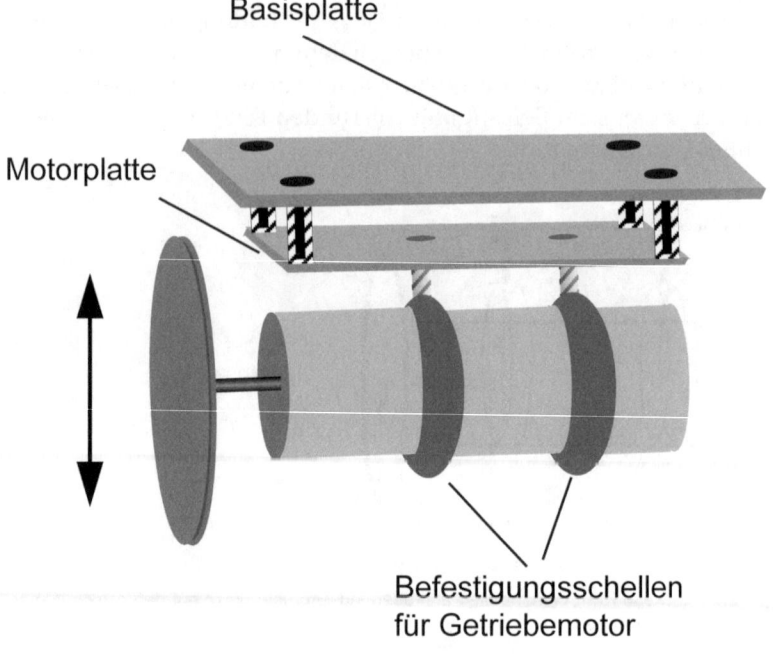

Basisplatte

Motorplatte

Befestigungsschellen
für Getriebemotor

Abbildung 6.17:
*Detailansicht gefe-
derte Radaufhän-
gung.*

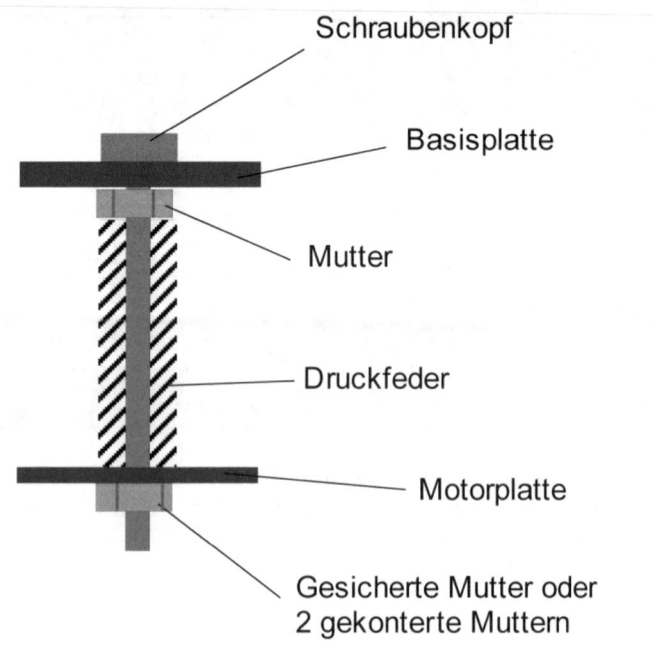

Schraubenkopf

Basisplatte

Mutter

Druckfeder

Motorplatte

Gesicherte Mutter oder
2 gekonterte Muttern

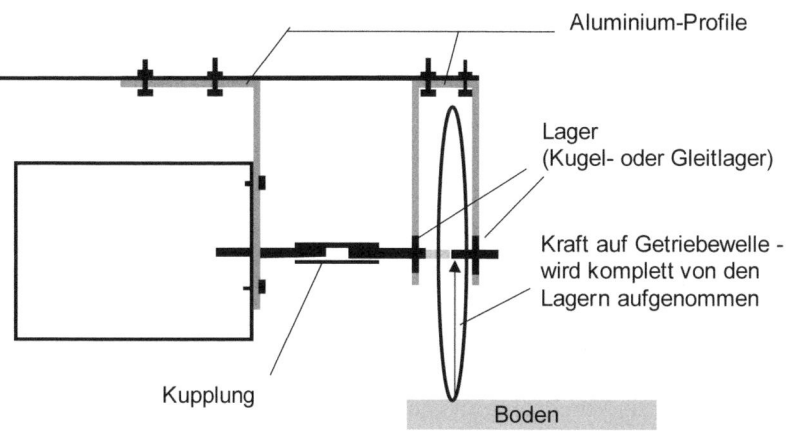

Aluminium-Profile

Lager
(Kugel- oder Gleitlager)

Kraft auf Getriebewelle -
wird komplett von den
Lagern aufgenommen

Kupplung

Boden

Abbildung 6.18: *Befestigungsvariante 3a: Rad an verlängerter und separat gelagerter Getriebewelle. Motor mit Winkel an die Basisplatte geschraubt.*

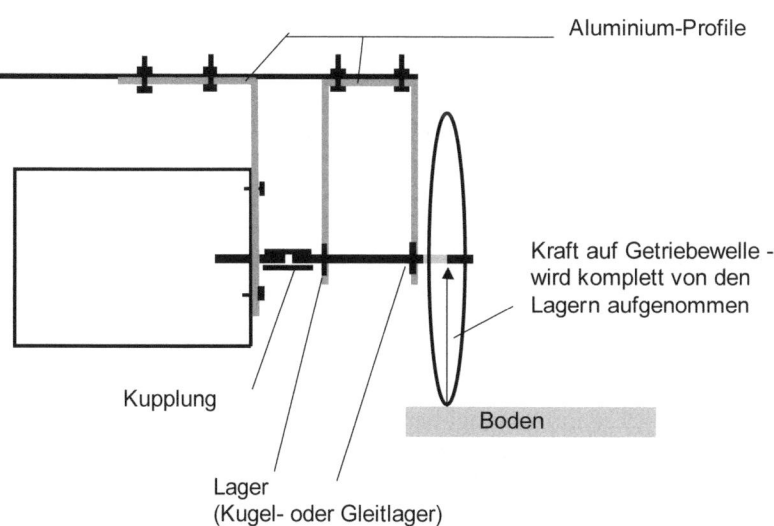

Aluminium-Profile

Kraft auf Getriebewelle -
wird komplett von den
Lagern aufgenommen

Kupplung

Boden

Lager
(Kugel- oder Gleitlager)

Befestigungsvariante 3b: Rad an verlängerter und separat gelagerter Getriebewelle. Motor mit Winkel an die Basisplatte geschraubt.

3. Exkurs „Lager"

Lager werden immer dann benötigt, wenn sich zwei Teile in direktem Kontakt gegeneinander bewegen. In den meisten Fällen wird es sich dabei um eine Drehbewegung einer Welle gegenüber einem festen Teil (Radaufhängung usw.) handeln. Beispielsweise benötigt man bei den aufgeführten Befestigungsvarianten 3a und 3b in irgendeiner Form ein Lager.

Die einfachste Variante der Lagerung sind Gleitlager. Ein Gleitlager (für Drehbewegungen) besteht letztendlich nur aus einer Welle, die sich in einer minimal größeren Bohrung dreht. Bei fast allen Metallbaukästen ist diese Variante der Lagerung gewählt, bei der sich eine Welle in einer allerdings deutlich größeren Bohrung dreht. Welle und Lager sind meist aus verchromtem oder vernickeltem Messing mit glatter Oberfläche. Auf eine Schmierung wird verzichtet. Durch die glatte Oberfläche und die normalerweise niedrigen Drehzahlen und kleinen Belastungen der Welle hält sich Reibung und der Materialabrieb in Grenzen. Außerdem treten bei kleinen Drehzahlen noch keine Schwingungen auf, mit denen man ansonsten immer rechnen muss, wenn die Lagerbohrung im Vergleich zur Welle zu groß ist.

Gleitlager sind nur für bestimmte Materialpaarungen geeignet. Besonders Aluminium eignet sich nicht zur Verwendung in Gleitlagern, da dessen dünne Oxidschicht durch die Drehbewegung ständig abgetragen wird. Gute Gleitlager bestehen beispielsweise aus einer Buchse aus Graphit oder speziellen Bronzelegierungen, meist in Verbindung mit einer Stahlwelle. Auch Teflonbuchsen sind als Gleitlager sehr geeignet. Leider sind Bronze-, Teflon- oder gar Graphitlager in den benötigten Abmessungen nicht immer einfach zu beschaffen. Bronze und Teflon lassen sich aber leicht bearbeiten, sodass man sich bereits aus kleinen Reststücken passende Lager anfertigen kann. Für chemische Anwendungen erhältlicher Teflon-Schlauch ist allerdings nur bedingt als Lager geeignet, da Teflonschlauch fast immer leicht gebogen ist und sich kaum gerade richten lässt.

Auf die am weitesten verbreiteten Lager, nämlich Kugellager möchte ich hier nicht besonders eingehen, da deren sachgerechter Einbau die Möglichkeiten vieler Hobbybastler deutlich übersteigt. Kugellager erfordern nämlich einen sauberen, das heißt absolut waagrechten Einbau in passgenaue Lagerschalen. Ansonsten läuft die Welle nicht rund oder verkantet und der gewünschte Lagereffekt ist zunichte gemacht. Etwas größere Toleranzen in der Wellenführung erlauben zwar sogenannte „Pendelkugellager", doch sind diese teuer und in den oft notwendigen kleinen Abmessungen kaum zu beschaffen. Ansonsten gibt es Kugellager in nahezu allen Größen und Ausführungen. Wen es ge-

nauer interessiert, findet in der umfangreichen Spezialliteratur (Lehrbücher des Maschinenbaus) genügend Informationen.

Roboter mit 3 Rädern

Roboter mit drei Rädern sind aus verschiedenen Gründen sehr beliebt.
Am einfachsten wird diese Variante mit zwei separat angetriebenen
Rädern und einem frei beweglichen mitlaufenden Rad (Möbelrolle)
realisiert (siehe Abbildung 6.19). Die Steuerung eines solchen Gefährtes ist mittels der beiden Antriebsmotore völlig problemlos möglich.
Durch getrenntes Ansteuern der beiden Motore kann ohne sonstige
mechanischen Teile eine effektive Lenkung des Modells erfolgen. Eine
weitergehende Lenkvorrichtung ist nicht notwendig. Außerdem berühren drei Räder, auch bei unebenem Untergrund, immer den Boden.

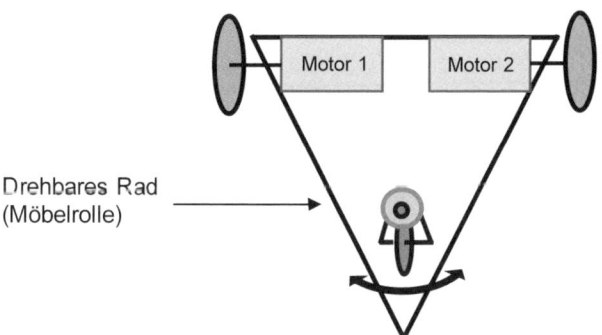

Abbildung 6.19:
Roboter mit 3
Rädern (zwei un-
abhängige An-
triebsräder und
ein drehbar gela-
gertes mitlaufen-
de Rad).

Diese Art der Steuerung ist für den Anfänger einfach zu verwirklichen
und hat lediglich den Nachteil, dass zwei Motore und zwei Getriebe
benötigt werden.

Abbildung 6.20:
Roboter mit drei
Rädern (prakti-
sche Ausfüh-
rung).

Eine weitere, erwähnenswerte Bauform der 3-Rad Variante mit zwei drehbar gelagerten mitlaufenden Rädern zeigt Abbildung 6.21.

Abbildung 6.21:
Roboter mit zwei
Antriebsmotoren
und zwei Stützrol-
len.

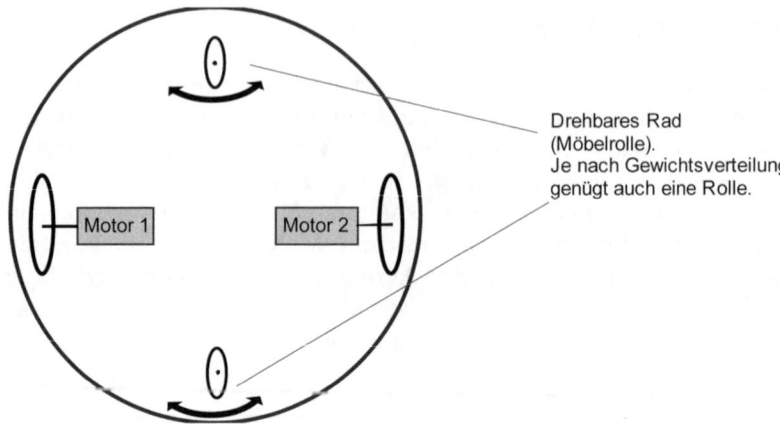

Drehbares Rad
(Möbelrolle).
Je nach Gewichtsverteilung
genügt auch eine Rolle.

Das Besondere an dieser symmetrischen Variante des 3-Rad-Antriebs ist die Tatsache, dass ein solcher Roboter auf der Stelle wenden kann ohne, dass sich seine äußere Kontur dabei verändert. Dies verringert die Gefahr des Hängenbleibens bei einer Kurvenfahrt enorm. Sofern man die runde Basisplatte nicht selbst aussägen möchte gibt es diese auch fix und fertig in Form von Holztellern oder Holzbrettchen für die Küche.

Abbildung 6.22:
Roboter mit vier
Rädern
(praktische Aus-
führung).

Eine andere, etwas aufwendigere Variante eines dreirädrigen Fahrzeuges mit einem Antriebsmotor und einem Motor zur Richtungsänderung zeigt Abbildung 6.23.

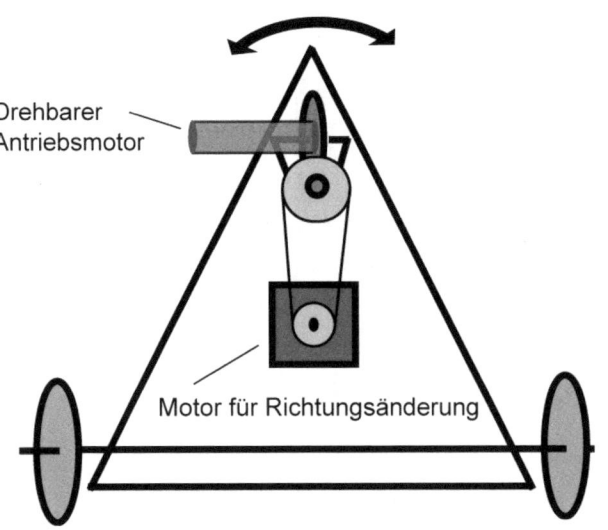

Abbildung 6.23:
Roboter mit drehbarem Antriebsmotor.

Der Antriebsmotor ist in diesem Beispiel, ähnlich wie bei einem Auto-Scooter drehbar ausgeführt und kann mittels eines weiteren Stellmotors prinzipiell in jede Richtung gedreht werden. Das Fahrzeug ist in diesem Fall in der Lage, sich in jede beliebige Richtung zu bewegen. Allerdings muss man dabei beachten, dass sich die Verbindungsdrähte zwischen Basisplatte und frei drehbarem Antriebsmotor aufwickeln können. Entweder man beschränkt die Drehbarkeit oder man versorgt den Antriebsmotor über eine drehbare Stromdurchführung mit Schleifkontakten. Da solche Stromdurchführungen mit Schleifkon-

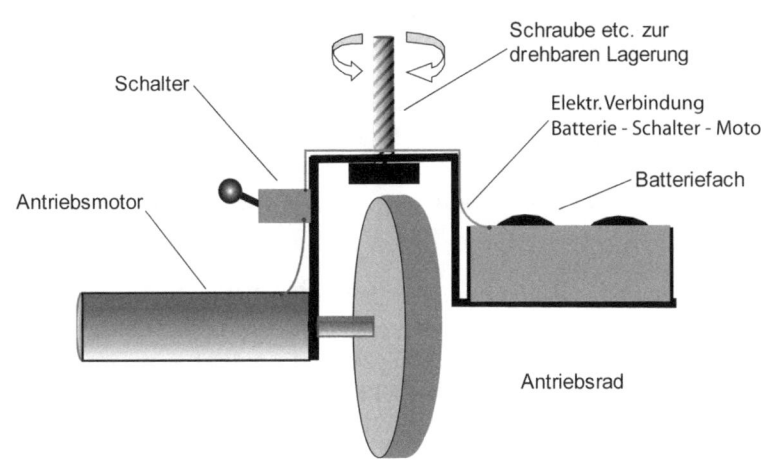

Abbildung 6.24:
Frei drehbare Antriebseinheit mit autarker Stromversorgung.

Abbildung 6.25:
Frei drehbare An-
triebseinheit mit
autarker Stromver-
sorgung (prakti-
sche Ausführung).

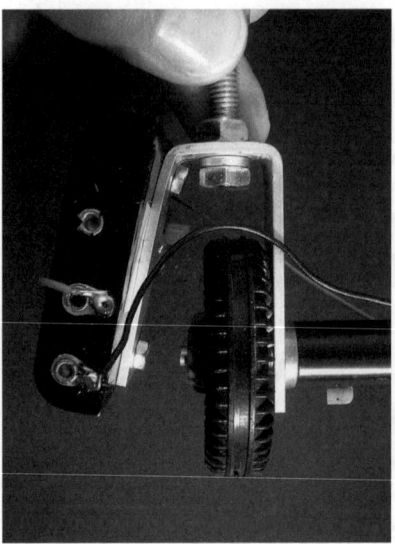

takten schwierig herzustellen und dazu noch störanfällig sind, bietet sich eine andere, geschickte Lösung an. Diese besteht darin, die Stromversorgung und evtl. eine Motorsteuerung (z. B. Umpolung bei Überlast) zusammen mit dem Motor drehbar anzuordnen. Dazu werden Motor, Batteriefach, Schalter und evtl. Zusatzteile gemeinsam auf einem drehbar gelagerten Träger angeordnet, so wie es Abbildung 6.24 darstellt.

Roboter mit 4 Rädern

Fahrzeuge mit vier Rädern sind jedem aus dem täglichen Leben bestens bekannt. Durch die günstige Schwerpunktlage (möglichst tief, möglichst in der Mitte und möglichst weit weg von den vier Rädern) können vierrädrige Fahrzeuge sehr kippstabil ausgeführt werden. Was nicht so offensichtlich ist, ist die Tatsache, dass ein gänzlich ungefedertes vierrädriges Fahrzeug nur auf völlig ebenem Boden mit allen vier Rädern den Boden berührt. Bei unebenem Untergrund müssen die einzelnen Radhöhen durch ein Federungssystem so ausgeglichen werden, dass alle Räder den Boden berühren. Ein weiteres Problem besteht darin, dass die Räder nicht fest auf durchgehenden Achsen montiert werden können, da bei der Kurvenfahrt das kurveninnere und das kurvenäußere Rad einen unterschiedlichen Weg zurücklegen.

All diese Probleme sind im Rahmen der Kraftfahrzeugtechnik und auch im Modellbaubereich (RC-Modellbau) bereits ausführlich behandelt. Daher soll hier nicht weiter auf die spezielle Konstruktionsproblematik von vierrädrigen Fahrzeugen im Allgemeinen eingegangen werden.

Allerdings gibt es auch eine nicht ganz offensichtliche Variante eines vierrädrigen Fahrzeuges, die extrem geländegängig ist. Diese Variante wird bereits als „Spionagefahrzeug" und für militärische Operationen in unzugänglichem Gebiet eingesetzt. Das Chassis dieses Fahrzeuges ist zweigeteilt und in der Mitte durch eine stabile, drehbare Welle verbunden. Somit haben fast immer alle vier Räder Bodenkontakt. Alle vier Räder sind angetrieben. Der Antrieb kann aber paarweise ausgeführt werden (linke und rechte Räder separat). Gelenkt wird durch Anhalten oder Rückwärtsdrehen des rechten oder linken Radpaares wie bei einem Panzer. Die Räder sind so groß ausgeführt, dass sie nach oben und unten deutlich über das Chassis hinausragen, sodass das Fahrzeug auch auf dem Rücken fahren kann. Weiterhin dürfen die Räder seitlich nicht zu flach sein (am besten sind runde Ballonreifen), damit das Gefährt auch nicht auf der Seite liegen bleiben kann. Diese, wie gesagt extrem geländegängige Fahrzeugvariante eignet sich somit sehr gut für den Outdoor-Einsatz.

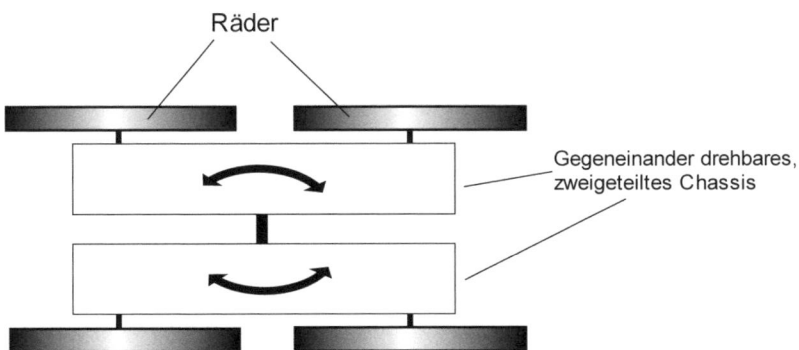

Abbildung 6.26: *Geländegängiges Spezialfahrzeug (in der Mitte drehbar).*

Sechs und mehr Räder

Der Einsatz von sechs- und mehrrädrigen Fahrzeugen bringt nur in ganz speziellen Fällen Vorteile. Ohne weitere Maßnahmen ähneln die Fahreigenschaften von Fahrzeugen mit sechs und mehr Rädern mit zunehmender Radanzahl eher denen von Fahrzeugen mit Kettenantrieb. Ohne Federung haben bei nicht ebenem Boden ohnehin nie alle Räder Bodenkontakt.

Dies kann allerdings geändert werden, indem jeweils ein Radpaar an einem Segment des Fahrzeuges installiert wird, das mit den benachbarten, identischen Segmenten beweglich verbunden ist.

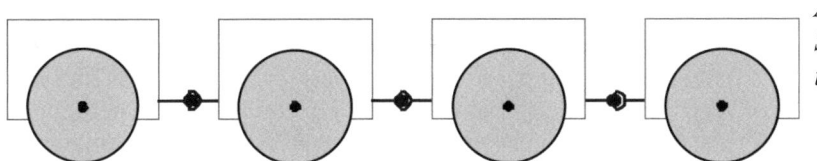

Abbildung 6.27: *Segment-Roboterfahrzeug.*

Solche Fahrzeuge werden bereits als „Kanalroboter" erfolgreich zur Inspektion von Rohrleitungen eingesetzt.

Manche dieser Kanalroboter ähneln auf den ersten Blick in ihren Bewegungen denen im Abschnitt „Kriechen" erwähnten Roboter-Schlangen. Da sie sich aber ganz konventionell auf Rädern fortbewegen, müssen sie dennoch den Fahrzeugen zugeordnet werden. Allerdings gibt es mittlerweile auch Roboter, die zusätzlich ihre einzelnen Segmente aktiv gegeneinander bewegen können. Hier sind die Grenzen zwischen der Fortbewegungsart Fahren und Kriechen fließend.

Da ich davon ausgehe, dass die Konstruktion eines Kanalroboters für den Hausgebrauch eher nicht das primäre Ziel sein wird, möchte ich diese Systeme hier auch nicht weiter beschreiben. Der interessierte Leser sei an dieser Stelle auf die zahlreichen Internetpublikationen zu diesem Thema verwiesen. Eine interessante Seite ist beispielsweise:
http://www.inspectorsystems.de

Eine andere interessante Möglichkeit zur Konstruktion eines sechsrädrigen Roboter-Fahrzeuges mit verbesserter Geländegängigkeit besteht in der Installation von jeweils zwei Rädern an einer beweglich am Roboter angebrachten Wippe. Eine ähnliche Variante wurde beim allseits bekannten Mars-Fahrzeug „Phathfinder" bereits mehr oder weniger erfolgreich eingesetzt. Wird die Stellung der Rad-Wippe noch zusätzlich durch eine Lagekontroll-Einrichtung (z. B. Potentiometer, siehe Abschnitt „Lagesensoren") bestimmt, kann diese Information zusätzlich zur Auslösung spezieller Aktivitäten (z. B. Rückwärtsfahrt, Ausweichbewegung) herangezogen werden.

Abbildung 6.28:
Sechsrädriges
Roboter-Fahrzeug
mit Rad-Wippe.

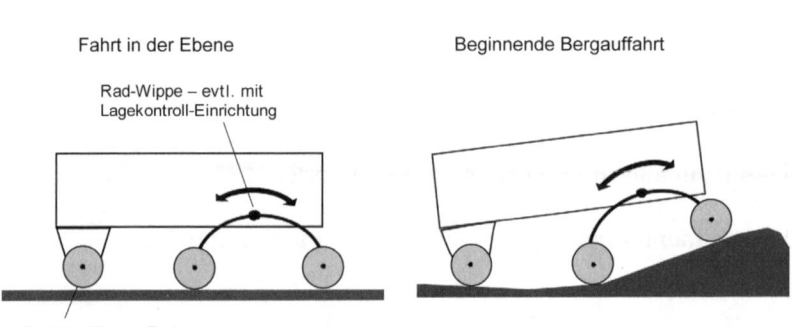

Fahrt in der Ebene

Beginnende Bergauffahrt

Rad-Wippe – evtl. mit
Lagekontroll-Einrichtung

Fest installiertes Rad

4. Exkurs „Kupplung"

Oftmals müssen zwei rotierende Wellen zur Kraftübertragung in irgendeiner Weise miteinander verbunden werden. Diese Verbindungen werden als Kupplung bezeichnet. Oftmals befinden sich die beiden zu verbindenden Wellen nicht in der gleichen Ebene, haben nicht den gleichen Durchmesser oder weisen einen bestimmten Versatzwinkel auf. Im Folgenden werden daher einige Möglichkeiten dargestellt, wie in diesen Fällen eine einfache Kupplung beschaffen sein kann.

Die einfachste Kupplung zwischen zwei Wellen besteht wohl aus einem Stück **Schlauch**, der über beide Wellenenden gezogen wird. Die Wellenenden sollten möglichst nahe zusammen sein. Ein gewisser Winkel oder Versatz der Wellen wird aber noch gut toleriert. Als Schlauch können alle möglichen Ausführungen verwendet werden, je nachdem welche Kräfte man übertragen muss und wie stark der Versatz der Wellen ist. Große Kräfte lassen sich nur bei geringem Winkel oder Versatz übertragen.

Wellen mit geringem Winkel:
Dicker Schlauch möglich -
hohe Kräfte übertragbar

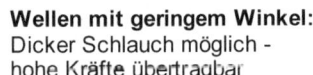

Wellen mit geringem Versatz:
Dicker Schlauch möglich -
hohe Kräfte übertragbar

Abbildung 6.29: Schlauchkupplungen 1.

Als Schlauch in diesen Fällen eignet sich besonders gut ein gewebeverstärkter PVC-Schlauch (Druckschlauch). Dieser ist sehr günstig und in jedem Baumarkt zu haben. Zum Aufziehen auf die Wellen muss der Schlauch evtl. mit einem Fön, heißem Wasser usw. erwärmt werden. Nach dem Abkühlen ergibt sich dann eine sehr gut kraftschlüssige Verbindung. Zusätzliches Fixieren mit Schlauchschellen ist normalerweise nicht notwendig.

Wellen mit großem Winkel:
Dünner Schlauch notwendig -
nur kleine Kräfte übertragbar

Wellen mit großem Versatz:
Dünner Schlauch notwendig -
nur kleine Kräfte übertragbar

Abbildung 6.30: Schlauchkupplungen 2.

Zum Verbinden von Wellen mit großem Winkel oder Versatz ist Silikonschlauch sehr gut geeignet. Silikonschlauch ist sehr flexibel und man kann mit ihm sogar Wellen mit unterschiedlichem Durchmesser verbinden. Ein zusätzliches Fixieren mit Schlauchschellen ist normalerweise nicht notwendig. Silikonschlauch erhält man im Chemie-Laborfachhandel oder in Modellbau Geschäften.

Man beachte, dass beim Verbinden von Wellen in einem größeren Winkel oder Versatz der Verbindungsschlauch stetig durchgeknetet wird. Dabei wird Energie verbraucht, die im Schlauch in Wärme umgewandelt wird. In diesen Fällen ist es daher besser, ein **Kardangelenk** als Kupplung einzusetzen.

Ein Kardan- oder Kreuzgelenk erlaubt die Kraftübertragung zwischen zwei sich in einem bestimmten Winkel, jedoch in einer Ebene befindlichen Wellen. Liegen die beiden Wellen nicht in einer Ebene sind zwei hintereinander folgende Kardangelenke notwendig. Die Kraftübertragung erfolgt bei Kardangelenken mit sehr gutem Wirkungsgrad, allerdings nicht linear. Das heißt, die Winkelgeschwindigkeiten der beiden Wellen stimmen nicht immer überein. Bei jeder Umdrehung läuft die Abtriebswelle stellenweise langsamer, dann wieder schneller als die Antriebswelle. Diese Differenzen werden mit zunehmendem Winkel immer größer, können aber durch bestimmte Anordnung von zwei Kardangelenken ausgeglichen werden. Da dieser Effekt (Kardanfehler) bei einfachen Antriebsmodellen normalerweise keine Rolle spielt, sei für weiterführende Betrachtungen auf die einschlägige Speziallitertur (Lehrbücher des Maschinenbaus) verwiesen.

Abbildung 6.31:
Kardangelenke.

Wellen im Winkel in einer Ebene   **Wellen in verschiedenen Ebenen**

Einfache Kardangelenke aus Kunststoff sind bei vielen Metallbaukästen dabei und können auch als Ersatzteil nachbestellt werden. Sofern nicht allzu große Kräfte übertragen werden müssen, sind diese Teile recht brauchbar. Mit etwas Geschick lassen sich Kardangelenke beispielsweise aus Messing auch selbst herstellen. Stabilere Kardangelenke erhält man in Modellbaugeschäften. Diese sind zwar sehr robust, aber auch ziemlich teuer und für viele einfache Anwendungen überdimensioniert.

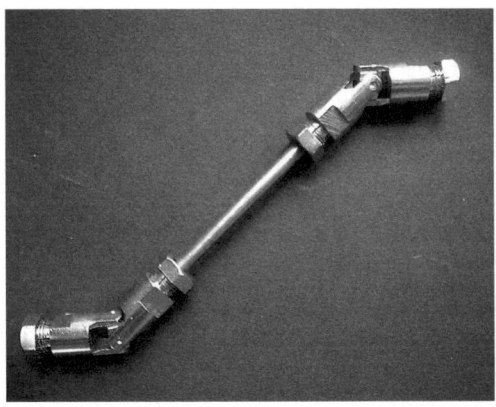

Abbildung 6.32: *Kardangelenke.*

Prinzipiell ist es sogar möglich, mittels eines Doppel-Kardangelenkes eine Drehbewegung um 90° zu versetzen. Allerdings ist dies aufgrund der starken Belastung des Kardangelenkes bei solch großen Versatzwinkeln und auch aufgrund der aufwendigen Montage nicht besonders günstig.

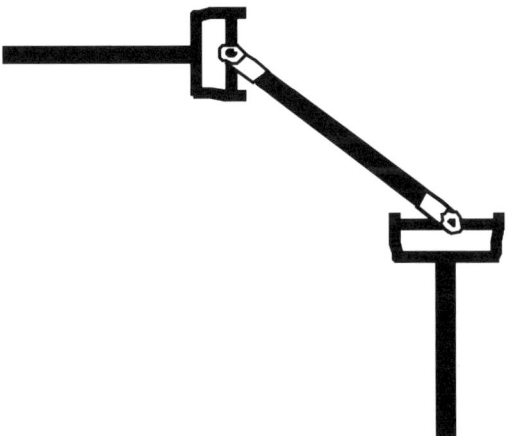

Abbildung 6.33: Ungünstige Versetzung einer Drehbewegung um 90° mittels eines Doppel-Kardangelenkes.

Die Versetzung einer Drehbewegung um 90° ist jedoch aus Platzgründen in manchen Fällen besonders wichtig. Beispielsweise, wenn ein großer und sperriger Getriebemotor nicht in der gleichen Ebene wie die Antriebsräder liegen soll.

Abbildung 6.34:
Antriebsvariante 1 (Antriebsrad direkt am Getriebemotor = wenig Bodenfreiheit bei großen Motoren).

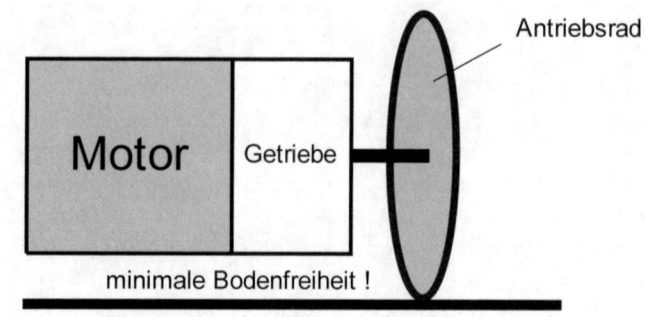

Eine Möglichkeit zur Verbesserung der Bodenfreiheit, die jedoch mit erheblichem Montageaufwand verbunden ist und in axialer Richtung durch das notwendige Doppel-Kardangelenk recht viel Platz benötigt, ist in Abbildung 6.35 dargestellt.

Abbildung 6.35:
Antriebsvariante 2 (Antriebsrad über Doppel-Kardangelenk).

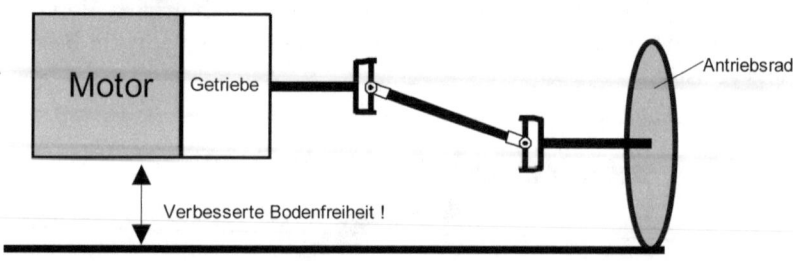

Abbildung 6.36:
Antriebsvariante 3 (Antriebsrad über Winkelgetriebe).

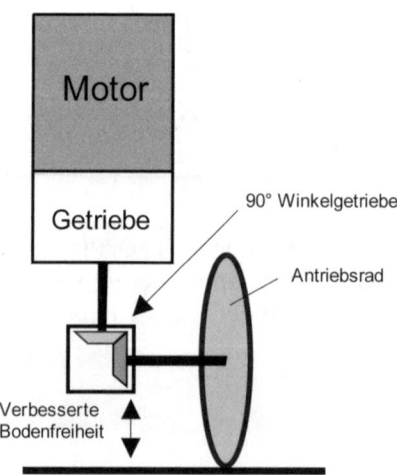

Günstiger ist hier der Einsatz eines 90° Winkelgetriebes. Kleine Winkelgetriebe gibt es im Modellbau-Fachhandel.
Der Selbstbau ist nur dann zu empfehlen, wenn sehr präzises Werkzeug (mindestens ein guter Bohrständer) zu Verfügung steht, da bereits kleine Abweichungen im Winkel zum Verklemmen der Zahnräder führen können.

Möchte man Wellen verbinden, die weder seitlich versetzt sind noch einen von 180° abweichenden Winkel aufweisen, so kann eine starre Verbindung gewählt werden. Zu diesem Zweck eignen sich handelsübliche Kabelklemmen, die es sehr günstig und in nahezu jeder Größe gibt. Die Kunststoffisolierung wird nicht benötigt und kann entfernt werden. Durch Einsatz eines kleines Messingröhrchens können auch Wellen mit unterschiedlichem Durchmesser verbunden werden. Aber Vorsicht: Werden zwei Wellen mit unterschiedlichem Durchmesser direkt verbunden, so ist die dünnere Welle seitlich versetzt und läuft nicht rund!

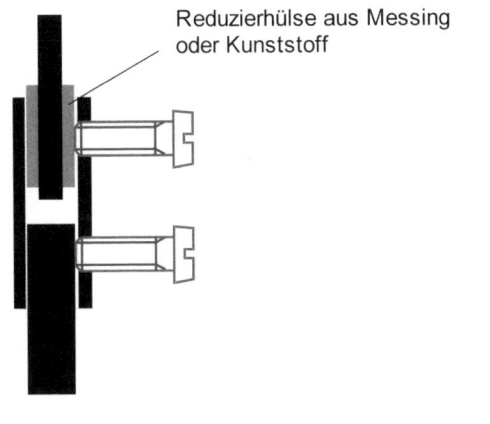

Reduzierhülse aus Messing oder Kunststoff

Richtig

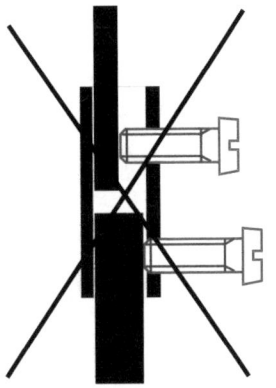

Falsch

Abbildung 6.37:
Verbindung zweier unterschiedlich dicker Wellen mit einer Kabelklemme.

Sehr gut geeignet sind auch selbstgefertigte Verbindungsmuffen aus Messing. Dazu benötigt man einen Messingstab mit einem mindestens 5 mm größeren Durchmesser als die dickste Welle. In diesen Stab (etwa 30 mm Länge) bohrt man ein zentrisches Loch mit der Dicke der dünneren Welle ganz durch. Anschließend bohrt man das dünne Loch von einer Seite bis zur Hälfte auf die Dicke der dicken Welle auf. Nun muss man noch mindestens zwei Bohrungen für die seitlichen Schrauben zur Befestigung der beiden Wellen bohren und mit einem Innengewinde versehen. Dies ergibt eine exakt auf die beiden Wellen und auf die zu übertragenden Kräfte abgestimmte Verbindung.

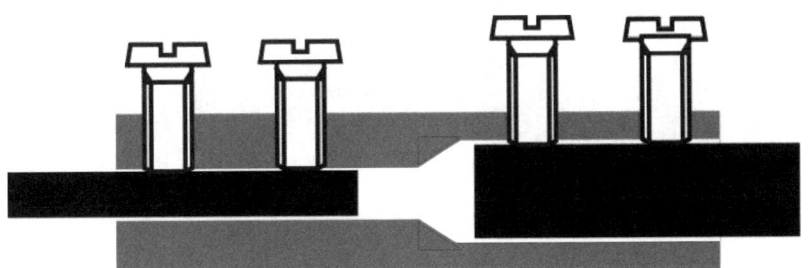

Abbildung 6.38:
Optimale Verbindung zweier unterschiedlich dicker Wellen mit einer Muffe.

6.2 Kettenantriebe und Ähnliches

Roboterfahrzeuge mit Kettenantrieb sind sehr geländegängig und können, je nach Fahrzeuggeometrie, auch größere Hindernisse überwinden. Außerdem sind sie sehr wendig, da sie durch entgegengesetztes Drehen der Ketten auf der Stelle wenden können. Nachteilig ist jedoch, dass zur Richtungsänderung große Kräfte notwendig sind, da die Ketten dabei auf dem Boden schleifen. Dieser Effekt wird umso ungünstiger, je besser die Haftung der Ketten auf dem Boden ist. Dazu kommt, dass mit zunehmender Bodenhaftung der Ketten auch die Gefahr steigt, dass diese beim Richtungswechsel aus den Führungs- oder Antriebsrollen springen. Hier muss also ein Kompromiss zwischen Bodenhaftung und Betriebssicherheit und Energieverbrauch eingegangen werden. Der erwähnte Richtungswechsel erfolgt am einfachsten durch separate Ansteuerung von zwei Getriebemotoren (jeweils ein Motor für eine Kette).

Abbildung 6.39:
Einfaches Ketten-
fahrzeug (Prinzip-
skizze).

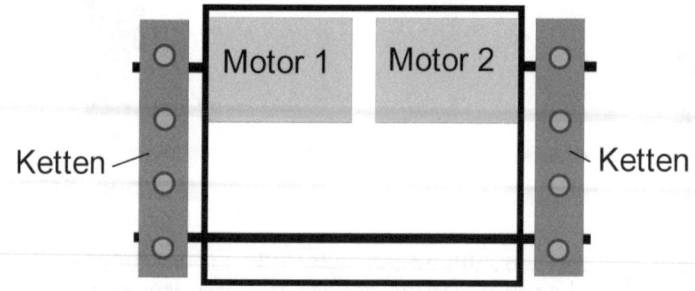

Abbildung 6.40:
Einfaches Ketten-
fahrzeug (Realisie-
rung).

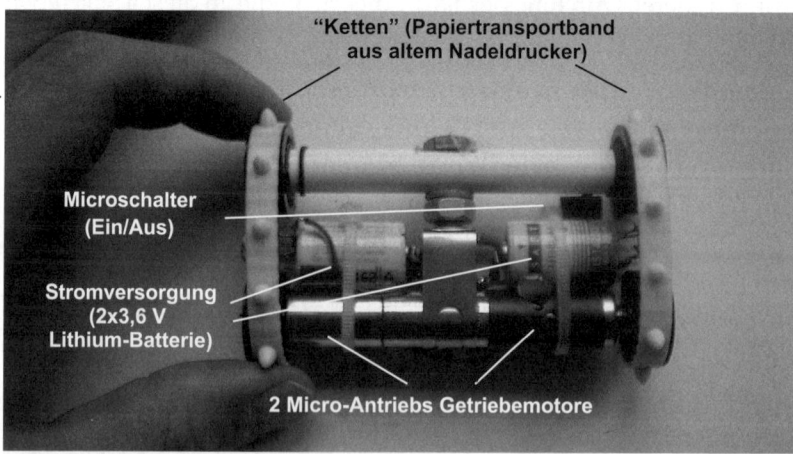

Unter einer Kette soll hier im weitesten Sinne ein flexibles Material verstanden werden, welches mindestens zwei Räder umschließt. Unabhängig davon, ob die Flexibilität durch eine drehbare Verbindung ein-

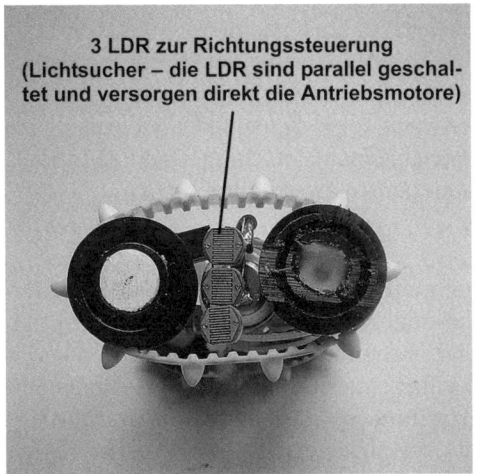

3 LDR zur Richtungssteuerung
(Lichtsucher – die LDR sind parallel geschal-
tet und versorgen direkt die Antriebsmotore)

Abbildung 6.41: Detailansicht Micro-Kettenrobot

zelner starrer Glieder oder durch Verwendung eines flexiblen Materials an sich erhalten wird. Im ersten Fall spricht man von Gliederketten,
im zweiten Fall von einem Band, Schlauch, Riemen.

Gliederketten erhält man beispielsweise als Fischertechnik-Zubehör.
Diese Ketten sind aus Kunststoff und nicht sonderlich stabil. Daher
sind sie nur für kleine und leichte Roboter und für Indoor-Betrieb geeignet. Sehr vorteilhaft ist aber die Tatsache, dass sie zu den üblichen
Fischertechnik-Zahnrädern passen, die sich leicht auf 4 mm Achsen befestigen lassen. Entsprechende Metallketten inkl. der passenden Antriebsräder gibt es in allen Größen von der Firma Metallus (siehe Bezugsquellen im Anhang).

Für größere Roboter und Outdoor-Modelle kann man sich die Verwendung von Fahrradketten und Ritzeln überlegen. Diese Teile sind sehr
robust, preiswert und eignen sich auch für schwere Maschinen. Allerdings kommt man dann ohne ein Schweißgerät und eine gutausgerüs-
tete Werkstatt kaum noch aus – aus diesem Grund möchte ich auch auf
diese Varianten hier nicht näher eingehen. Gleichermaßen verhält es
sich mit Keil- oder Zahnriemen, die es in nahezu allen Größen und
Ausführungen gibt. Zudem sind industrielle Keil- und Zahnriemen
und besonders die passenden Scheiben usw. nicht gerade billig, so dass
die Verwendung im Hobbybereich doch eher nicht in Frage kommt.

Allerdings besteht auch die Möglichkeit, sich mit relativ einfachen Mitteln selbst eine dem Roboter angepasste „Kette" anzufertigen. Dazu
muss man sich überlegen, dass eine Kette in irgendeiner Form auf dem
Laufrad gegen Herunterrutschen gesichert werden muss. Außerdem
muss zum Antriebsrad genügend Reibung oder sogar eine formschlüssige Verbindung gewährleistet sein, damit das Antriebsrad nicht auf

der Kette durchdreht. Weiterhin muss die Kette dem Untergrund des Fahrzeuges angepasst sein. Für Roboter, die in einer Wohnung betrieben werden, eignen sich reine Metallketten nicht sonderlich (Zerkratzen des Parkettbodens, Verhaken im Teppich usw.)! Daher möchte ich hier, gerade für den Indoor-Bereich, einen Vorschlag für einen interessanten, selbst herstellbaren Kettenantrieb vorstellen.

„O-Ring-Ketten"

Eine sehr einfache und dennoch wirkungsvolle „Kette" besteht lediglich aus einem O-Ring, der über mehrere Rollen aus Holz oder Kunststoff gezogen wird. Das folgende Schema zeigt die Seitenansicht eines so konstruierten, dreieckigen Fahrzeuges mit zwei O-Ringen aus Silikonschlauch. Durch die gute Haftung des Silikons auf den meisten Untergründen kann das Fahrzeug beispielsweise an der Wand hochklettern, bis es nach hinten kippt. Nach zweimaligem Kippen sorgt dann ein Schwerkraftschalter für das Umpolen des Fahrmotors, und das Fahrzeug fährt in die entgegengesetzte Richtung davon.

Abbildung 6.42:
Fahrzeug mit
O-Ring-Kette.

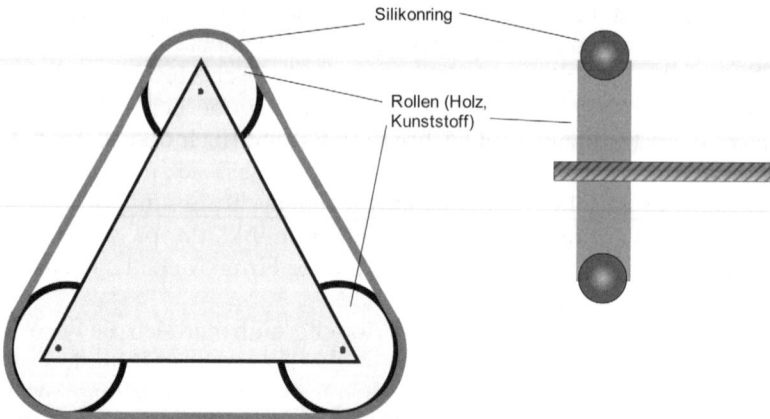

Silikonring

Rollen (Holz, Kunststoff)

Abbildung 6.43:
Fahrzeug mit
O-Ring Kette
(praktische Ausführung).

Ein passender Ring aus Silikon lässt sich auf verschiedene Arten herstellen. Eine davon ist, ein Stück Silikonschlauch in passender Länge abzuschneiden und die beiden Enden durch Aufstecken über ein Stück eines dünneren Silikonschlauches zu verbinden. Die beiden Schläuche müssen so bemessen sein, dass der dünnere Schlauch gerade so in den dickeren passt. Versucht man nun die Verbindung auseinander zuziehen stellt man fest, dass sich der äußere Schlauch beim Ziehen verengt und fest auf den inneren Schlauch gepresst wird. Die so geschaffene Verbindung ist auch ohne Verwendung von Klebstoff recht stabil. Wem dies nicht genügt, kann durch Verkleben mit Silikonkitt (Fugendichtmasse aus dem Baumarkt) eine dauerhafte feste Verbindung schaffen.

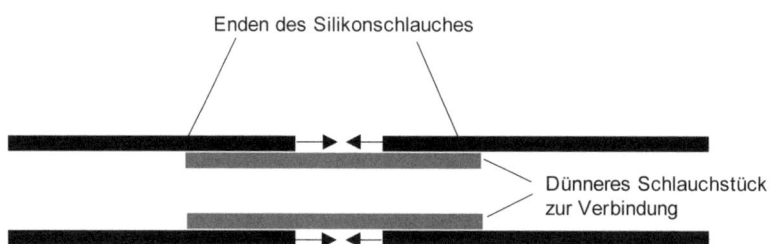

Abbildung 6.44:
Silikonschlauch-
Verbindung.

Silikonringe in nahezu beliebigen Dicken und Längen lassen sich auch komplett aus Silikon-Fugendichtmasse anfertigen. Dazu wird eine flache Schale mit Wasser benötigt. Auf die Wasseroberfläche werden nun vorsichtig Stränge der Dichtmasse aufgetragen. Damit sich die Stränge nicht zusammenrollen werden sie am Anfang und am Ende an der Wand der Schale festgeklebt. Der Silikonkitt schwimmt auf dem Wasser und härtet in Form von exakt runden Schnüren aus. Die Dicke der Schnüre richtet sich nach der Öffnung der Silikon-Kartusche. Das vollständige Durchhärten der Stränge steigt mit zunehmender Dicke. Schnüre von 1 cm Dicke benötigen mindestens 24 Stunden zum Durchhärten. Danach werden die Stränge vom Rand gelöst und mit einem Teppichmesser sauber abgeschnitten. Die Schnittstellen müssen dann mit wenig Silikonkitt zusammengeklebt und zum Aushärten fixiert werden. Auf diese Weise lassen sich beliebig lange Schnüre und O-Ringe anfertigen.

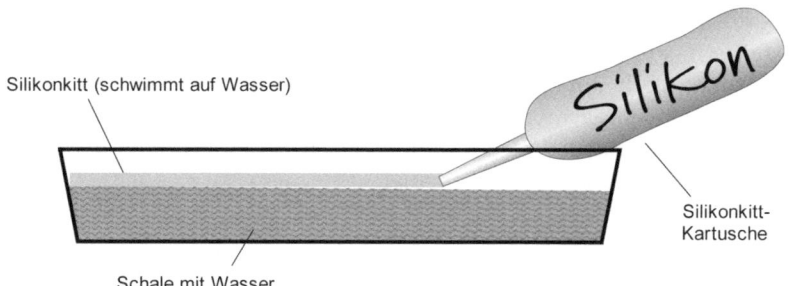

Abbildung 6.45:
Herstellen von
Silikonschnüren
für O-Ringe.

6.3. Gehmaschinen

Roboter als „menschenähnliche" Maschinen sind am faszinierendsten, wenn sie zur Fortbewegung nicht Räder oder Ketten, sondern Beine benutzen. Die technische Realisierung der Fortbewegung ist jedoch sehr unterschiedlich, je nachdem wie viele Beine benutzt werden sollen. Außerdem kann die Art der Fortbewegung bei Beinen viel stärker variieren als bei Rädern. Schließlich kann man mit Beinen hüpfen und springen oder auch gehen. Auch beim Gehen selbst gibt es noch zahlreiche Varianten, wie beispielsweise beim Pferd (Schritt, Trab, Galopp). Dies wiederum ist eben noch besonders von der Anzahl der Beine abhängig (Mensch, Frosch, Krabbe, Spinne). Auf die möglichen Fortbewegungsvarianten in Abhängigkeit von der Anzahl der Beine soll daher in den folgenden beiden Abschnitten etwas genauer eingegangen werden. Ganz allgemein ist aber die Fortbewegung mittels Beinen ein viel zu weites und kompliziertes Feld, als dass sie hier wirklich erschöpfend behandelt werden könnte. Außerdem sind viele Detailfragen bei weitem noch nicht vollständig erforscht. Einschlägige Literatur findet man im Bereich der Bionik, einer Wissenschaft, die sich mit den technischen Umsetzungen nach dem Vorbild der Natur beschäftigt. Die folgenden Beispiele und Betrachtungen beschränken sich auf einfache Sachverhalte oder auch besondere und ausgefallene Ideen, die ein grundlegendes Verständnis der Materie fördern und zu eigenen neuen Ideen inspirieren.

Bevor wir uns aber genauer mit Gehmaschinen befassen, möchte ich noch auf einen grundlegenden Sachverhalt aufmerksam machen. Dieser betrifft die Definition einer Gehmaschine, wie sie hier verstanden werden soll.

Eine Gehmaschine ist ein sich fortbewegendes System, welches die Fortbewegung durch mehrere, abwechselnd den Boden berührende Gehwerkzeuge erzielt.

Somit stellen Systeme, die ein Rad an einem beinähnlichen Fortsatz installiert haben natürlich keine Gehmaschinen dar. Aber auch Roboter, die sich durch Vor- und Rückwärtsschwingen eines beinartigen und mit Freilauf-Rädern versehenen Fortsatzes bewegen, sind keine Gehmaschinen. Solche „Fortbewegungsinstrumente" werden im Folgenden als „Pseudo-Beine" bezeichnet.

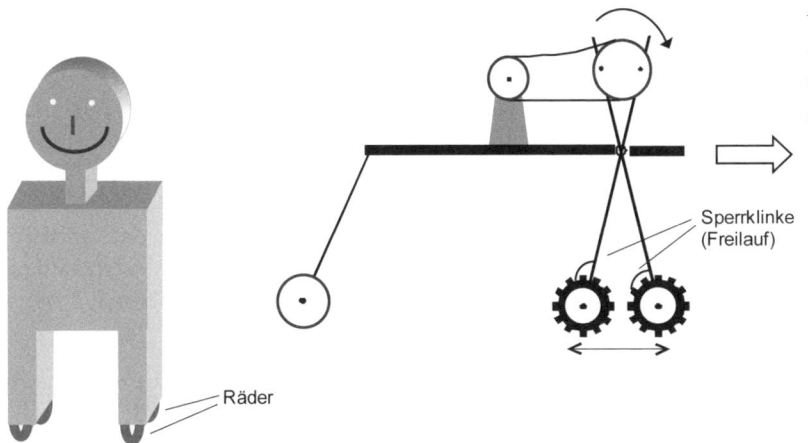

Abbildung 6.46:
„Gehmaschinen"
mit Pseudobei-
nen.

Roboter mit 1 bis 3 Beinen

Maschinen mit 1…3 Beinen ist gemeinsam, dass sie im Regelfall, sobald ein Bein vom Boden entfernt wird, das Gleichgewicht verlieren. Genauer gesagt heißt das, dass sie nur dann das Gleichgewicht verlieren, wenn der Schwerpunkt des Roboters oberhalb und außerhalb seiner Fußfläche liegt (siehe Abbildung 6.47). Bei einbeinigen Robotern kommt noch erschwerend hinzu, dass sie sich prinzipiell nur durch Hüpfen voranbewegen können. Aufgrund der äußerst schwierigen regelungstechnischen Beherrschbarkeit einer solchen Fortbewegung soll daher auf weitere Erläuterungen zu einbeinigen Robotern hier verzichtet werden.

Zweibeinige Roboter sind etwas einfacher beherrschbar, sofern der Schwerpunkt, wie bereits erwähnt, oberhalb und innerhalb der Fußfläche (Abbildung 6.48) oder unterhalb der Fußfläche (Abbildung 6.49) liegt. Unterhalb der Fußfläche liegt der Schwerpunkt aber nur bei Robotern, die sich unterhalb einer höher gelegenen Ebene (Tisch, Schiene, Seil usw.) bewegen. Liegt der Schwerpunkt oberhalb der Fußfläche (was üblicherweise der Fall ist), kann er durch eine spezielle, z. B. U-förmige Fußgeometrie so gelegt werden, dass der Roboter auch beim Anheben eines Beins noch stabil bleibt. Diese Variante der Stabilisierung eines zweibeinigen Roboters ist sicherlich die einfachste und für den Anfänger noch realisierbare Möglichkeit.

Eine andere Lösung ist, den Schwerpunkt vor dem Fußwechsel über den jeweils belasteten Fuß durch eine mit der Beinbewegung gekoppelte Verschiebung einer schweren Masse zu verlagern (siehe Abbildung 6.50). Die schwere Masse muss sich dabei oberhalb des jeweils belasteten Fußes befinden und bei Fußwechsel linear oder durch eine rotierende Bewegung verschoben werden. Oder die schwere Masse befindet sich im Fuß (günstig, durch besondern niedrige Schwerpunktlage) und wird vor einem Fußwechsel zum künftigen Standbein verlagert. Dies kann beispielsweise durch Umpumpen von Flüssigkeit geschehen. Die Gleichgewichtsverhältnisse bei zweibeinigen Robotern sind in den folgenden Abbildungen skizziert.

Abbildung 6.47: Gleichgewichtsverhältnisse bei zweibeinigen Robotern (Fall 1): Schwerpunkt oberhalb und außerhalb der Fußfläche – System instabil!

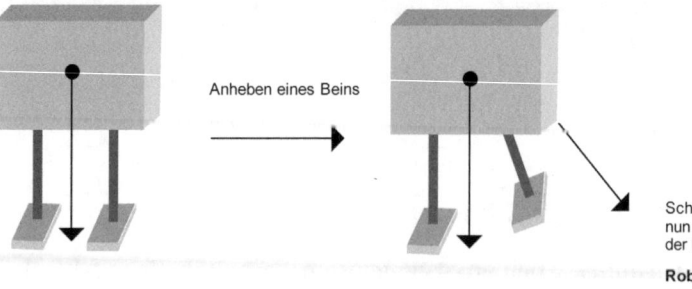

Abbildung 6.48: Gleichgewichtsverhältnisse bei zweibeinigen Robotern (Fall 2): Schwerpunkt oberhalb und innerhalb der Fußfläche.

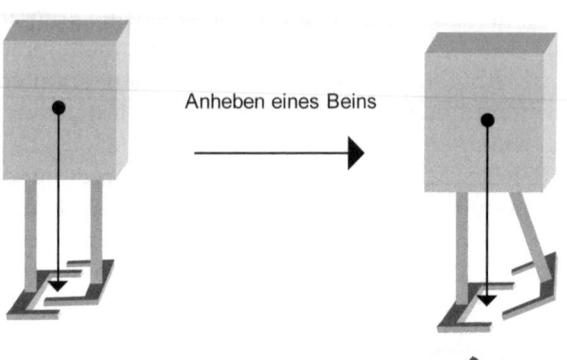

Abbildung 6.49: Gleichgewichtsverhältnisse bei zweibeinigen Robotern (Fall 3): Schwerpunkt unterhalb und innerhalb der Fußfläche (ändert sich bei Anheben eines Beins nicht).

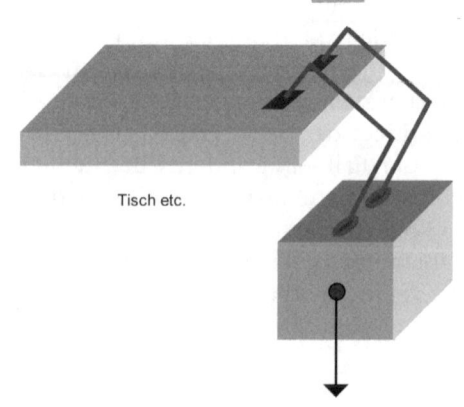

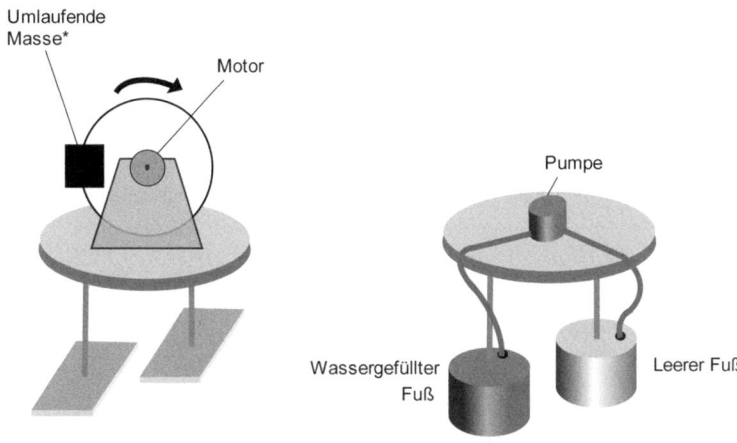

Abbildung 6.50:
Gleichgewichts-verhältnisse bei zweibeinigen Robotern (Fall 4): Stabilisierung mittels Schwerpunktverlagerung.

Günstigerweise befindet sich die drehende Masse tief unten und weit außen.

Bevor ein Fuß angehoben wird, muss das Wasser in den Standfuß gepumpt werden und umgekehrt.

* Günstiger für die Schwerpunktverlagerung als eine umlaufende Masse wäre eine sich auf möglichst tiefem Niveau linear bewegende Masse. Allerdings sind reine Linearbewegungen schwieriger zu realisieren als rotierende Bewegungen (siehe Abschnitt „Lineare Bowegungen").

Weitere Möglichkeiten zur Stabilisierung zweibeiniger Roboter wären noch:

Der Fußwechsel muss so schnell stattfinden, dass der Roboter durch sein Trägheitsmoment stehen bleibt. Oder die Kippbewegung muss durch Verlagerung des Schwerpunktes des Roboters in „Echtzeit" ausgeglichen werden. Beide Varianten sind mechanisch und regelungstechnisch äußerst schwierig zu realisieren und werden hier nicht weiter behandelt.

Ganz allgemein muss gesagt werden, dass Konstruktion, Bau und Steuerung zweibeiniger Roboter ein ziemlich schwieriges Metier ist. Dennoch sollen hier einige prinzipielle Überlegungen zu zweibeinigen Robotern angestellt und auch einige, vielleicht ungewöhnliche Ideen zu deren Realisierung vorgestellt werden.

Hier zuerst noch einmal die verschiedenen Stabilisierungsvarianten im Überblick.

Stabilisierungsvariante	Eigenschaften
Schwerpunkt oberhalb und innerhalb beider Fußflächen.	Stabiles Gleichgewicht. Kein Regelungsaufwand notwendig. Allerdings auch keine Möglichkeit, eine von außen einwirkende Instabilität auszugleichen. Richtungsänderung nur schwierig durchführbar. Verhältnismäßig einfach realisierbar.
Schwerpunkt unterhalb der Fußflächen.	Stabiles Gleichgewicht. Kein Regelungsaufwand notwendig. Spezialfall – nur für hängende Roboter geeignet.
Kippbewegung durch Schwerpunktverlagerung vor dem Fußwechsel verhindern.	Rein mechanische Lösungen, ohne großen Aufwand möglich (siehe Abbildung 6.51).
Kippbewegung durch Schwerpunktverlagerung in Echtzeit ausregeln.	Hoher regelungstechnischer Aufwand und/oder komplexe Mechanik. Für Anfänger nicht beherrschbar.
Schritt so schnell durchführen, dass Roboter aufgrund seiner Massenträgheit stehen bleibt.	Extrem hohe Anforderungen an die Mechanik. Zudem keine Möglichkeit, eine von außen einwirkende Instabilität auszugleichen. Für Anfänger nicht beherrschbar.

Nach Studium dieser kurzen Tabelle wird klar, dass zweibeinige Roboter nur schwer zu stabilisieren sind. Am einfachsten ist es, wie bereits erwähnt, den Schwerpunkt über beide Fußflächen zu legen oder ihn jeweils vor dem Fußwechsel zu verlagern. Skizzen zur Ausführung solcher Roboter sind in den vorangegangenen Abbildungen 6.48 und 6.50 zu finden.

Nachdem nun die Grundlagen der Lagestabilisierung einigermaßen geklärt sind, stellt sich natürlich die Frage, wie sich unser Roboter vorwärtsbewegen kann. Betrachten wir zuerst einmal einen Roboter, dessen Schwerpunkt durch Verwendung von großen, U-förmigen Füßen permanent über beiden Füßen liegt (Abb. 6.48). Dieser Roboter muss, um sich fortzubewegen mit jedem Bein jeweils zwei separate Bewegungen (Bein anheben, Bein vorwärtsbewegen) oder zwei sich überlagernde lineare Bewegungen (= kreisförmige Bewegung: Bein anheben und gleichzeitig vorwärtsbewegen) ausführen. Zum Erreichen dieses Bewegungsmusters muss, außer bei Verwendung von speziellen Aktuatoren, eine rotierende Bewegung (Elektromotor) in eine lineare Bewegung umgesetzt werden. Möglichkeiten, wie eine solche Umsetzung in der Praxis zu erreichen ist, sind in Kapitel 5.2, Abschnitt „Lineare Bewegungen" zusammengefasst. Für den konkreten Fall des zweibeinigen Roboters ist die folgende Variante besonders gut geeignet, da sie verhältnismäßig einfach zu realisieren ist.

Jeder Punkt der beiden überlagerten Bewegungen ist mechanisch fest definiert, das heißt, die Auf-/Ab-Bewegung kann nicht unabhängig von der Vor-/Zurück-Bewegung gesteuert werden. Das System besitzt also nur einen so genannten „Freiheitsgrad", der allerdings zur Erzielung einer einfachen Gehbewegung durchaus ausreichend ist. Allerdings ist weder eine Richtungsänderung noch eine Anpassung der Gehbewegung auf äußere Einflüsse möglich. Dafür werden aber auch keinerlei Regeleinrichtungen, Endschalter usw. benötigt. Mehrere Bei-

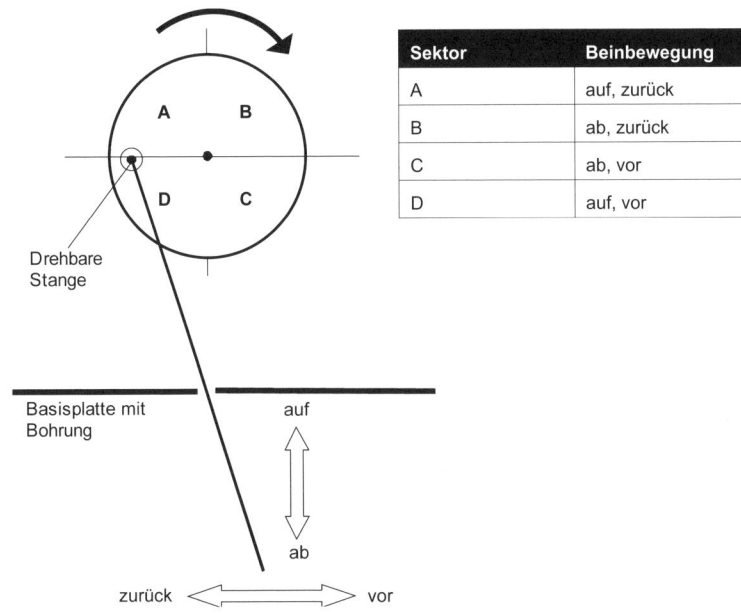

Sektor	Beinbewegung
A	auf, zurück
B	ab, zurück
C	ab, vor
D	auf, vor

Abbildung 6.51: *Einfache Erzeugung zweier überlagerter linearer Bewegungen.*

ne können leicht auf einer gemeinsamen Welle angeordnet oder über Riemen oder besser Zahnräder kombiniert werden. Diese führen dann allesamt eine voneinander abhängige Bewegung durch. Auf diese Weise lassen sich Gehmaschinen mit beliebiger Anzahl an Beinen realisieren.

Ein Beispiel einer sich so fortbewegenden, zweibeinigen Gehmaschine zeigt Abbildung 6.52.

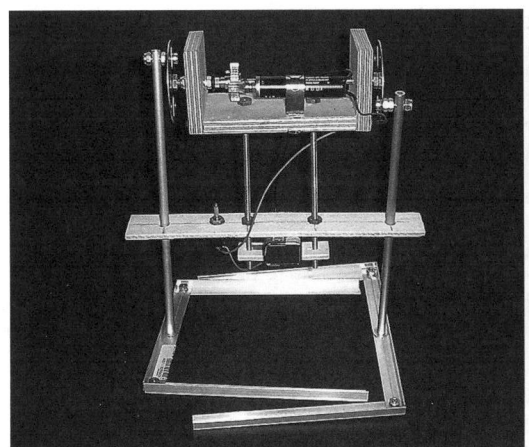
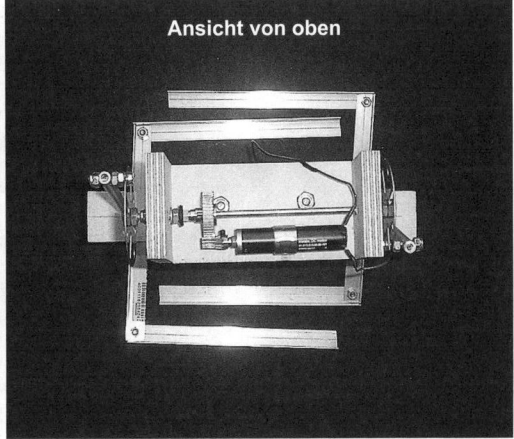

Abbildung 6.52: *Einfache Zweibeinige Gehmaschine (praktische Ausführung).*

Wie man sieht, ist die abgebildete Gehmaschine jedoch zu keinem Richtungswechsel fähig. Dabei wären wir also beim nächsten Problem, dem Richtungswechsel. Zwar gibt es durchaus einige Möglichkeiten, einen Richtungswechsel bei einer zweibeinigen Gehmaschine herbeizuführen, leider aber nur wenige, die sich im Hobbybereich gerade noch realisieren lassen.

Hier möchte ich daher eine einfache Möglichkeit der Richtungsänderung für eine zweibeinige Gehmaschine vorstellen, deren Schwerpunkt abwechselnd auf die beiden Fußflächen verlagert wird. Die Schwerpunktverlagerung wird durch eine sich ständig von einem auf das andere Bein verlagernde Masse erzeugt. Die Beine und Füße sind leicht angewinkelt, sodass die Maschine bei der Schwerpunktverlagerung jeweils vom einem auf das andere Bein kippt. Dadurch kann sowohl eine Gehbewegung als auch eine Richtungsänderung durch das Drehen des jeweils bodenberührenden Fußes erfolgen. Diese Drehung erfolgt am einfachsten kontinuierlich und bewirkt jeweils eine Drehung des ganzen Roboters. Je nach Dauer der Schwerpunktverlagerung auf das entsprechende Bein können beliebig große Drehbewegungen realisiert werden. Liegt der Schwerpunkt länger auf einem Bein als auf dem anderen, erfolgt ein Richtungswechsel. Die Schnelligkeit des Schwerpunktwechsels ist ursächlich für die Schrittgröße. In den folgenden Skizzen werden zwei Gehmaschinen vorgestellt, die gemäss diesem Prinzip aufgebaut sind. Bezüglich der genauen Abmessungen, Massen, Drehgeschwindigkeiten der Motore usw. lassen sich nur schwer genauere Angaben machen. Hier ist ein gesundes Augenmaß und Ausprobieren gefragt. So gesehen ist der Bau einer der vorgestellten zweibeinigen Gehmaschinen für Anfänger nicht gerade zu empfehlen.

Abbildung 6.53:
Gehmaschine 1 nach Schwerpunktverlagerungsprinzip.

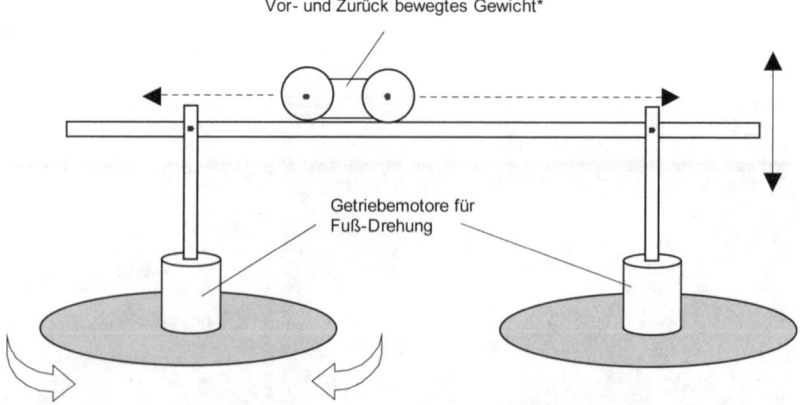

Vor- und Zurück bewegtes Gewicht*

Getriebemotore für
Fuß-Drehung

* Die Bewegung des Gewichtes kann durch einen Seilzug-Antrieb erfolgen oder es wird ein sich selbst hin- und herfahrendes Fahrzeug als Gewicht vorgesehen. Je nach Verweildauer über dem einen oder anderen Fuß können beliebige Schreit- und Drehbewegungen realisiert werden.

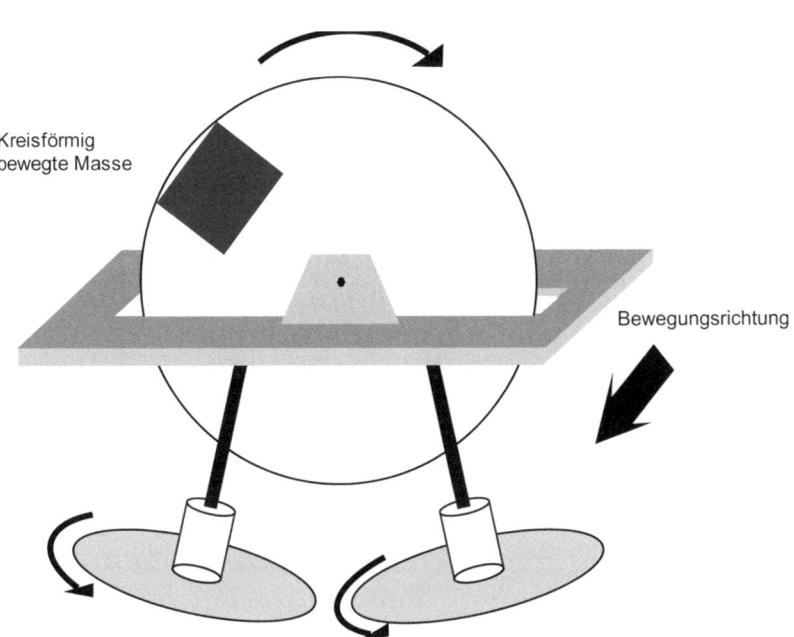

Hier erfolgt die Schwerpunkverlagerung durch eine vertikale Drehbewegung einer schweren Masse. Auch hier lassen sich alleine durch
Veränderung der Bewegung dieser Masse verschieden große Schritte
und Drehbewegungen ausführen. Die Fußdrehung kann dabei kontinuierlich erfolgen und braucht nicht gesondert gesteuert zu werden.

Bezüglich der Ausführung der Fußdrehung sind folgende Varianten
verhältnismäßig einfach zu realisieren.

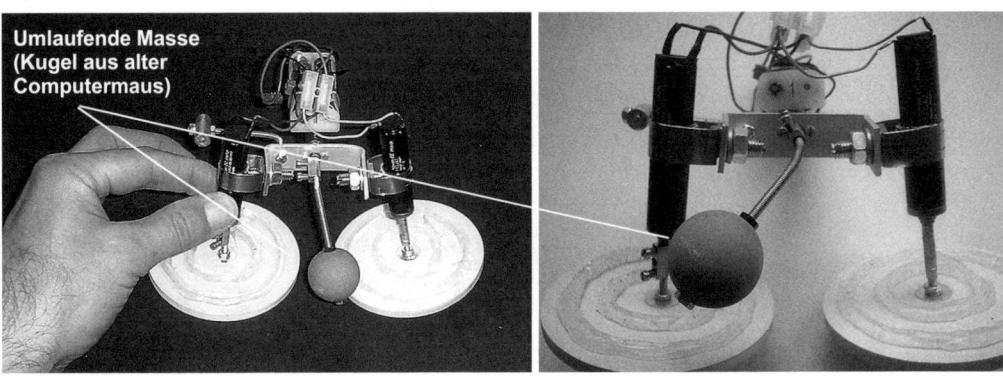

Abbildung 6.55: *Zweibeinige Gehmaschine mit Drehfüßen.*

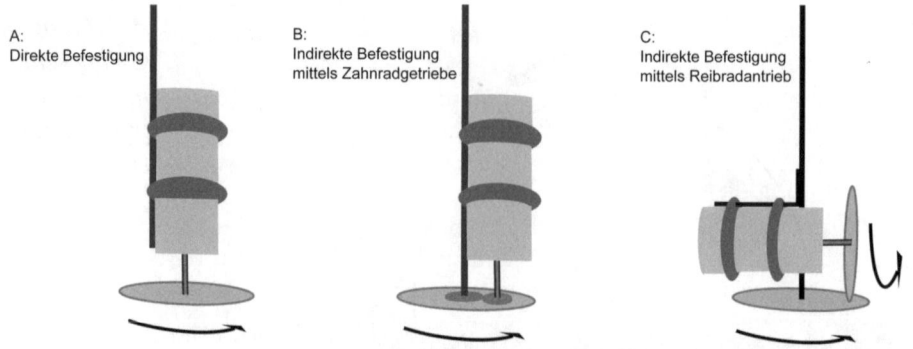

Abbildung 6.56: *Ausführungsvarianten zur Drehung eines Fußes (schematisch darge-stellt).*

Variante A ist am einfachsten zu realisieren, setzt aber einen verhält-nismäßig langsam drehenden Getriebemotor voraus. Bei Variante B und C erfolgt jeweils eine weitere Untersetzung direkt an der Fuß-Platte.

Auch die Realisierung von dreibeinigen Gehmaschinen ist nach dieser Schwerpunktverlagerungsvariante leicht möglich. Ein umlaufendes Gewicht belastet dabei jeweils einen von drei sich permanent drehen-den Füßen. Am besten werden die Füße noch ganz leicht nach außen gekippt angeordnet. Jeweils der belastete Fuß dreht dann den ganzen Roboter. Die Art der Bewegung (Vorwärts, Rechts- oder Links-Dre-hung) wird allein durch die Umlaufgeschwindigkeit des Gewichtes bestimmt. Eine solche Maschine könnte beispielsweise so aussehen, wie es Abbildung 6.57. zeigt

Abbildung 6.57:
Dreibeinige Geh-maschine nach dem Schwerpunkt-verlagerungsprin-zip.

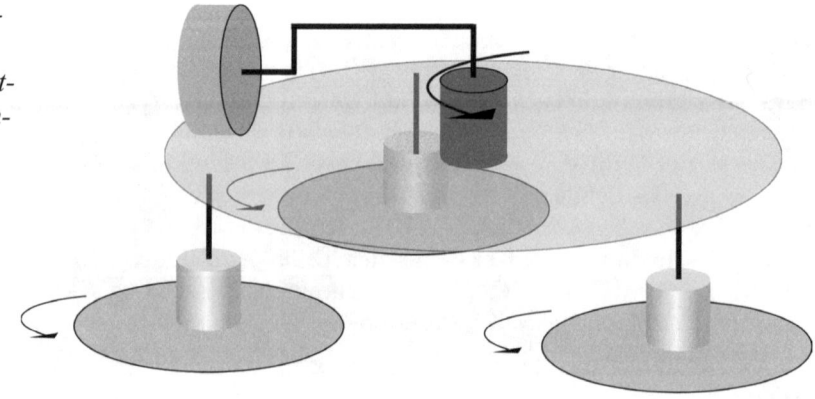

Eine gleichmäßige Drehbewegung des Belastungsgewichtes führt bei den vorgestellten zwei- und dreibeinigen Maschinen zu gleichförmigen Bewegung auf einer Kurve mit beliebigem Radius. Je nach Verhältnis der Drehbewegung der Füße und des Belastungsgewichtes ist diese Bahnkurve nach innen oder nach außen gebogen. Bei einem ganz bestimmten Verhältnis bewegt sich der Roboter geradeaus. Somit kann durch Variation der Geschwindigkeit des Belastungsgewichtes oder der Füße die Richtung des Roboters beeinflusst werden. Verharrt das Belastungsgewicht länger über einem Fuß, so erfolgt eine vergleichsweise größere Drehbewegung über diesem Fuß. Der gleiche Effekt wird erreicht, wenn die Drehzahl des entsprechenden Fußes erhöht wird. Normalerweise ist es steuerungstechnisch aber einfacher, die Fußdrehzahl zu variieren, als das Belastungsgewicht eine unsymmetrische Bewegung ausführen zu lassen.

Roboter mit vier und fünf Beinen

Zuerst einmal eine kurze Anmerkung zu Robotern mit fünf Beinen. Da fünf Beine kein sinnvolle Fortbewegungsart ermöglichen bzw. keine Vorteile zu Systemen mit vier oder sechs Beinen aufweisen (auch in der Natur gibt es meines Wissens keine funfbeinige Lebewesen), soll hier auch nicht weiter auf fünfbeinige Roboter eingegangen werden.

Wenden wir uns also Robotern mit vier Beinen zu. Zwar sind vier Beine in der Natur weit verbreitet, doch benötigt die sinnvolle Koordination der einzelnen Beine, die ja wiederum durch mehrere Gelenke weiter untergliedert sind, einen enormen Steuerungsaufwand, von dem mechanischen Aufwand der Konstruktion und des Baues eines gegliederten Beines ganz zu schweigen. Aus diesem Grund werden hier nur einige sehr einfache vierbeinige Varianten von Robotern vorgestellt. Beginnen wir mit einer kurzen statischen Betrachtung. Dass ein vierbeiniges Gerät stabil auf dem Boden stehen kann, ist uns von jedem Küchenstuhl bestens bekannt. Weniger offensichtlich ist nun schon, dass der vierbeinige Küchenstuhl (mit starren Beinen!) statisch gesehen immer nur auf drei Beinen steht. Es ist also prinzipiell immer möglich, eines der Beine zu entfernen, ohne dass der Stuhl kippt! Entfernt man ein zweites Bein wird der Stuhl kippen oder sich bestenfalls in einem äußerst labilen Gleichgewicht befinden. Zur Fortbewegung ist es nun aber sehr nützlich, zwei Beine gleichzeitig von Boden abheben und an anderer Stelle wieder absetzen zu können. Dieser Prozess kann dynamisch erfolgen, das heißt, die Beinbewegung geschieht so schnell, dass die Füße wieder den Boden berühren, bevor das ganze Gefährt kippt. Bei nahezu allen vierbeinigen Tieren wird übrigens diese Variante genutzt. Zum Einsatz in einem einfachen vierbeinigen Roboter ist es dagegen wesentlich leichter, eine statische Beinbewegung zu nutzen. Das heißt, zwei Beine können dauerhaft vom Boden abgehoben werden, ohne dass die gesamte Konstruktion kippt. Dazu ist es notwendig, die Fußfläche so zu vergrößern, dass ein stabiles Stehen auf zwei von vier Füßen möglich wird. Die beiden vom Boden entfernten Füße können dann sozusagen „ohne Eile" vorwärtsbewegt werden. Eine solche Konstruktion könnte beispielsweise so aussehen, wie es Abbildung 6.58 zeigt.

Abbildung 6.58:
Prinzipskizze vier-
beiniger Roboter
(Ansicht von un-
ten).

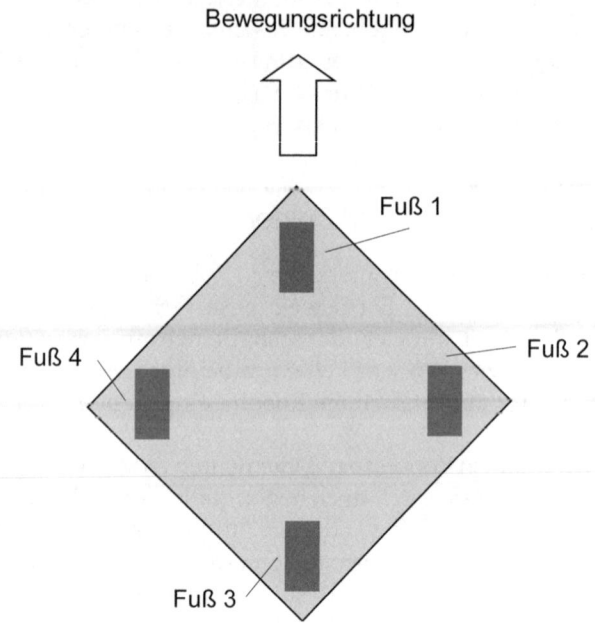

Zum Geradeauslauf werden nun wechselweise die Füße zwei und vier und dann die Füße eins und drei angehoben, vorwärtsbewegt und abgesetzt. Eine Richtungsänderung (z. B. nach links) kann folgendermaßen erfolgen: Zuerst wird Fuß vier abgesenkt und die Füße eins und drei angehoben. Unter Beibehaltung dieser Fußstellungen wird anschließend mit Fuß zwei die übliche Gehbewegung (Anheben, Vorwärtsbewegen, Absenken, Rückwärtsbewegen) solange durchgeführt, bis die gewünschte Drehung erreicht ist.

Wichtig bei all diesen Aktionen ist jedoch, dass die Füße immer plan auf dem Boden aufliegen. Zu diesem Zweck ist die folgende Konstruktion bestens geeignet. Der Fuß führt hier eine kreisförmige Bewegung durch, während der er stets parallel zum Boden bleibt. Die Grundlagen dieser Bewegung sind im Kapitel 5.2, Abschnitt „Lineare Bewegungen", beschrieben.

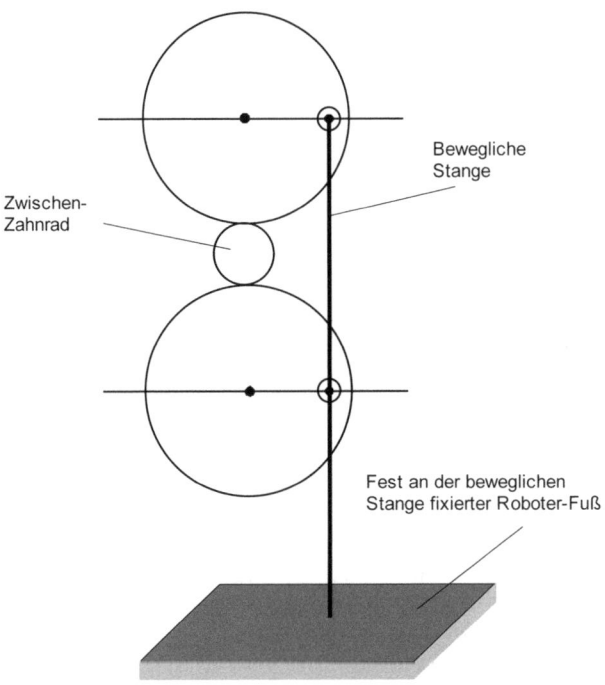

Zwischen-
Zahnrad

Bewegliche
Stange

Fest an der beweglichen
Stange fixierter Roboter-Fuß

Zum Antrieb der Laufmaschine ist auch eine Variante des Scherengitter-Getriebes (vgl. Kapitel 5.2, Abb. 5.27) geeignet (Abbildung 6.60). Hier wird der Fuß allerdings nicht genau parallel zum Boden bewegt, sondern befindet sich nur in einer bestimmten Stellung parallel zum Boden. Bei Auslenkung nach Vorne oder Hinten kippt der Fuß leicht ab. Der genaue Bewegungsablauf kann durch Variation des Durchmessers des Antriebsrades oder des Abstandes von Antriebsrad und Fixpunkt an der Basisplatte verändert werden. Auch die Länge und der Abstand der weiteren Drehpunkte verändern das Bewegungsmus-

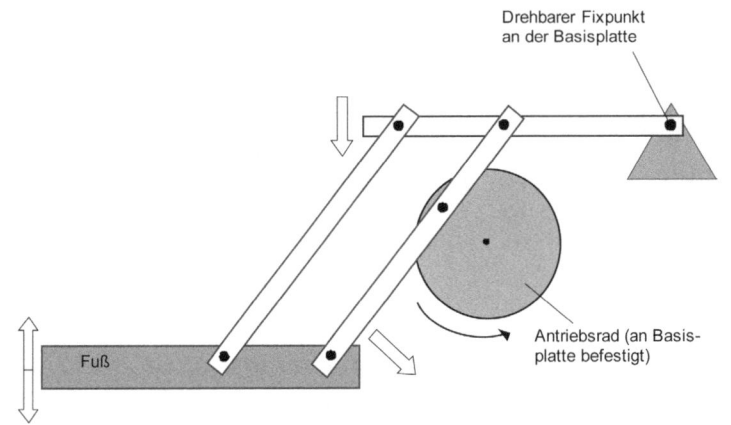

Drehbarer Fixpunkt
an der Basisplatte

Fuß

Antriebsrad (an Basis-
platte befestigt)

Abbildung 6.60:
Antriebseinheit 2
für ein Bein der
vierbeinigen
Laufmaschine.

ter. Günstigerweise legt man die Konstruktion möglichst flexibel aus, damit die Bewegung durch Variation der Abstände angepasst werden kann.

Zusammenfassend muss aber gesagt werden, dass auch diese verhältnismäßig einfachen Antriebsvarianten für eine vierbeinige Gehmaschine einen recht hohen mechanischen Aufwand voraussetzen, der den Anfänger möglicherweise doch überfordert. Als Einsteigermodell sind vierbeinige Roboter daher wohl eher nicht geeignet.

Roboter mit sechs und mehr Beinen

Das primitivste sechsbeinige-Fahrzeug lässt sich durch Montage von sechs Drehbeinen auf einer Basisplatte herstellen. Die Beine können dabei alle unabhängig voneinander oder in Gruppen angetrieben werden. Bei einer gänzlich unabhängigen Antriebsweise (mit sechs Getriebemotoren) oder beim separaten Antrieb der rechten und linken Seite können leidlich Richtungswechsel durchgeführt werden. Zur Bewegung eines Roboters mittels völlig ungeregelter, voneinander unabhängiger Drehbeine ist sehr viel Energie notwendig, da sich das so angetriebene Gefährt permanent hebt und senkt.

Abbildung 6.61: *Sechsbeiniger Roboter mit Dreh-Beinen.*

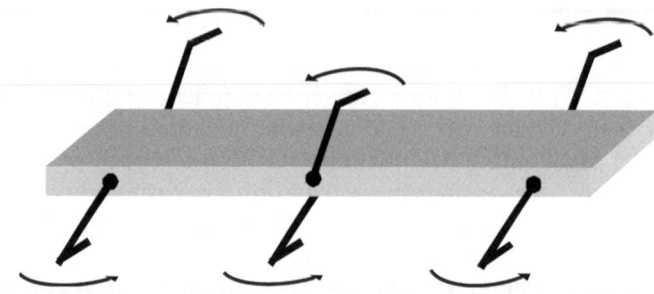

Abbildung 6.62: *Sechsbeiniger Roboter mit Dreh-Beinen (praktische Ausführung).*

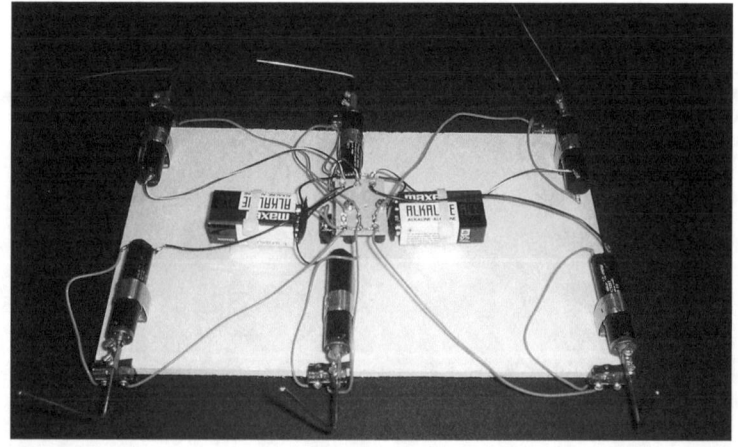

Anders sieht es aus, wenn beispielsweise die Position jedes einzelnen Beins überwacht wird. Eine solche Überwachung kann mittels eines einfachen Tasters erfolgen oder auch mit einer Lichtschranke (evtl. mit Winkelkodierer – siehe Abschnitt „Lagesensoren"), einem Reed-Kontakt oder einem Potentiometer ohne Endanschlag.

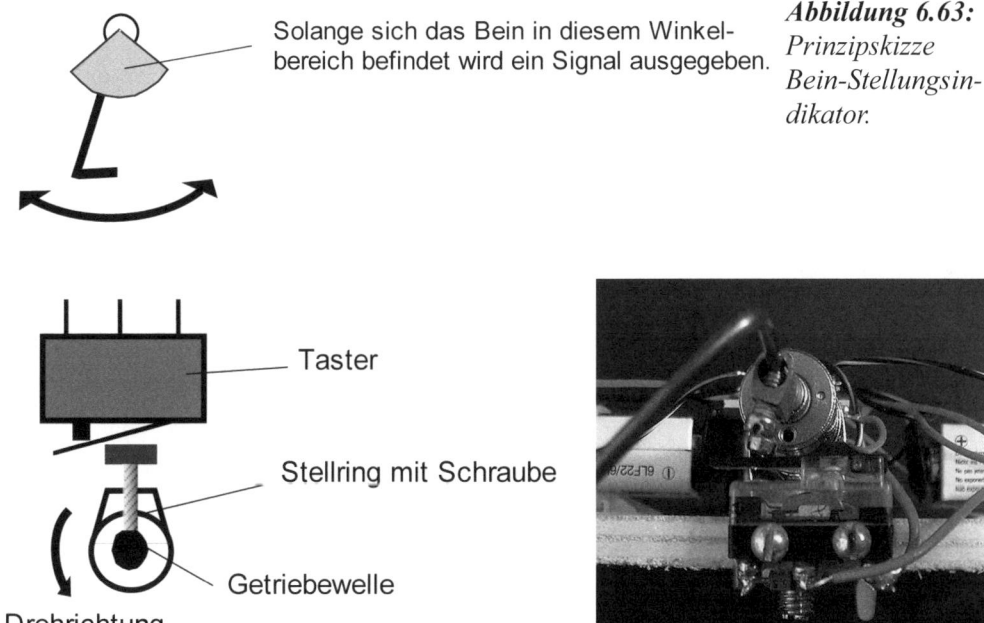

Solange sich das Bein in diesem Winkelbereich befindet wird ein Signal ausgegeben.

Abbildung 6.63: *Prinzipskizze* *Bein-Stellungsindikator.*

Taster

Stellring mit Schraube

Getriebewelle

Drehrichtung

Abbildung 6.64: *Technische Ausführung des Bein-Stellungsindikators mittels Taster.*

Ein energieeffizienteres Fortbewegen (nur noch kleine Auf- / Ab-Bewegung) könnte dann beispielsweise durch eine Programmsteuerung ermöglicht werden:

Ein solches Programm kann zwar durchaus auch per Hardware (Logikbausteine) realisiert werden. Allerdings wird dabei schon ein Komplexitätsgrad erreicht, der den Einsatz eines Mikrocomputers zur Steuerung sinnvoll macht. Daher wird darauf hier nicht näher eingegangen.

Anstatt der sehr primitiven Drehbeine sollten besser Beine verwendet werden, die sich ellipsenförmig oder halbkreisförmig bewegen (siehe Kapitel 5, Seite 96 „Lineare Bewegungen "). Diese mechanisch etwas aufwendigeren Beine ergeben ein flüssigeres und energieeffizientes Bewegungsmuster, ohne dass eine zu große Auf- und Ab- Bewegung auftritt. Durch gekoppelte Bewegung von allen sechs Beinen lässt sich mit nur einem Antriebsmotor bereits eine richtige sehr geländegängige Gehmaschine konstruieren, die allerdings zu keinem Richtungswechsel fähig ist. Die Koppelung der Beine erfolgt mit Zahnrädern. Dabei müssen alle Zahnräder, an denen sich ein Bein befindet in die gleiche Richtung drehen. Dazu werden jeweils kleine Zwischenzahnräder benutzt (siehe Abbildung 6.65).

Abbildung 6.65:
Gehmaschine mit
sechs gekoppelten
Beinen (Ansicht
von oben).

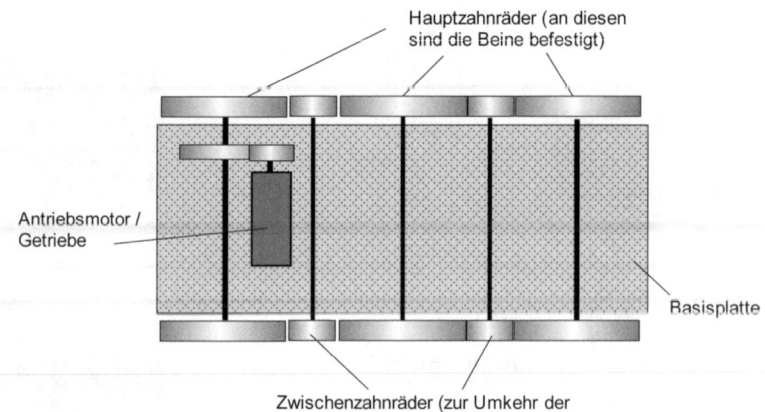

Abbildung 6.66:
Gehmaschine mit
sechs gekoppelten
Beinen (eine Hälf-
te, Seitenansicht).

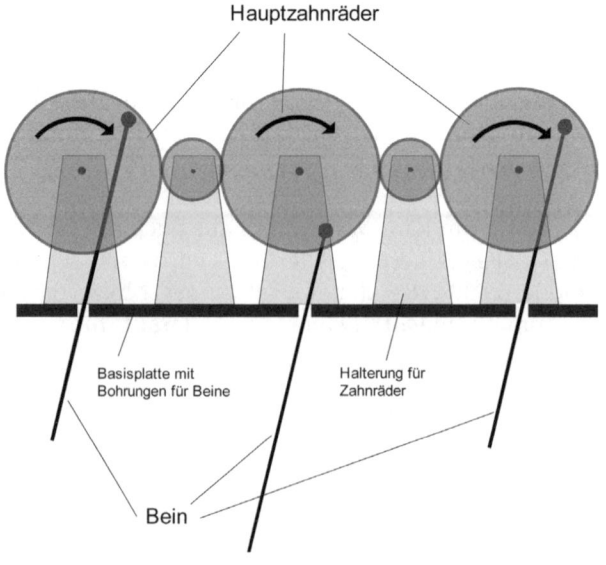

Die insgesamt sechs Beine (drei auf jeder Seite) sind immer abwechselnd angeordnet. Die genaue Anordnung der Beine ist in Abbildung 6.67 zu erkennen.

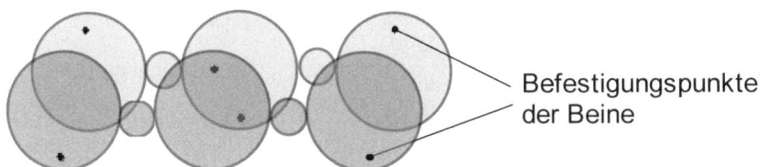

Befestigungspunkte
der Beine

Abbildung 6.67:
Beinanordnung
der Gehmaschine
mit sechs gekop-
pelten Beinen.

Abbildung 6.68:
Gehmaschine mit
sechs gekoppel-
ten Beinen (prak-
tische
Ausführung).

Beim Laufen steht der Roboter immer stabil auf drei Beinen in Form eines Dreiecks. Die Schritthöhe ist durch den Abstand des Bein-Befestigungspunktes von der Drehachse der Zahnräder und die Schrittweite durch den Abstand der Drehachse von den Durchführungen in der Basisplatte festgelegt. Ein kleiner Abstand ergibt dabei eine große Schrittweite. Das Verhältnis der beiden Abmessungen zueinender ist maßgebend für die Symmetrie der Beinbewegung. Hier bieten sich zahlreiche Möglichkeiten für eigene Experimente.

Durch separates Ansteuern der einzelnen Beine, besonders in Verbindung mit einer Vorrichtung welche die (ungefähre) Position der Beine registriert (Schalter, Schleifkontakt, Potentiometer usw.) sind dann prinzipiell auch Richtungswechsel möglich. Allerdings sind diese Steuerungsmöglichkeiten ebenfalls sehr aufwendig und kaum ohne Computer zu realisieren.

Allerdings gibt es auch eine wesentlich einfachere Möglichkeit, eine sechsbeinige Gehmaschine zu konstruieren, die zu Richtungswechseln fähig ist. Es handelt sich dabei um eine Gehmaschine mit 2 x 2 gekoppelten Beinen und zwei zusätzlichen Stützbeinen.

Abbildung 6.69:
Gehmaschine mit
2 x 2 gekoppelten
Beinen (Ansicht
von oben).

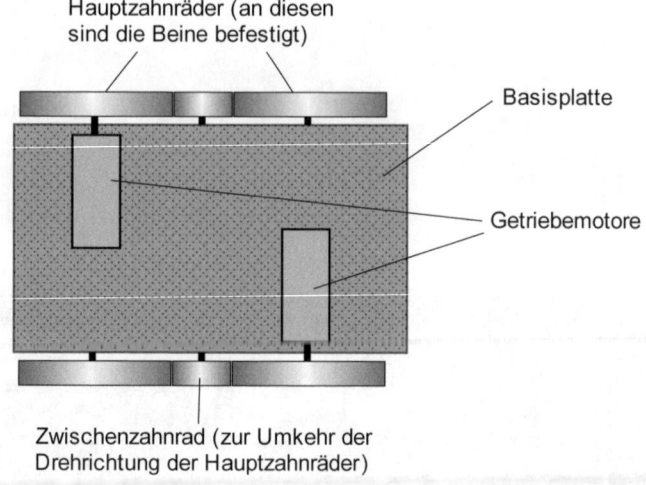

Abbildung 6.70:
Gehmaschine mit
2 x 2 gekoppelten
Beinen (Seitenansicht).

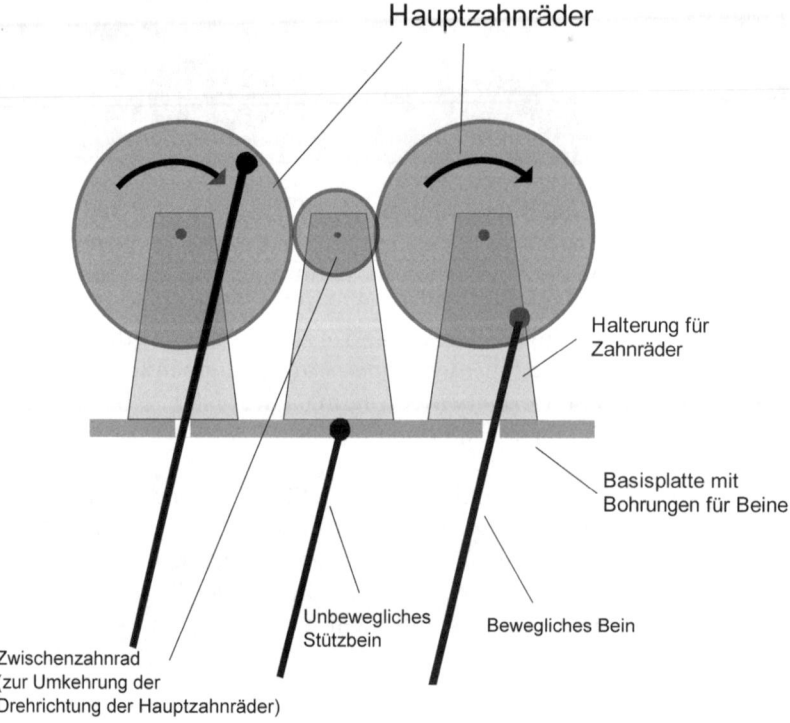

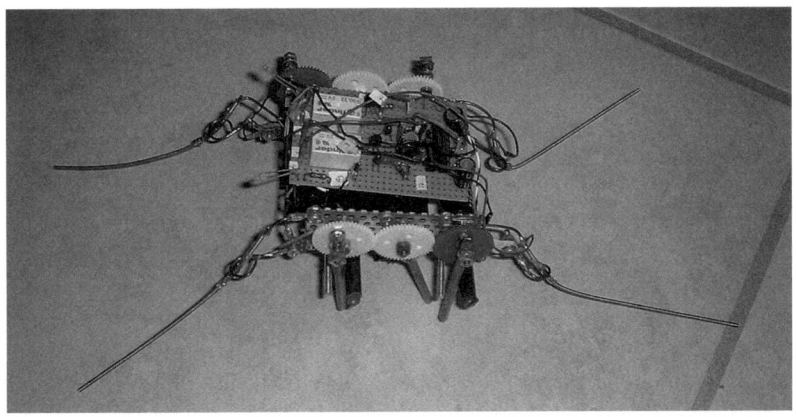

Abbildung 6.71:
Gehmaschine mit 2 x 2 gekoppelten Beinen (Seitenansicht).

Beide Seiten des Roboters können nun unabhängig voneinander angesteuert werden. Dadurch ist das Gefährt auch zum Richtungswechsel fähig. Die Vorwärtsbewegung kommt dadurch zustande, dass der Roboter durch die Bewegung der Beine jeweils über das Stützbein gehoben und eine gewisse Strecke davor wieder abgesetzt wird. Der Richtungswechsel erfolgt am effektivsten durch Umpolen des Antriebsmotors auf einer Seite.

Prinzipiell kann der Roboter auch mit vier festen Stützbeinen ausgestattet werden. Bei entsprechender Gewichtsverteilung und Beinanordnung bleibt der Roboter dann auch während der Vorwärtsbewegung immer in der Waagrechten. Dies kann bei Verwendung von Anstoß- und sonstigen Detektoren durchaus nützlich sein. Allerdings ist der Richtungswechsel in diesem Fall deutlich erschwert, da als Drehpunkt dann immer zwei feste Beine fungieren.

6.4 Sonstige Fortbewegungsarten

Kriechen

Als besondere Variante der Fortbewegung soll hier auch die Möglichkeit des „Kriechens" kurz angesprochen werden. Die natürlichen Vorbilder zu dieser Fortbewegungsart wären zum Beispiel eine Schlange, eine Schnecke oder ein Regenwurm.

Schnecken erzeugen auf ihrer Fußsohle eine wellenartige Bewegung, mit der sie sich an winzigsten Bodenunebenheiten abstoßen können und die für die Vorwärtsbewegung verantwortlich ist. Soweit mir bekannt ist, wird dieses Prinzip bisher nicht zur Fortbewegung eines Roboters eingesetzt.

Regenwürmer ziehen Ihren Körper in rhythmischen Wellen, die von vorne nach hinten laufen zusammen. Da sie zudem feine Borsten besitzen können sie sich damit vorwärts bewegen. Auch dieses Prinzip wird meines Wissens bisher nicht bei Robotern eingesetzt, obwohl es technisch nicht allzu schwer zu realisieren sein dürfte.

Schlangen nutzen mehrere Möglichkeiten der Fortbewegung. Auch sie können sich durch wellenartiges Zusammenziehen des Körpers und Abstoßen mittels ihrer Schuppen geradeaus vorwärtsbewegen. Häufiger ist allerdings eine schlängelnde Bewegung mittels einer so genannten „Wanderwelle". Das heißt, der Körper der Schlange führt eine horizontale wellenförmige Bewegung durch wobei sich der Wellenbauch ständig von vorne nach hinten verschiebt. Dabei schraubt sich die Schlange sozusagen über den Boden. Weiterhin können sich Schlangen noch mittels einer ziehharmonikaartigen Bewegung (vertikal) oder durch Seitwärtsrutschen (überlagerte horizontale und vertikale Bewegung) vorwärtsbewegen.
Zum Erzielen all dieser Bewegung werden also keine Beine oder Räder usw. benötigt. Zwar lassen sich auch durch Verwendung mehrerer Antriebsräder (vgl. Abschnitt „Sechs und mehr Räder") an einem segmentierten Körper schlangenähnliche Bewegungen erzielen, doch ist dies kein echtes Schlängeln. Die technische Umsetzung einer echten Schlängel-Bewegung erfolgt durch Unterteilung des Körpers in mehrere Segmente, die möglichst in zwei Achsen (horizontal und vertikal) gegeneinander aktiv beweglich angeordnet sind. Die exakte Bewegungssteuerung ist, wie auch die mechanische Ausführung der Segmente, äußerst schwierig. Diese Fortbewegungsart wird daher hier nicht weiter ausgeführt. Der interessierte Leser in diversen Internet-Publikationen weitere Infos:
http://www.snakerobots.com/
http://ais.gmd.de/~worst/snake-collection.html

Hüpfen

Hüpfen als Fortbewegungsart ist im Tierreich recht verbreitet. Als Beispiele seien Frosch, Heuschrecke und Känguru genannt. Für ein Insekt beispielsweise hat Hüpfen den Vorteil, dass damit auch wesentlich größere Hindernisse als das Insekt selbst überwunden werden können. Zusätzlich ist die Fortbewegungsgeschwindigkeit in sehr unebenem und stark differenziertem Gelände durch Hüpfen wesentlich höher als es durch andere Fortbewegungsarten möglich wäre.
Aus diesen Gründen ist Hüpfen durchaus auch für einen Roboter interessant. Die technische Realisierung ist allerdings nicht ganz einfach. Ein Hüpfvorgang kann dabei auf verschiedene Arten ausgelöst wer-

den. Gemeinsam ist nahezu allen Hüpfvorgängen, dass in einer kurzen Zeit eine hohe Energiemenge in Form von mechanischer Energie freigesetzt wird. Danach (vor dem nächsten Hüpfvorgang) folgt dann normalerweise eine Phase der Ruhe, die zum erneuten Aufladen des Energiespeichers genutzt wird. Als Energiespeicher können verschiedene Systeme dienen. Allerdings müssen sie, wie bereits erwähnt, dazu in der Lage sein, bei Bedarf eine große Energiemenge in kürzester Zeit zu Verfügung zu stellen. Aus diesem Grund bieten sich folgende Energiespeicher an: Feder (mechanische Energiespeicherung), Kondensator (elektrische Energiespeicherung) und Benzin (chemische Energiespeicherung). Im Fall der Energiespeicherung mittels einer Feder muss diese zuerst durch einen Motor „aufgezogen" und dann ausgelöst werden. Bei Verwendung von Benzin (oder ähnlichen Kohlenwasserstoffen) wird dies in eine Kammer gespritzt und wie beim Ottomotor durch einen Funken gezündet. Im Falle der Energiespeicherung mit einem Kondensator wird dieser zuerst geladen und dann über einen Elektromagneten entladen. Die Energiespeicherung mit einer Feder ist mechanisch recht aufwendig, die Verwendung von Benzin scheidet ebenfalls aufgrund der Komplexität des notwendigen Mechanismus und der Gefährlichkeit aus.

Als Kondensatoren eignen sich normale Elektrolytkondensatoren hoher Kapazität und hoher Spannungsfestigkeit. Doppelschichtkondensatoren sind wegen des hohen Innenwiderstandes (bei der Entladung fließt zu wenig Strom) nicht geeignet. Als Elektromagnete eignen sich ebenfalls einfache Zugmagnete mit möglichst niedriger Betriebsspannung. Bei diesen Magneten wird bei Stromfluss ein Eisenkern in eine Spule gezogen (siehe auch Kapitel 5.2, Abb. 5.49). Die Kraft mit der dies geschieht, ist allerdings bei Betrieb mit Nennspannung ziemlich gering und reicht nicht aus, einen Roboter zu einer nennenswerten Hüpfbewegung zu veranlassen. Anders sieht es aus, wenn solche Elektromagnete mit einer wesentlich höheren Spannung betrieben werden. Kurzzeitig verkraften diese Magnete durchaus die 10-fache Nennspannung und mehr. Sofern der Stromfluss durch das Entladen eines Kondensators über den Elektromagneten nur eine sehr kurze Zeit andauert und eine hinreichend lange Ruhephase (zum Abkühlen) folgt, nimmt der Magnet keinen Schaden. Allerdings sollten zum Auslösen der Entladung des Kondensators über den Magneten keine Relais verwendet werden, da deren Kontakt der hohen Strombelastung normalerweise nicht gewachsen sind. Hier bietet sich eine einfache Thyristor- oder Triac-Treiberschaltung an, wie sie in Abbildung 6.72 vorgestellt wird. Der Schalter (Relais) schaltet jeweils zwischen der Stellung Laden und Auslösen um. Die Ladezeit richtet sich nach dem Wert des Widerstandes R1. Die benötigten Werte für den Kondensator sowie für R1 und R2 werden am besten experimentell ermittelt.

Als TRIAC eignet sich nahezu jeder Typ. Die Strombelastbarkeit sollte möglichst hoch sein (mind. 5 A). Bei eigenen Versuchen wurde ein kleiner Elektromagnet (Nennspannung 5 V) mit 20 V betrieben. Dazu wurde ein 10.000 μF Elektrolytkondensator und ein alter Triac aus einem Lampendimmer verwendet. Für R1 wurde ein Widerstand mit 500 Ω gewählt; R2 wurde ganz weggelassen.

Abbildung 6.72:
Hüpf-Mechanismus mit Elektromagnet und Triac-Auslösung.

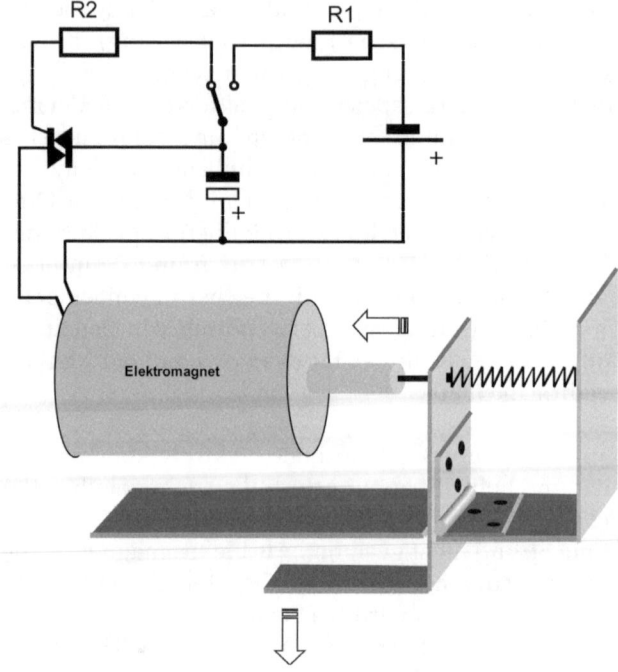

Es gibt allerdings auch noch eine andere Möglichkeit, einen einfachen Hüpfroboter zu bauen. Dazu werden Druckfedern als „Füße" eingesetzt und der Roboter mit einer Vorrichtung ausgestattet, die eine Unwucht erzeugt. Am einfachsten eignet sich dazu ein Motor mit einer Drehscheibe, an der ein Gewicht befestigt wird. Je nach Drehzahl des Motors führen die erzeugten Schwingungen schnell zu Resonanzen in einzelnen Fußfedern. Da diese Resonanzen aber nicht gleichmäßig erfolgen, wird sich das ganze Gefährt je nach Motordrehzahl hüpfend in die eine oder andere Richtung fortbewegen. Die exakte Steuerung ist allerdings nicht ganz trivial. Amm besten rüstet man das Hüpf-Fahrzeug zusätzlich mit einer Vorrichtung (z. B. Mitnehmer-Rad, siehe Abschnitt „Bewegung") aus, welche die aktuelle Bewegung des Roboters detektiert und über dieses Signal gegebenenfalls eine Änderung der Motor-(Unwucht-)Drehzahl vornimmt. Dazu ist allerdings sicherlich eine Mikroprozessor-Steuerung notwendig.

Der schematisch Aufbau eines solchen Roboters ist denkbar einfach. Die Abbildungen 6.73 und 6.74 zeigen das Prinzip und die praktische Ausführung.

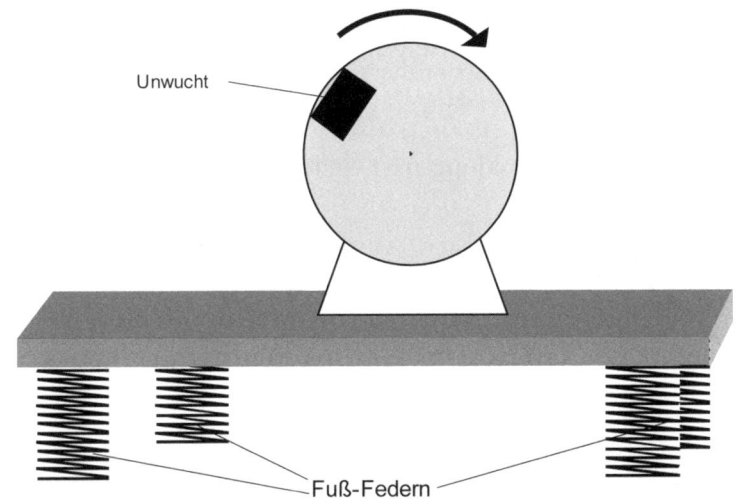

Abbildung 6.73: *Hüpf-Robot (Prinzipskizze).*

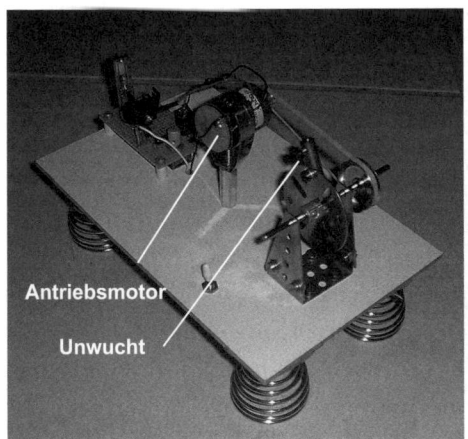

Abbildung 6.74: *Hüpf-Robot (praktische Ausführung).*

Rollen

Auch „Rollen" ist durchaus eine mögliche Fortbewegungsart für einen Roboter. Günstige Formen zum Rollen sind Walze (Rad, dessen Breite größer ist als dessen Höhe) und Kugel. Wohlgemerkt, der Roboter soll sich nicht auf Walzen oder Kugeln bewegen, sondern selbst als Walze oder Kugel ausgebildet sein und auch als Ganzes rollen. Die Vorwärtsbewegung wird am einfachsten durch die Verlagerung des (möglichst tiefen!) Schwerpunktes erreicht. Dazu wird ein Getriebemotor zusammen mit einem Gewicht (z. B. Akku oder Batterie) an einer Welle befestigt, die durch das Zentrum der beiden Stirnflächen der Walze geführt wird. Mindestens an einer Seite muss die Achse fest mit der Walze befestigt sein. Besonders günstig ist zu diesem Zweck ein Getriebemotor mit einer nach beiden Seiten herausgeführten Welle, die durch ein Stück Gewindestange verlängert wird.

In den folgenden Abbildungen ist die Konstruktion einer solchen Robot-Walze skizziert.

Abbildung 6.75:
Robot-Walze (Seitenansicht).

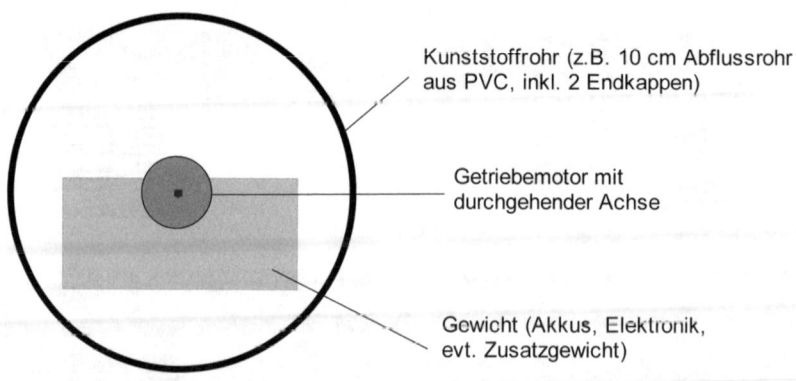

Kunststoffrohr (z.B. 10 cm Abflussrohr aus PVC, inkl. 2 Endkappen)

Getriebemotor mit durchgehender Achse

Gewicht (Akkus, Elektronik, evt. Zusatzgewicht)

Abbildung 6.76:
Robot-Walze (Ansicht in Rollrichtung).

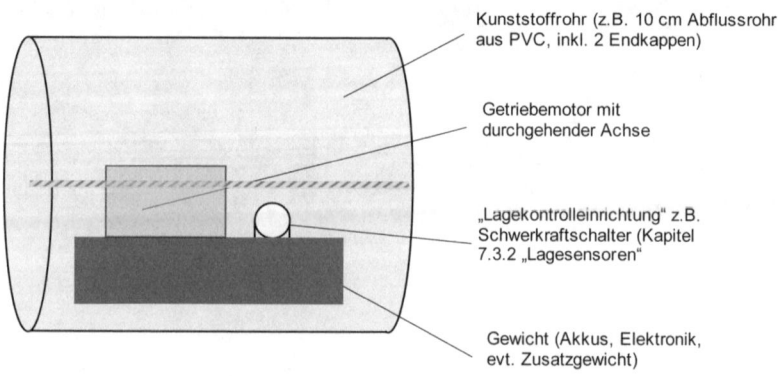

Kunststoffrohr (z.B. 10 cm Abflussrohr aus PVC, inkl. 2 Endkappen)

Getriebemotor mit durchgehender Achse

„Lagekontrolleinrichtung" z.B. Schwerkraftschalter (Kapitel 7.3.2 „Lagesensoren"

Gewicht (Akkus, Elektronik, evt. Zusatzgewicht)

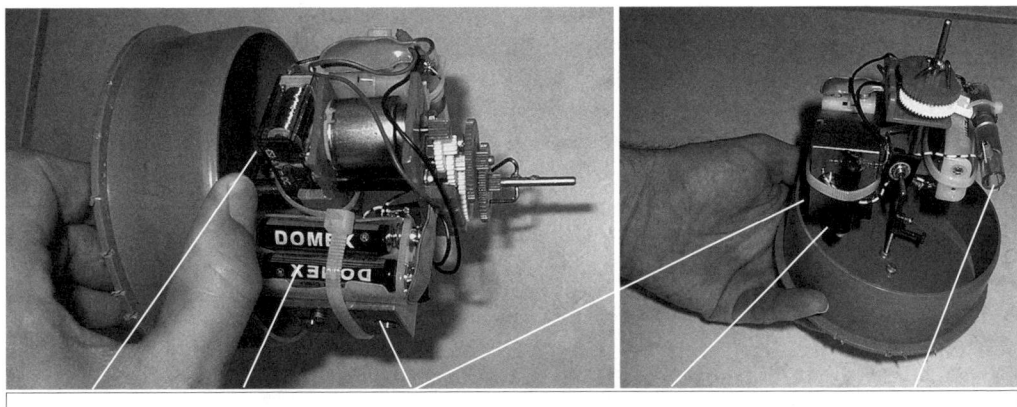

| Umpol-Relais | Akku-Pack | Gegengewicht | Schwerkraftschalter für Ein/Aus* | Schwerkraftschalter für Vor/Zurück |

* Das Ein- und Ausschalten der Robotwalze erfolgt durch seitliches Kippen in die eine oder andere Richtung. Ein Schalter an der Außenseite der Walze kann nicht montiert werden, da sich die Walze im Bezug zum Motor dreht!

Abbildung 6.77: *Robot-Walze (praktische Ausführung).*

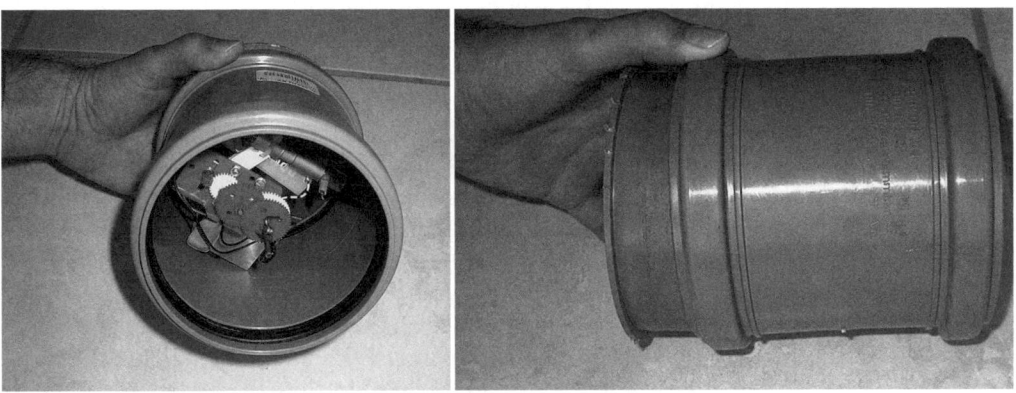

Abbildung 6.78: *Robot-Walze (praktische Ausführung).*

Indem der Getriebemotor die Welle dreht, beginnt sich der Schwerpunkt nach oben zu verlagern. Dadurch beginnt die Walze zu rollen. An einem Hindernis bewegt sich der innere Schwerpunkt der Walze solange hoch, bis die resultierende Dreh-Kraft der Walze das Hindernis überwindet oder das Gewicht den oberen Scheitelpunkt überschreitet und die Walze sozusagen nach hinten kippt. Die Dreh-Kraft der Walze ist allerdings am größten, wenn sich die innere Masse um 90° von ihrer unteren Stellung aus gesehen angehoben hat. Wenn die

Abbildung 6.79:
Robot-Kugel.

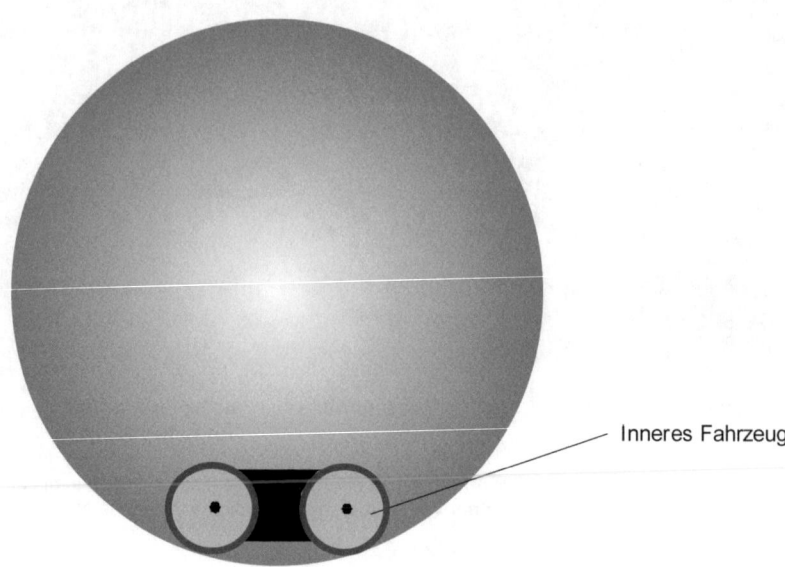

Inneres Fahrzeug

Walze ein Hindernis zu diesem Zeitpunkt noch nicht überwunden hat, wird sie es auch bei weiterer Verschiebung der inneren Masse nicht mehr überwinden. Somit ist es am günstigsten, den Antriebsmotor beim Erreichen dieser Stellung umzupolen. Die Walze fährt dann, sofern sie ein Hindernis nicht überwinden kann, in der entgegengesetzten Richtung davon. Damit das erneute Umpolen dann auch bei Erreichen der entgegengesetzten Endstellung funktioniert, benötigt man ein Art Flip-Flop-Schwerkraftschalter. Bestens geeignet ist der in Abschnitt „Lagesensoren" erwähnte Selbstbau-Schwerkraftschalter aus einem Röhrchen mit Magnet und zwei Reed-Schaltern.

Eine andere Möglichkeit zur Realisierung eines selbst rollenden Robot-Fahrzeuges ist die Robot-Kugel. Dazu benötigt man lediglich eine möglichst leichte Hohlkugel und ein dorthinein passendes Fahrzeug. Die Fortbewegung geschieht ebenfalls durch Verlagerung des Schwerpunktes, indem das Fahrzeug in der Kugel fährt. Für die Steuerung des inneren Fahrzeuges gelten die im Abschnitt 6.1 „Räder" ausgeführten Betrachtungen. Allerdings ist die Bestückung des Fahrzeuges mit Sensoren eingeschränkt. Lichtsensoren, welche die Bewegung des inneren Fahrzeuges und damit der gesamten Kugel steuern, können logischerweise nur bei Verwendung einer durchsichtigen Kugel (Plexiglas) eingesetzt werden. Der Einbau von Berührungs- oder Ultraschall-Sensoren zur Erkennung von Hindernissen ist ebenfalls nicht möglich. Zur Hinderniserkennung muss in diesem Fall, wie auch bei der beschriebenen Robot-Walze, die Schwerpunktverlagerung des inneren Fahrzeuges herangezogen werden. Im Fall der Robot-Kugel kann das Fahrzeug beispielsweise mit großen und haftfähigen Rädern ausgestattet werden, damit es beim Erreichen eines Hindernisses solange an der inneren Kugelwandung hochfährt, bis es nach hinten kippt und sozusagen auf dem Rücken weiterfährt. Wird dann mittels eines einfachen Schwerkraftschalters der Antriebsmotor nach dem Kippen auf die Rückseite umgepolt, bewegt sich die ganze Kugel in der entgegengesetzten Richtung davon.

Geeignete Hohlkugeln für solche Fahrzeuge gibt es sehr günstig in Form von Halbkugeln aus Styropor oder Plexiglas (Bastelgeschäft, Blumengeschäft). Verbindet man beide Hohlkugelhälften wasserdicht miteinander (z. B. durch sattes Auftragen von Fett auf die Verbindungsstellen) kann sich der Kugel-Roboter sogar schwimmend auf dem Wasser fortbewegen!

7. Sensorik

Jeder Roboter soll selbstverständlich auf äußere Reize reagieren können. Dies setzt voraus, dass er seine Umwelt in sehr vereinfachter Form wahrnimmt. Diese Wahrnehmung geschieht mittels diverser Sensoren. Verschiedene Sensoren reagieren dabei auf unterschiedliche äußere Reize unter Aussendung eines Signals. Dieses Signal kann extrem einfach sein, wie beispielsweise ein Anstoßdetektor, der einen Stromkreis bei Berührung eines Hindernisses schließt. Da der Stromkreis nur offen oder geschlossen sein kann, ist die Auflösung des Sensors also 1 bit. Andere Sensoren, wie zum Beispiel eine Photozelle, liefern ein analoges Signal, das als solches direkt verarbeitet oder vorher digitalisiert werden kann. Im Falle der direkten Verarbeitung ist die Auflösung des Signals durch die Güte der zugrunde liegenden elektrischen Schaltung bzw. durch deren Rauschen limitiert; bei der Digitalisierung des Signals geschieht dies noch zusätzlich noch durch die Art der Digitalisierung. So kann beispielsweise ein 0...10V Signal in ein 8-Bit (256 einzelne Abstufungen) oder ein 16 Bit-Signal (etwa 65000 Abstufungen) umgewandelt werden. Noch komplizierter wird das Ganze, wenn nicht nur der Wert einer Photozelle, sondern die Werte von einigen Tausend Photozellen, wie es bei einer digitalen Camera der Fall ist, ausgelesen werden. Diese enorme Datenflut kann nur noch von ganz spezieller Software auf schnellen Rechnern in brauchbarer Zeit verarbeitet werden. Da hier lediglich die Grundlagen der Sensorik erläutert werden sollen, wird darauf nicht näher eingegangen. Im Folgenden sind die wichtigsten Einflussgrößen und deren Verarbeitung näher erläutert.

7.1. Licht

Licht ist eine interessante und oft verwendete Einflussgröße zur Steuerung von Robotern. Dies liegt einerseits daran, dass es Lichtsensoren in Form von LDRs, Phototransistoren, Solarzellen usw. günstig und in zahlreichen Variationen gibt. Zudem ist das Signal dieser Sensoren mittels einfacher klassischer Elektronik leicht auszuwerten bzw. umzusetzen. Andererseits kann Licht zur Energiezufuhr mittels Solarzellen genutzt werden. Der so angetriebene Roboter ist dann darauf angewiesen, schnell und effektiv „Licht" zu finden. Diesen Tatsachen verdanken wohl auch die zahlreichen „Lichtsuch"-Roboter ihre Existenz. Durch ihren meist einfachen Aufbau eignen sie sich bestens für Anfänger. Einige grundlegende Bauvarianten von Lichtsuchern werden daher im Folgenden vorgestellt.

Außer zum Bau von „Lichtsuchern" kann Licht als Steuerungselement noch in zahlreichen anderen Varianten eingesetzt werden. Diese sind in der folgenden Tabelle kurz zusammengefasst.

Kurzbezeichnung	Aktion	Einsatzmöglichkeit/Bemerkungen
Lichtsucher	Roboter bewegt sich auf eine Lichtquelle zu.	Roboter findet die hellste Stelle im Raum – sinnvoll z. B. bei Verwendung von Solarzellen. Einfach zu realisieren.
Lichtflieher	Roboter bewegt von einer Lichtquelle weg.	Roboter, der sich „versteckt". Einfach zu realisieren.
Lichtaktivierung	Aktivierung beim Überschreiten einer Mindest-Lichtstärke.	Tagaktiver Roboter (z. B. mit Solarbetrieb). Einfach zu realisieren.
Lichtdeaktivierung	Aktivierung beim Unterschreiten einer Mindest-Lichtstärke	Nachtaktiver Roboter. Einfach zu realisieren.
Linienfolger	Linie auf dem Boden verfolgen.	Aufgedruckter Linie folgen oder z. B. auch Fugen von Platten folgen: „natürliches Koordinatennetz". Mittelschwer zu realisieren.
Laser-Hilfsstrahl	Eindeutiges Auffinden eines bestimmten Ortes.	Auffinden z. B. einer Ladestation die einen Laserstrahl aussendet. Mittelschwer zu realisieren.
Laser-Entfernungsmesser	Hinderniserkennung, Orientierung im Raum, Ausmessen des eigenen Bewegungsraumes.	Hinderniserkennung, Erstellung eines Planes des Bewegungsraums. Nur mit großem Aufwand realisierbar.
IR-Bewegungssensoren	Reaktion auf Körperwärme und Bewegung.	Einbrecher-Meldeanlage, evtl. mit Kamera usw. gekoppelt. Einfach mittels käuflicher Fertiggeräte zu realisieren.
IR-Fernsteuerung	Fernsteuerung mittels externem Computer usw.	Entkopplung von Mechanik (Roboter) und Elektronik (Computer). Dadurch Gewichtsreduktion des Roboters, aber direkter Sichtkontakt zwischen Roboter und IR-Sendeeinheit notwendig. Schwierig zu realisieren.
Kamera	Bildverarbeitung der Umgebung.	Reaktion auf nahe zu alle optischen Reize möglich. Nur mit großem Aufwand realisierbar.

Zum besseren Verständnis des Themas „Licht" ist hier eine kurze Tabelle mit verschiedenen Beleuchtungsstärken zusammengestellt. Die Beleuchtungsstärke gibt an, wie hell uns eine Fläche erscheint und wird in Lux gemessen. Die genaue Definition ist dabei nicht von Interesse. Wichtig ist jedoch, eine realistische Abschätzung von Beleuchtungsstärken (siehe dazu auch Kapitel 5.1 Abschnitt „Energiezufuhr über Solarzellen").

Vergleichsbeleuchtung	Beleuchtungsstärke in Lux*
Vollmondnacht	0,2 Lux
Straßenbeleuchtung	20 Lux
Wohnraumbeleuchtung	150 Lux
Beleuchtung zum Lesen	300 Lux
Sonnenlicht (im Schatten)	5.000 Lux
Tageslicht	50.000 Lux
Sonnenlicht (direkte Bestrahlung)	100.000 Lux

* 1 Lux = 1,47 mW/m^2

Licht-Sensoren

Als Lichtsensoren eignen sich LDR, Photodiode, Phototransistor und Solarzelle. Ein LDR (light dependent resistor) ist ein lichtempfindlicher Widerstand. Der Widerstand eines LDRs ändert sich dabei normaler-weise von etwa 100 kΩ (völlige Dunkelheit) bis auf etwa 10 Ω (Tages-licht). Abbildung 7.1 zeigt die Kennlinie eines LDRs, woraus das Ver-halten bei mehr oder weniger Licht hervorgeht.

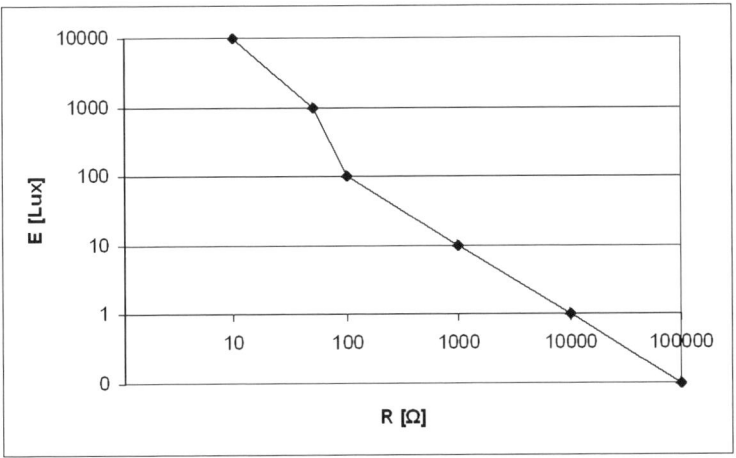

Abbildung 7.1: *Kennlinie eines LDRs.*

Man beachte, dass der beispielsweise in Wohnräumen nutzbare Be-reich sehr eng ist. Geringe Helligkeitsdifferenzen in diesem Bereich un-terscheiden sich daher nur um einige Ohm. Das bedeutet, dass eine Schaltung entweder genau an den Arbeits- (= Helligkeitsbereich) ange-passt werden muss oder aber eine enorm hohe Auflösung erzielt wer-den muss. Einfache Transistorschaltungen sind daher eher ungeeignet. Sehr brauchbar ist jedoch der Einsatz eines Operationsverstärkers (z. B. 741) – siehe dazu auch Kapitel 4, Abschnitt „Komparator-Schaltung".

Außer LDRs können zur Detektion von Licht noch Fotodioden oder Fototransistoren verwendet werden. Fotodioden erzeugen bei Belichtung eine bestimmte Spannung bzw. einen bestimmten Kurzschlussstrom (etwa $1\,\mu A / Lux$). Sie benötigen damit also keine externe Spannungsquelle wie z. B. LDRs. Bei Fototransistoren ist die Kollektor-Basisstrecke als Photodiode ausgebildet. Dies bewirkt bei Belichtung einen Basisstrom. Die Basis muss daher auch nicht unbedingt angeschlossen werden.

Manche Fotodioden und -transistoren sind allerdings sehr empfindlich und arbeiten in einem Bereich zwischen 0,01 und 1 Lux (zum Vergleich: Wohnraumbeleuchtung = ungefähr 100 Lux). Aus diesem Grunde sind nicht alle Fotodioden und -transistoren für „Lichtsucher" geeignet. Wer dennoch einen Fototransistor einsetzen möchte, kann sich einen solchen leicht selbst herstellen. Dazu wird bei einem alten Metalltransistor vorsichtig der Gehäusedeckel abgesägt. Darunter kommt direkt das (lichtempfindliche!) Siliziumplättchen des Transistors zum Vorschein.

Abbildung 7.2:
Selbstbau eines Fototransistors (Seitenansicht).

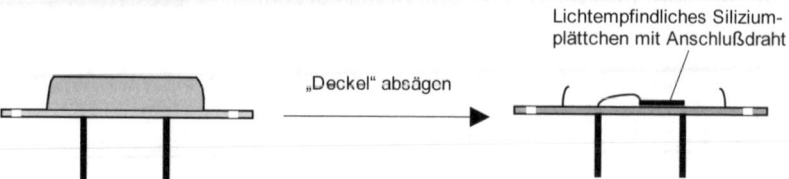

„Deckel" absägen

Lichtempfindliches Siliziumplättchen mit Anschlußdraht

Letztendlich können auch noch Solarzellen als Lichtdetektoren verwendet werden. Solarzellen sind sozusagen großflächige Fotodioden, bei denen die Erzeugung von elektrischer Energie im Vordergrund steht. Gerade bei solarbetriebenen Fahrzeugen ist dies durchaus sinnvoll. Beispielsweise kann die Leerlaufspannung einer kleinen Referenz-Solarzelle zur Detektion der Helligkeit herangezogen werden. Dies hat den Vorteil, dass die Lade-Solarzellen von vornherein den gleichen Betriebsbereich wie der Lichtdetektor (= Referenz-Solarzelle) besitzen.

Weitere Lichtdetektoren wie Photomultiplier, pyroelektrische Detektoren, spezielle UV- oder IR-Detektoren sollen hier aufgrund der Komplexität des Themas nicht weiter behandelt werden.

Weitere Infos und Grundlagen zu Lichtsensoren findet man aber beispielsweise unter http://www.om.tu-harburg.de/OntScript/script.pdf

7.2. Schall

Schallsensoren werden, sofern sie für die Aufnahme hörbarer Schallwellen vorgesehen sind, als Mikrofone bezeichnet. Nahezu alle gängigen Mikrofone sind Kondensator-Mikrofone. Das heißt, durch die Schallwellen wird eine Membran, die eine Platte eines Kondensators darstellt, zum Schwingen angeregt. Dadurch ändert sich der Abstand dieser Platte zur benachbarten, festen Platte, was wiederum eine Änderung der Kapazität dieser Anordnung verursacht. Zur Umsetzung dieser Kapazitätsänderung in ein elektrisches Signal benötigt man eine elektronische (Verstärkungs-) Schaltung. Da solche Schaltungen bereits als fertig aufgebaute Module günstig im Elektronik-Fachhandel erhältlich sind, wird auf deren Aufbau hier nicht näher eingegangen. Das verstärkte elektrische Signal kann nun in mannigfaltiger Weise ausgewertet werden. Die einfachste Auswertung ist die Auswertung der Schallintensität. Eine Anwendung wäre beispielsweise ein Roboter, der durch ein Geräusch aktiviert wird. Eine durchaus interessante Möglichkeit ist auch der Einsatz eines solchen Schalldetektors zur Hinderniserkennung (Anstoßdetektor). Dabei wird das normalerweise bei der Kollision eines Roboters mit einem Hindernis entstehende kurze und intensive Schallsignal zur Hinderniserkennung benutzt.

Etwas schwieriger ist die Unterscheidung verschiedener Schall-Frequenzen. Dazu wird eine Filterschaltung benötigt, die bestimmte Frequenzbereiche selektiv ausblenden kann. Eine solche Schaltung könnte zum Fernsteuern eines Roboters durch verschieden hohe Töne, Pfiffe usw. verwendet werden. Ähnlich aufwendig wie die Unterscheidung von Schall-Frequenzen ist die Bestimmung der Richtung des Schalls. Dazu ist es notwendig zwei Mikrofone in einem bestimmten Mindestabstand so anzuordnen, dass sie möglichst von Geräuschen, die nicht auf direktem Weg zu ihnen gelangen, abgeschirmt sind. Man benötigt also sozusagen Richtmikrofone. Über eine Differenzverstärkerschaltung (siehe Kapitel 4.4 Abschnitt „Komparator-Schaltung") wird nun ermittelt, von welcher Seite die höchste Schallintensität eintrifft. Da die Richtungsbestimmung aber nur rein auf der Basis der Schallintensität erfolgt, kann die Anordnung nicht zwischen verschiedenen Schallquellen unterscheiden. Dazu würde man zusätzlich zum Intensitätsvergleich noch die Analyse und den Vergleich des Frequenzmusters benötigen.

Die aufwendigste Möglichkeit Schall zur Steuerung eines Roboters einzusetzen ist die echte Sprachsteuerung. Auch dazu gibt es bereits fertige Module im Handel, die eine einfache Sprachsteuerung möglich machen. Letztendlich handelt es sich bei vielen Sprachsteuerungen aber nur um aufwendige Fernsteuerungen.

Eine andere Anwendung von Schall zur Steuerung eines Roboters ist die Verwendung von Ultraschall-Abstandswarnern zur Hinderniserkennung. Die dazu im Handel recht preiswert erhältlichen Ultraschall-Abstandswarner beinhalten einen modulierten Ultraschall-Sender und einen auf diese Signale abgestimmten Empfänger. Die Reichweite dieser Geräte ist richtungsabhängig und beträgt etwa 10…50 cm. Allerdings ist die Reichweite stark von dem reflektierenden Objekt abhängig und besonders schmale Objekte (Stuhlbeine usw.) werden nicht sicher detektiert.

7.3 Mechanische Sensoren: Bewegung, Lage, Berührung

Unter mechanischen Sensoren sollen hier Sensoren verstanden werden, die Bewegung, Berührung oder die Lage im Raum feststellen können. Mechanische Sensoren werden als Berührungssensoren oft zur Hinderniserkennung eingesetzt. Meist sind sie als letzte Instanz vorgesehen, wenn andere berührungslose Näherungssensoren versagen. Lagesensoren können als simple Schwerkraftschalter feststellen, ob sich ein Fahrzeug in einem kritischen Stabilitätszustand befindet oder gar auf dem Rücken liegt. Bewegungssensoren können feststellen, ob sich ein Fahrzeug überhaupt noch bewegt. Die am häufigsten verwendeten Sensoren sind aber wohl dennoch die Berührungssensoren.

Berührungssensoren (mechanisch)

Berührungssensoren sind normalerweise sehr zuverlässig und auch beispielsweise im Tierreich weit verbreitet. Beispiele hierfür sind die Schurrbarthaare der Katze oder generell der Tastsinn nahezu aller höheren Lebewesen. Die Zuverlässigkeit von Berührungssensoren steht und fällt allerdings mit ihrer technischen (mechanischen und elektrischen) Ausführung. Als erste Voraussetzung müssen Berührungssensoren das Objekt, das sie detektieren sollen (z. B. ein Hindernis) überhaupt einmal berühren. Dies setzt entweder möglichst viele oder möglichst großflächige Detektoren voraus. Im Extremfall kann der Hindernisdetektor das Fahrzeug wie eine Schale komplett umgeben. Dadurch ist sicher gewährleistet, dass jedes beliebige Hindernis auch detektiert wird.

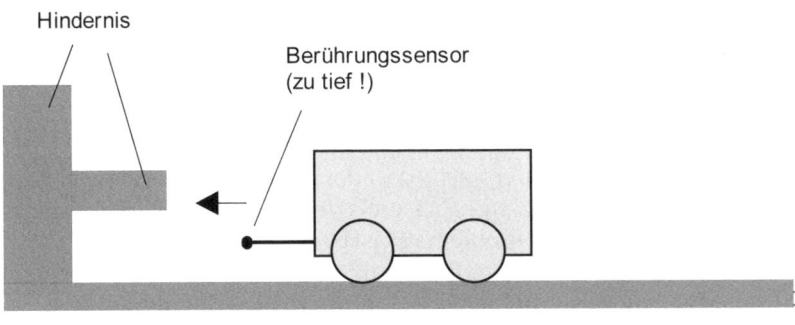

Hindernis

Berührungssensor
(zu tief !)

Abbildung 7.3:
*Eindimensiona-
ler Berührungs-
sensor
(ungenügend!).*

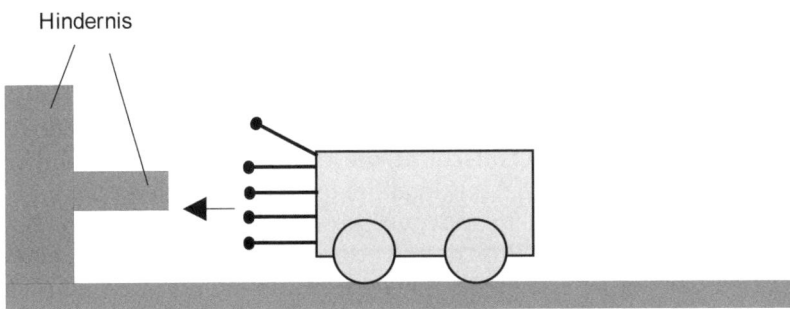

Hindernis

Abbildung 7.4:
*Lösungsvariante
A:
Einsatz mehrerer
(eindimensiona-
ler) Sensoren.*

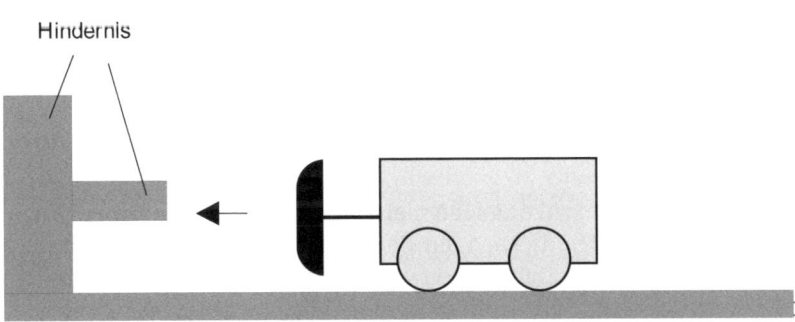

Hindernis

Abbildung 7.5:
*Lösungsvariante
B:
Einsatz eines
großflächigen
Sensors (zweidi-
mensional).*

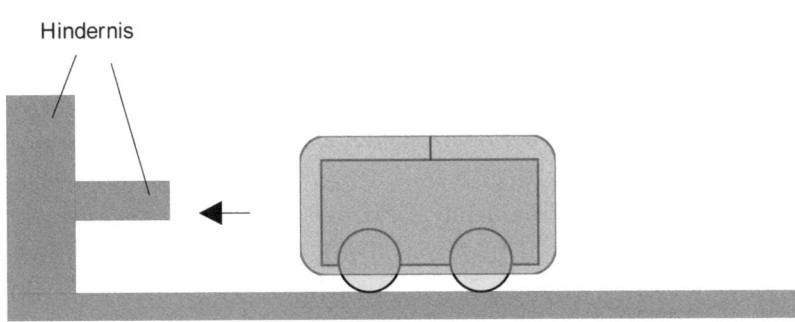

Hindernis

Abbildung 7.6:
*Lösungsvariante
C:
Einsatz eines das
Fahrzeug voll-
ständig um-
schließenden
Sensors (dreidi-
mensional).*

Die technische Ausführung eines Berührungssensors ist auf den ersten
Blick nicht sonderlich kompliziert. Man benötigt ein flexibel am Roboter befestigtes Teil (Stab, Platte, Haube o.ä.), an dem ein elektrischer

Kontakt befestigt ist, der bei Auslösung des Sensors einen weiteren festen Kontakt berührt und dadurch einen Stromkreis schließt. Ein direkter mechanischer Kontakt kann dabei noch durch Einsatz von Lichtschranken vermieden werden. Dennoch treten prinzipiell zwei Probleme auf. Einerseits soll die Auslösung sicher, dass heißt auch bei leichter Berührung erfolgen, andererseits darf der Sensor nicht bei einer abrupten Bewegung des Fahrzeuges beispielsweise bei einer Richtungsänderung ansprechen. Diese Problematik ist besonders bei kleinen Fahrzeugen nicht zu unterschätzen. Die Kraft, mit der kleine Fahrzeuge ein Hindernis, besonders bei nicht senkrechtem Auftreffen berühren, ist relativ klein. Sofern zur Auslösung elektrische Kontakte vorgesehen sind, muss auch beachtet werden, dass solche Kontakte eine gewisse Mindestkraft zum Stromfluss benötigen. Je nach verwendeten Materialien ist diese Kraft unter Umständen nicht ganz unerheblich. Besonders bei unedlen Metallen (Eisen, Stahl, Kupfer, Messing, auch Silber) bildet sich schnell eine Oxidschicht, die immer größere Kräfte zum sicheren Kontakt benötigt. Als Kontaktmaterial eignen sich daher besser Materialien wie vernickeltes oder verchromtes Eisen (z. B. manche Büroklammern!), bedingt Bronze und Aluminium (nicht das an seiner matten Oberfläche erkennbare eloxierte Aluminium!) und natürlich Edelmetalle wie Gold oder Platin. Als Goldkontakte eignen sich auch durchaus Teile von (altem) Schmuck. Auch sind Galvanisier-Sets im Handel, die es erlauben, Metallteile nachträglich zu vergolden (siehe Anhang „Bezugsquellen"). Andere gute Kontaktmaterialien finden sich in den Kontakten von Relais. Alte Relais also nicht wegwerfen, sondern „Ausschlachten".

Bei Gehmaschinen tritt dagegen meist ein anderes Problem auf. Durch die zyklischen oder ruckartigen Bewegungen beginnen manche Berührungssensoren zu schwingen und lösen aus, obwohl kein Hindernis vorhanden ist. Für Gehmaschinen sind daher nur bestimmte Berührungssensoren geeignet. Es folgen nun einige bewährte Bauvorschläge von Berührungssensoren unter Angabe ihrer wichtigsten Eigenschaften

Eindimensionale Berührungssensoren

Der einfachste Berührungssensor besteht sicherlich aus einem verlängerten Taster. Besonders kleine, leicht auslösende Mikrotaster eignen sich sehr gut zur Installation einer Verlängerung wie in der Abbildung 7.7 dargestellt. Diese Taster sind für rollende Roboter und für Gehmaschinen geeignet.

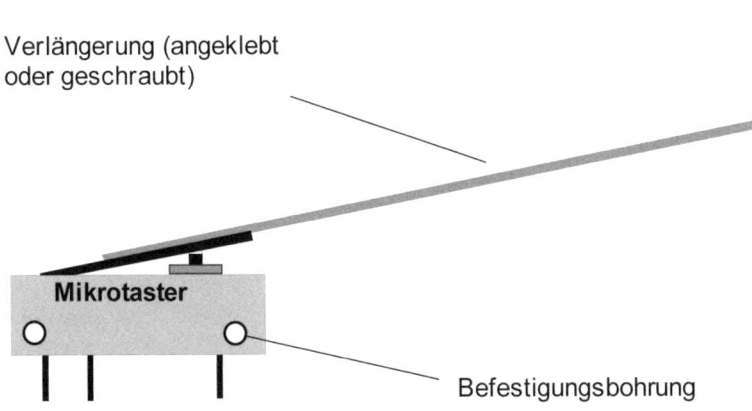

Verlängerung (angeklebt
oder geschraubt)

Mikrotaster

Befestigungsbohrung

Abbildung 7.7:
Eindimensiona-
ler Berührungs-
sensor
(verlängerter Mi-
krotaster).

Bei der Auswahl des Mikrotasters sollte auf folgende Punkte geachtet werden:

- Geringe Baugröße und Gewicht
- Vorhandensein von Befestigungsbohrungen
- Möglichst geringe Auslösekraft
- Ausführung als UM-Schalter

Sofern der Mikrotaster als UM-Schalter ausgeführt ist, kann er als im Ruhezustand offen oder geschlossen geschaltet werden. Dies kann im Einzelfall, je nach verwendeter Schaltung, hilfreich sein.

Prinzipiell lassen sich einfache Berührungssensoren aus einem Stück Federstahl oder flexiblem Kunststoff auch leicht selbst anfertigen. Problematisch sind dabei aber immer wieder die notwendigen kleinen Auslösekräfte. Viele Metalle besitzen eine mehr oder weniger dicke Oxidschicht, die durch einen oftmals nicht unerheblichen Druck erst überwunden werden muss, um sicheres Schalten zu gewährleisten. Hier bietet sich der Einsatz von alten Relaiskontakten an. Diese Relaiskontakte sind aus Materialien gefertigt, die bereits bei kleiner Druckkraft leitend werden. Oft werden im Handel günstige Relais als Restposten angeboten, aus denen man sich einige Kontakte ausbauen und wie in der folgenden Abbildung gezeigt für einen Berührungsdetektor verwenden kann.

Abbildung 7.8:
Eindimensionaler
Berührungssensor
(Selbstbau mit Re-
laiskontakten).

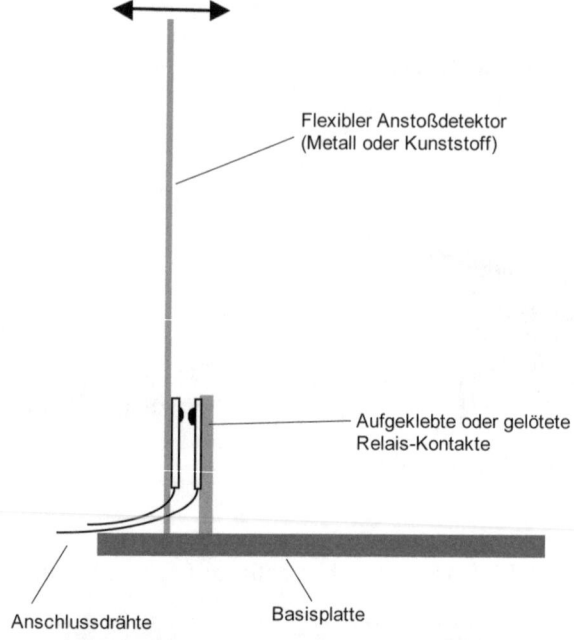

Flexibler Anstoßdetektor
(Metall oder Kunststoff)

Aufgeklebte oder gelötete
Relais-Kontakte

Anschlussdrähte   Basisplatte

Abbildung 7.9:
Berührungsdetek-
tor (federbelastet).

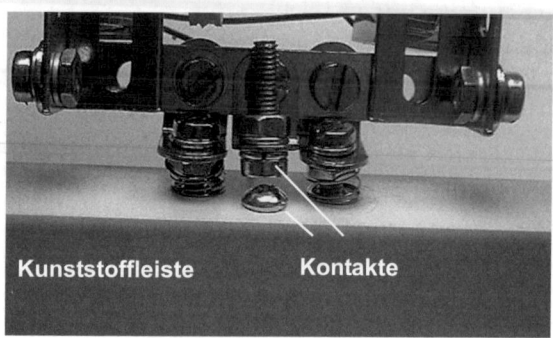

Kunststoffleiste   Kontakte

Als weiterer eindimensionaler Berührungssensor soll nun ein Modell vorgestellt werden, welches besonders für bestimmte Gehmaschinen eingesetzt werden kann (Abbildungen 7.10 und 7.11). Der Sensor besteht aus einer flexiblen Feder und einem Kontaktring. Im Gegensatz zu den bisher beschriebenen Sensoren kann dieses Modell zur Auslösung in beliebige Richtungen ausgelenkt werden und ist damit flexibler einsetzbar. Als Kontaktring eignet sich beispielsweise eine verchromte oder vernickelte Büroklammer. Die Feder kann gegebenenfalls an der Kontaktstelle mit etwas feinem Schmirgelpapier bearbeitet oder in besonderen Fällen an dieser Stelle mit einem Galvanisier-Set vergoldet werden, um einen besseren Kontakt zu erreichen.

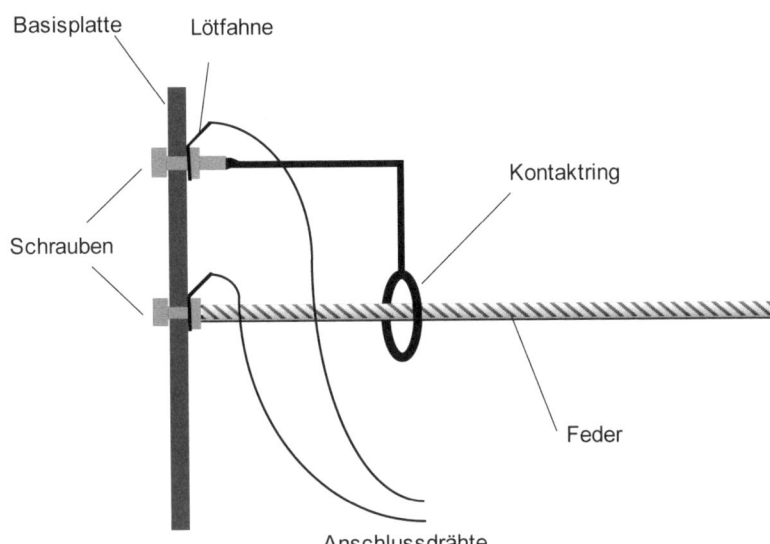

Basisplatte
Lötfahne
Schrauben
Kontaktring
Feder
Anschlussdrähte

Abbildung 7.10:
Eindimensiona-
ler Berührungs-
sensor (Feder
mit Kontaktring).

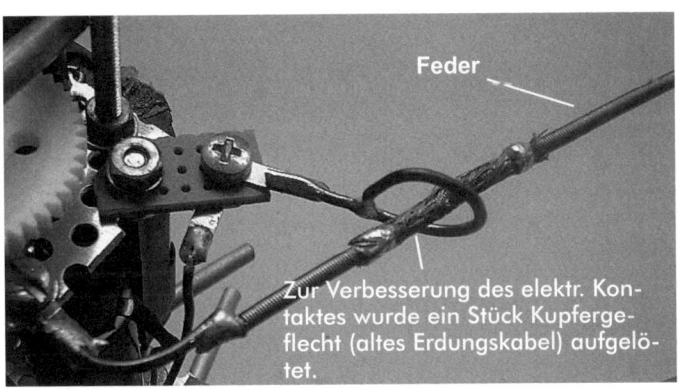

Feder

Zur Verbesserung des elektr. Kontaktes wurde ein Stück Kupfergeflecht (altes Erdungskabel) aufgelötet.

Abbildung 7.11:
Eindimensiona-
ler Berührungs-
sensor (Feder
mit Kontaktring).

Als letzter eindimensionaler Berührungssensor folgt hier nun noch ein Modell, welches normalerweise geschlossen ist (Abbildungen 7.12 und 7.13). Einsatzbereich ist die Erkennung von Abgründen und Löchern. Ein solches „Hindernis" wäre beispielsweise eine Tischkante oder eine Treppenstufe. Der Sensor besteht aus einem festen Metallwinkel, auf dem im ausgelösten Zustand ein flexibler Tast-Draht aufliegt. Im Normalzustand ist dieser Tast-Draht durch Aufliegen auf dem Untergrund vom Metallwinkel weggebogen. Fehlt hingegen der Untergrund berühren sich Tast-Draht und Metallwinkel und ein Signal wird ausgelöst.

Abbildung 7.12:
Eindimensionaler
Berührungssensor
(Vorderansicht, mit
zwei Tast-Drähten
zur Detektion von
Abgründen).

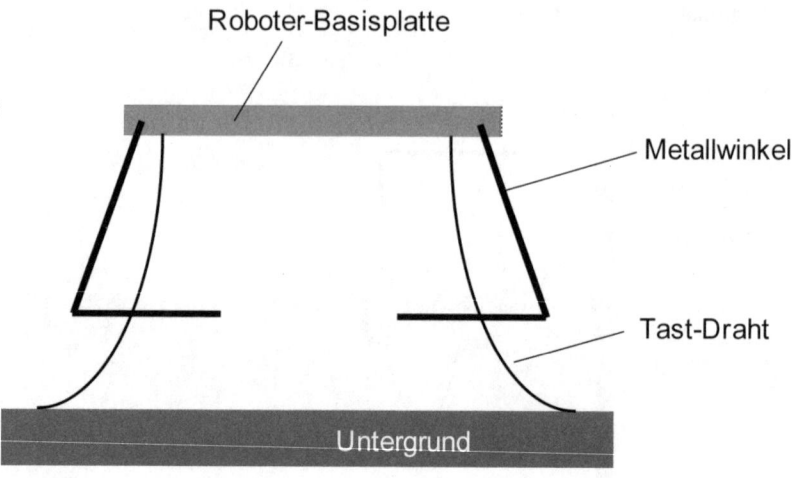

Abbildung 7.13:
Eindimensionaler
Berührungssensor
(Seitenansicht).

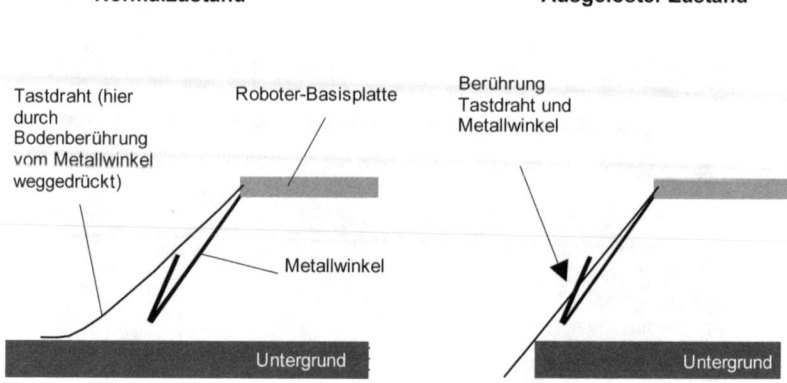

Zweidimensionale Berührungssensoren

Zweidimensionale Berührungssensoren weisen gegenüber der eindimensionalen Variante einige Vorteile auf. Die Sensorplatte kann so gestaltet werden, dass sie die Kontur des Roboters in Fahrtrichtung komplett abdeckt. Das bedeutet, dass das Fahrzeug überall dort durchpasst, wo auch die Sensorplatte durchpasst. Selbstverständlich werden auch schwierige Objekte wie Stuhlbeine oder hervorstehende Kanten sicher detektiert. Die Sensorplatte wird am besten aus einem leichten und leitfähigen Material wie beispielsweise Aluminium-Lochblech gefertigt und durch zwei am Roboter-Chassis befestigte Druckfedern auf Abstand gehalten. Für die Aufhängung der Lochplatte eignet sich am ehesten ein Winkel, der mit einer Druckfeder an der vom Roboter kommenden Aufhängung fixiert wird (siehe Abbildung 7.14). Die gesamte Platte wird nun als Kontaktfläche genutzt. Als Gegenkontakte am Roboter-Chassis können zwei Schrauben benutzt werden.

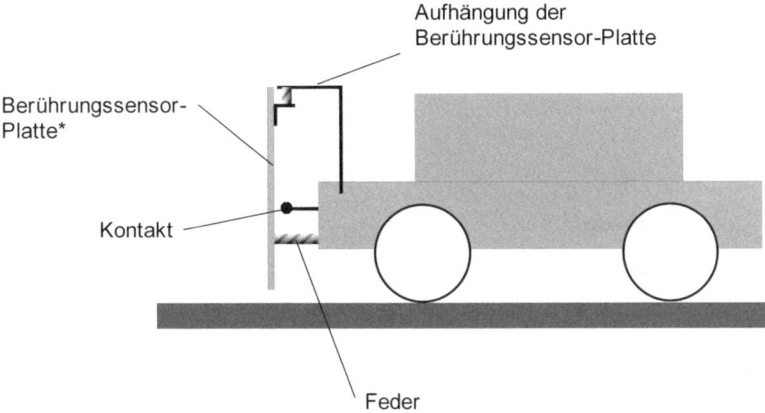

Aufhängung der Berührungssensor-Platte

Berührungssensor-Platte*

Kontakt

Feder

Abbildung 7.14:
Zweidimensiona-
ler Berührungs-
sensor
(Seitenansicht).

* Die Berührungssensor-Platte (z. B. leichtes Aluminium-Lochblech) reicht bis knapp über den Boden und deckt die Kontur des Fahrzeuges komplett ab.

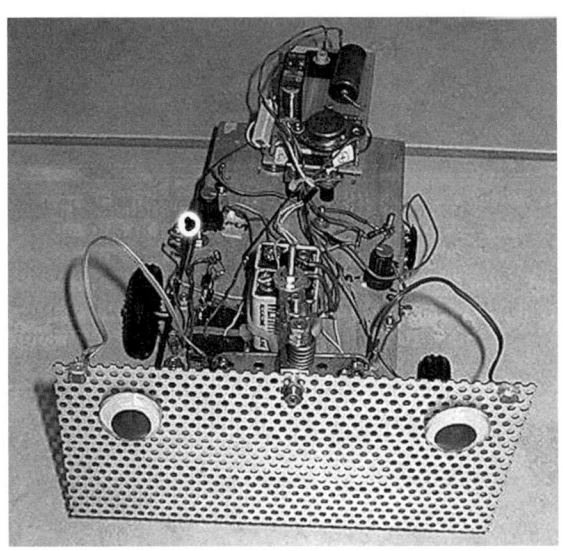

Abbildung 7.15:
Zweidimensiona-
ler Berührungs-
sensor (montiert
auf Lichtsuch-Ro-
bot).

Dieser zweidimensionale Berührungssensor ist auch bedingt für Gehmaschinen geeignet. Sofern er zu diesem Zweck eingesetzt werden soll, muss auf eine hinreichende Bodenfreiheit der Sensorplatte geachtet werden. Zudem müssen die Druckfedern so ausgelegt sein, dass auch bei heftiger Bewegung keine Fehlauslösung stattfindet.

Abbildung 7.16:
Zweidimensionaler
Berührungssensor
(Ansicht von
Oben).

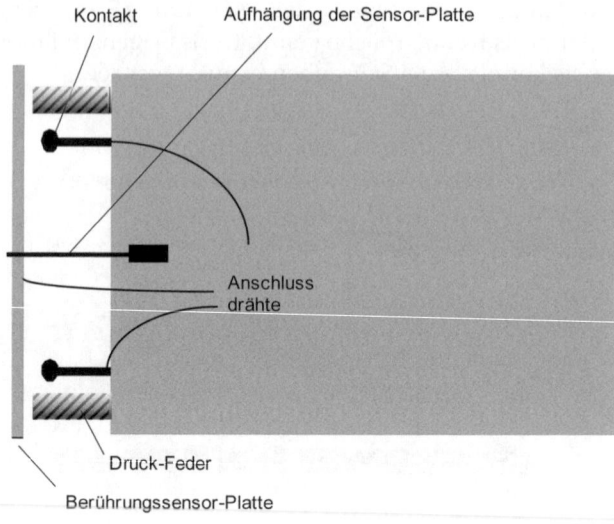

Kontakt   Aufhängung der Sensor-Platte

Anschluss
drähte

Druck-Feder

Berührungssensor-Platte

Abbildung 7.17:
Zweidimensionaler
Berührungssensor
(Detailansicht der
Aufhängung).

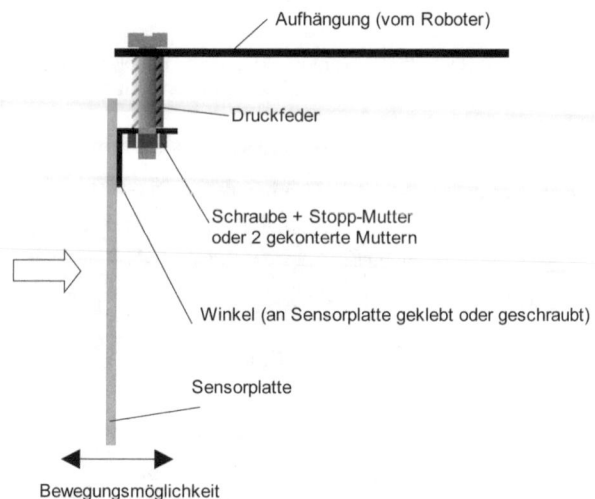

Aufhängung (vom Roboter)

Druckfeder

Schraube + Stopp-Mutter
oder 2 gekonterte Muttern

Winkel (an Sensorplatte geklebt oder geschraubt)

Sensorplatte

Bewegungsmöglichkeit
der Sensorplatte

Abbildung 7.18:
Zweidimensionaler
Berührungssensor
(praktische Aus-
führung der feder-
belasteten Aufhän-
gung).

Diese Aufhängungsvariante gewährleistet eine weitgehend senkrechte Stellung der Sensorplatte. Zudem kann die Druckkraft der Feder mittels der Befestigungsschraube eingestellt werden. Je größer die Druckkraft der Feder, desto höher wird die notwendige Auslösekraft. Wichtig ist noch, dass die Bohrung im Befestigungswinkel der Sensorplatte mindestens 1 mm größer als der Durchmesser der Befestigungsschraube gewählt wird, sodass eine ungehinderte Bewegung der Sensorplatte gewährleistet ist.

Dreidimensionale Berührungssensoren

Als dreidimensionale Berührungssensoren sind hier Berührungssensoren gemeint, die den Roboter komplett (bis auf die Unterseite!) umschließen. Somit ist gewährleistet, dass jedes, wie auch immer geformte Hindernis bei Berührung detektiert wird. Prinzipiell besteht ein solcher Sensor also aus einer beweglich aufgehängten, den Roboter komplett umschließenden Hülle. Als Hülle eignen sich zwar prinzipiell beliebige Formen (z. B. auch viereckige Dosen o.ä.), aber aus praktischen Gründen sind runde Formen besser geeignet. Bei nicht kreisförmigem Querschnitt ist nämlich die Gefahr, dass der Roboter bei der Ausweichbewegung an einer Kante hängen bleibt, relativ groß. Bei Verwendung einer runden Hülle in Verbindung mit einem Roboter, der auf der Stelle drehen kann, ist das Risiko des Hängenbleibens dagegen minimal. Diese Berührungssensoren sind daher besonders für runde Fahrzeug-Roboter geeignet. Für Gehmaschinen sind sie dagegen kaum brauchbar.

Der prinzipielle Aufbau von dreidimensionalen Berührungssensoren ist in den folgenden Abbildungen dargestellt.

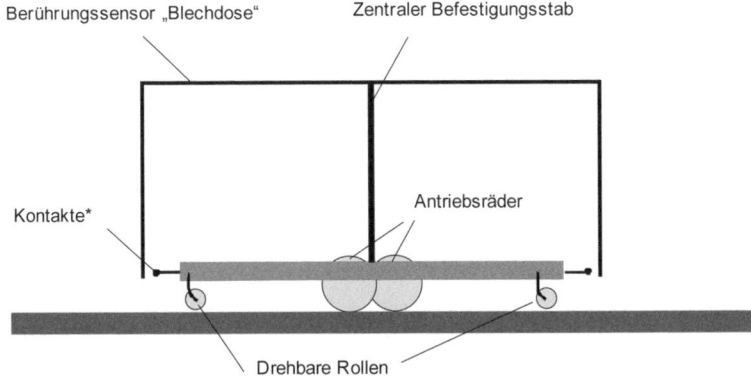

Berührungssensor „Blechdose"   Zentraler Befestigungsstab

Kontakte*

Antriebsräder

Drehbare Rollen

Abbildung 7.19: Dreidimensionaler Berührungssensor (Seitenansicht).

* Die Kontakte sind rund um die Basisplatte angeordnet, sodass die Detektion eines Hindernisses an jeder Stelle gewährleistet ist. Entweder werden alle Kontakte miteinander verbunden oder einzeln ausgewertet. Bei der Einzelauswertung können unterschiedliche Aktionen eingeleitet werden, je nachdem in welchem Winkel der Roboter auf ein Hindernis auftrifft.

Als Berührungssensor eignen sich alle runden Behälter. Sofern diese nicht schon selbst leitend sind (Blechdose), muss der den Kontakten auf der Basisplatte gegenüberliegende innere Rand des Behälters mit einer leitfähigen Folie (Alu, Kupfer) beklebt werden.

Die Befestigung des runden Berührungssensors (Blechdose) auf dem zentralen Befestigungsstab richtet sich nach der Größe des Roboters und den Eigenschaften (Flexibilität) des Befestigungsstabes. Da der Berührungssensor eine gewisse Trägheit besitzt, besteht die Möglichkeit, dass er bei abrupten Bewegungen des Roboters falsch auslöst. Bei Verwendung von relativ dünnwandigen Blechdosen als Sensor hat sich die einfache Konstruktion aus Abbildung 7.20 bewährt.

Abbildung 7.20:
Befestigung des Dreidimensionalen Berührungssensors.

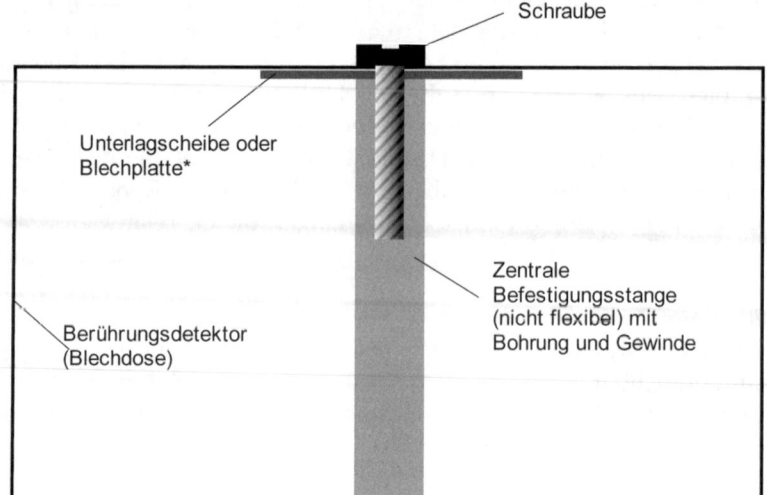

Schraube

Unterlagscheibe oder Blechplatte*

Zentrale Befestigungsstange (nicht flexibel) mit Bohrung und Gewinde

Berührungsdetektor (Blechdose)

*Die Schwingungsneigung kann durch Verwendung unterschiedlich großer Unterlagscheiben oder Blechplatten in weiten Grenzen eingestellt werden.

Als Gegenkontakt zum Berührungssensor (Blechdose) eignen sich Nägel (möglichst mit rundem Kopf), die im Abstand von einigen Zentimetern in den Rand der runden Basisplatte geschlagen und mit Draht verbunden werden.

Lagesensoren

In manchen Fällen kann es notwendig sein, die Lage eines Fahrzeuges oder eines Fahrzeugteiles zur Schwerkrafteinwirkung zu detektieren. Beispielsweise um zu verhindern, dass ein Fahrzeug kippt, wenn es zu schräg steht, oder auch um spezielle Aktionen auszulösen, sofern das Fahrzeug gekippt ist. Zu diesem Zweck gibt es im Handel einfache

Schwerkraftschalter. Diese basieren meistens auf mehreren Kontakten, die durch eine bewegliche Kugel oder auch durch einen Quecksilber-tropfen beim Überschreiten eines bestimmten Neigungswinkels geschlossen werden. Die zugrunde liegenden Prinzipien zeigen die folgenden Abbildungen.

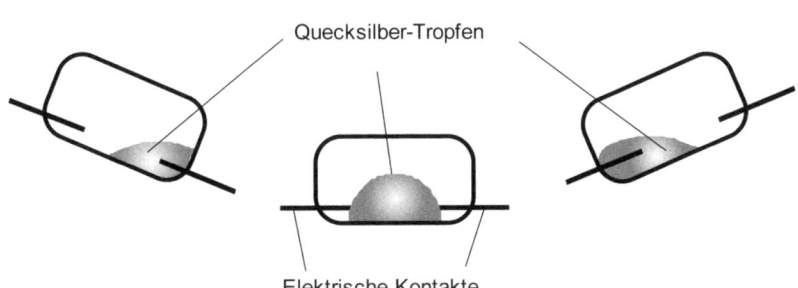

Quecksilber-Tropfen

Elektrische Kontakte

Abbildung 7.21:
Quecksilber-Neigungsschalter.

Bei den Quecksilberschaltern sollte man nur komplett in Kunststoff vergossene Produkte verwenden, da die früher öfters verwendeten Glaskontakte zerbrechlich sind und bei einer Havarie Quecksilber freisetzen, dessen Dämpfe zu chronischen Gesundheitsschäden führen können.

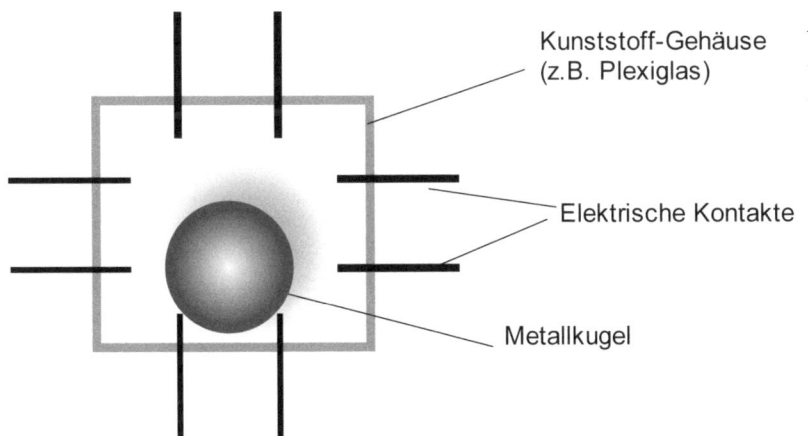

Kunststoff-Gehäuse
(z.B. Plexiglas)

Elektrische Kontakte

Metallkugel

Abbildung 7.22:
Kugel-Neigungsschalter.

Solche Kugel-Neigungsschalter gibt es als Fertigteil aus Plexiglas (hilfreich zur optischen Kontrolle der Lage der Kugel) mit mehreren Kontaktpaaren in drei Raumrichtungen. Auf den ersten Blick liegt die Versuchung nahe, sich selbst, sozusagen maßgeschneidert, einen solchen Schwerkraftschalter anzufertigen. Dies ist prinzipiell auch möglich, allerdings muss man dabei unbedingt folgende Punkte beachten. Als

Kugel eignet sich gut eine Stahlkugel aus einem Kugellager. Diese Kugel muss vor dem Einbau gut entfettet werden (z. B. mit heißem Wasser und Spülmittel). Danach wird sie mit einem Tuch gut trockengerieben und keinesfalls mehr mit bloßen Händen angefasst. Ansonsten bildet sich nämlich auf der Kugel ein Fettfilm, der die Schließung des Kontaktes besonders bei kleinen, leichten Kugeln verhindert. Zudem beginnt eine nach dem Entfetten mit bloßen Händen berührte Kugel durch immer vorhandene Säurespuren auf der Haut an den Berührungsstellen zu korrodieren.

Selbstredend darf die verwendete Kugel natürlich keinerlei sichtbare Korrosion aufweisen. Als Material für die Kontakte eignet sich verchromtes Eisen (z. B. verchromte, hochglänzende Büroklammern – auch diese sollte man vor dem Einbau wie beschrieben entfetten!), Edelstahl, Gold, Platin, bedingt auch Bronze. Messing, Kupfer, Silber, Aluminium sind nicht gut geeignet, da sie sich an der Luft mehr oder weniger schnell mit einer nicht leitenden Oxidschicht überziehen. Für Goldkontakte kann man durchaus ein Stück blanken Kupferdraht vergolden (siehe Bezugsquellenverzeichnis „Galvanisier-Sets").

Gänzlich umgehen kann man das Kontaktproblem durch Verwendung von Lichtschranken zur Detektierung der Lage einer Kugel oder eines anderen lageabhängigen Systems. Allerdings erkauft man sich diesen Vorteil mit einem erhöhten elektronischen Schaltungsaufwand und mit einem permanenten Stromverbrauch! Das vorgestellte Kugelsystem verbraucht dagegen nur in durchgeschaltetem Zustand Energie. Vor den Lichtschrankensystemen wird jedoch noch ein weiteres System vorgestellt, welches das Kontaktproblem durch Verwendung von magnetbetätigten Reed-Schaltern elegant umgeht (Abbildung 7.23).

Abbildung 7.23:
Magnet-Schwer-
kraftschalter.

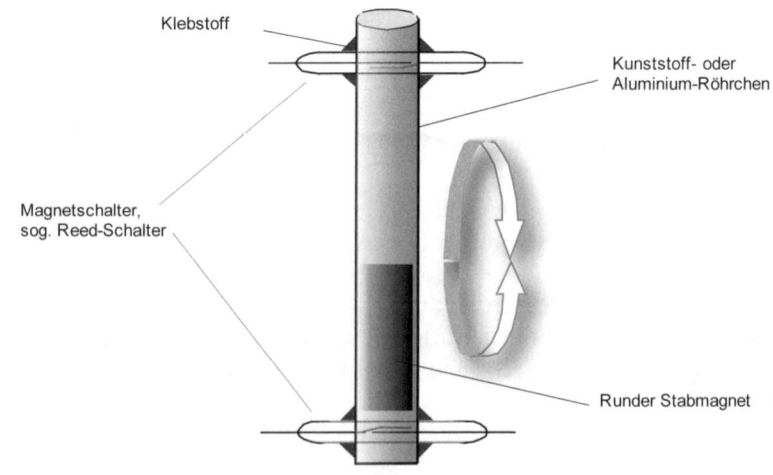

Klebstoff

Kunststoff- oder
Aluminium-Röhrchen

Magnetschalter,
sog. Reed-Schalter

Runder Stabmagnet

Dieser Schwerkraftschalter ist leicht selbst herzustellen und besitzt ganz besondere Eigenschaften. Durch die Reibungskraft des Magneten im Röhrchen und durch die Anziehungskraft zwischen Magnet und Reed-Schalter verharrt der Magnet nämlich an dem Reed-Schalter, an dem er sich gerade befindet, bis eine hinreichend große Auslenkung in der entgegengesetzten Richtung erfolgt. Der Schwerkraftschalter verhält sich also in gewisser Weise wie ein Flipflop. Das heißt, sein Zustand, in etwa waagrechter Lage, ist von der vorherigen Auslenkungsrichtung abhängig. Dieser Effekt ist in vielen Fällen sehr hilfreich (vgl. Kapitel 6.4, Abschnitt „Rollen").

Zur Herstellung wird ein runder Stabmagnet und ein nichtmagnetisches Röhrchen benötigt, in das der Stabmagnet hineinpasst. An einem oder beiden Enden des Röhrchens wird eine Bohrung angebracht, in der Reed-Schalter festgeklebt werden (vor dem Festkleben den Magnet nicht vergessen und die zum sicheren Schalten benötigte Lage der Reedschalter durch Verschieben und Drehen derselben ermitteln). Die Fallhöhe des Magnetes (Abstand der beiden Reedschalter) sollte man nicht zu groß wählen, damit der Magnet die empfindlichen Glasröhrchen der Reedschalter nicht zertrümmert. Gegebenenfalls kann man die Reedschalter durch Umwickeln mit einer Lage Gewebeband etwas stabilisieren. Der so hergestellte Schwerkraftschalter hat wie bereits erwähnt eine besondere Regelcharakteristik. Es ist nämlich nicht jedem Winkel eine eindeutige Stellung der Reedschalter zugeordnet. Durch die Reibung des Magneten mit dem Röhrchenmaterial bleibt der Magnet bis zu einem gewissen Drehwinkel an dem Reedschalter „kleben", an dem er sich zuletzt befunden hat. Diese besondere mechanische Dämpfung kann in einigen Fällen sehr nützlich sein und verringert die Neigung zum Schwingen eines Systems erheblich.

Die bisher aufgeführten Systeme haben lediglich zwei Zustände: „Ein" oder „Aus", je nachdem, ob ein bestimmter Grenzwinkel überschritten wurde oder nicht. Möchte man ein besser aufgelöstes, winkelabhängiges Signal, bietet sich der Einsatz eines Winkelkodierers an.

Ein Winkelkodierer liefert in wählbarer Auflösung ein winkelabhängiges Signal. Die Auflösung wird durch die Anzahl der konzentrischen und immer feiner aufgeteilten Ringe festgelegt.
Die Aufteilung der Ringe kann beispielsweise aus durchsichtigen und undurchsichtigen Stellen bestehen. Eine solcher-

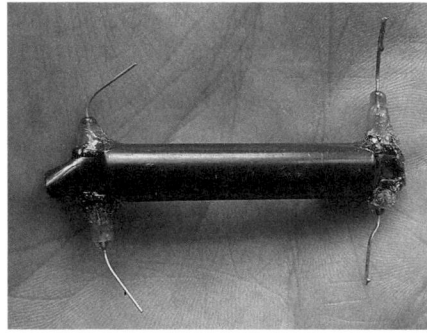

Abbildung 7.24: Schwerkraftschalter mit 2 Reed-Schaltern.

art aufgeteilte Scheibe kann man sich leicht aus einem Stück Plexiglas herstellen, die mit einem schwarzen Filzstift stellenweise undurchsichtig gemacht wird, wie es Abbildung 7.25 zeigt.

Abbildung 7.25:
Winkelkodierer.

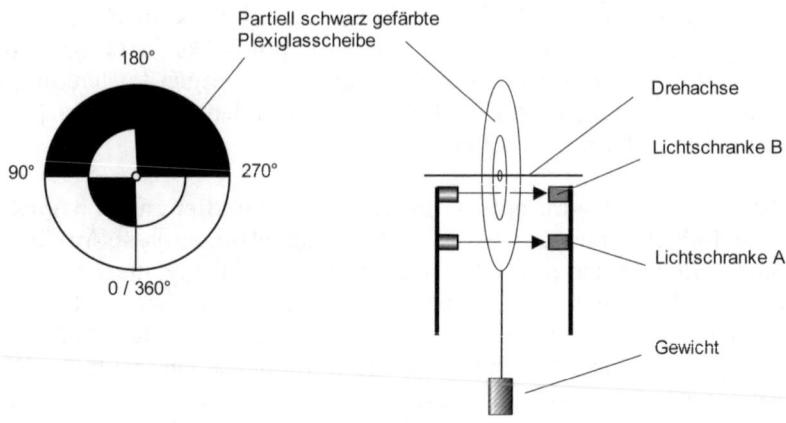

Je nach Stellung ergeben die beiden Lichtschranken nun insgesamt vier verschiedene Kombinationen.

Winkel der Scheibe	Lichtschranke A	Lichtschranke B
0...90°	Ein	Aus
90...180°	Aus	Ein
180...270°	Aus	Aus
270...360°	Ein	Ein

Die Kombination von Ein-/ Aus-Signalen kann nun (mittels Logikbausteinen oder Computer) ausgewertet und den entsprechenden Winkeln zugeordnet werden. Durch Hinzufügen von weiteren, noch feiner unterteilten Kreisen wird die Auflösung mit jedem Kreis um den Faktor 2 besser. Die Auflösung entspricht damit der Anzahl von Feldern des am feinsten aufgeteilten Kreises. Bei drei Kreisen wären das acht verschiedene Winkel, bei vier Kreisen 16, usw.. Irgendwann wird allerdings die Auflösung der Lichtschranke nicht mehr ausreichen, um die immer kleiner werdenden Felder sicher unterscheiden zu können.

Einen Schwerkraftschalter erhält man aus dieser Anordnung, indem man an die Scheibe an einer Seite mit einem Gewicht beschwert. Allerdings steckt der Teufel bei dieser Anordnung, wie so oft, im Detail. Bei der an einer Seite beschwerten Scheibe handelt es sich nämlich um nichts anderes, als ein simples Pendel. Und dieses pendelt, wie der

Name schon sagt, nach einer Auslenkung erst einmal mehr oder weniger lange hin und her, ohne irgendein brauchbares, winkelabhängiges Signal zu liefern. Dazu muss die Schwingung gedämpft werden. Leider ist die Dämpfung einer solchen Pendelschwingung nicht ganz einfach. Elegant wäre es beispielsweise, die ganze Anordnung in einen mit einem mehr oder weniger zähen Öl gefüllten Behälter zu installieren. Bei nicht allzu großen Ansprüchen an die Genauigkeit hilft es auch, die Drehung der Scheibe durch einen einstellbaren Schleifkontakt zu bremsen. Man muss sich aber der Tatsache bewusst sein, dass dies keine echte Dämpfung ist und das Pendel auf kleine Auslenkungen nicht mehr reagiert.

Ein echtes winkelabhängiges (analoges) Signal liefert dagegen ein simples Potentiometer, an dessen Welle eine Stange mit einem Gewicht befestigt ist. Günstigerweise sollte man dazu ein halbwegs stabiles und vor allem leichtgängiges Potentiometer verwenden, da es ansonsten mit der Genauigkeit nicht sonderlich gut bestellt ist. Immerhin dämpft der Reibungswiderstand des Poti-Schleifkontakes die Neigung zum Schwingen recht gut, sodass in vielen Fällen brauchbare Signale erhalten werden.

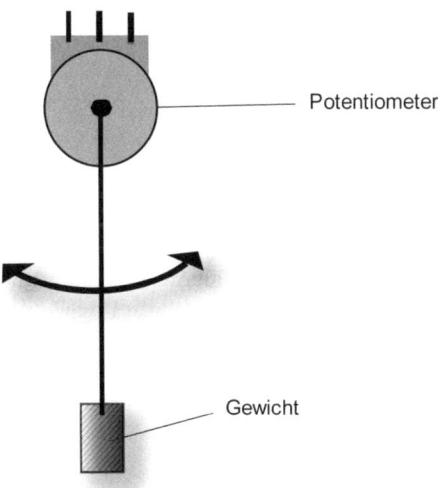

Potentiometer

Gewicht

Abbildung 7.26:
„Potentiometer-Pendel".

Wem der Winkelbereich von etwa 270 ° zu wenig ist, der kann entweder ein Mehrgang-Poti verwenden oder ein Poti mit 360 °-Bereich und ohne Endanschlag. Allerdings sind letztgenannte Potis eher schwierig zu bekommen und besitzen naturgemäß beim Übergang von sozusagen 360 ° auf 0 ° eine Unstetigkeit bei der der Widerstand schlagartig vom Endwert auf den Anfangswert fällt.

Die beiden letztgenannten Systeme (Winkelkodierer und Potentiometer) liefern ein winkelabhängiges Signal und können daher nicht nur als Schwerkraftanzeiger, sondern für alle Anwendungen, bei denen der Winkel zwischen zwei beweglichen Teilen gemessen werden muss, eingesetzt werden.

Ortsbestimmung

Manche Roboter müssen zur Orientierung ihre aktuelle Lage in einem Raum kennen. Dazu können sie entweder anhand bestimmter äußerer Signale (Induktionsdrähte im Boden, Licht- oder Funksignale) ihre Lage selbst bestimmen, oder sie errechnen die Lage durch genaues Ausmessen des zurückgelegten Weges. Die zweite Variante wird oft bei computergesteuerten Robotern mit Schrittmotoren angewendet, da sich Schrittmotore sehr präzise steuern lassen. Allerdings summieren sich dennoch bei dieser Variante kleine Fehler (z. B. Schlupf der Antriebsräder) immer mehr auf, sodass die genaue Ortsbestimmung mit der Zeit immer schlechter wird. Von einem versehentlichen oder absichtlichen Verrücken des Gefährtes einmal ganz abgesehen. Bei Einsatz dieser Variante sollte also immer eine turnusmäßige absolute Kontrolle des Aufenthaltsortes vorgesehen werden.

Eine bessere Ortsbestimmung ist dagegen mittels externer Signale möglich. So könnte beispielsweise ein GPS-System zur Ortsbestimmung eingesetzt werden. Oder aber es werden beim Überfahren einer Induktionsschleife im Boden oder beim Erreichen eines Hilfs-Laserstrahls bestimmte Informationen über den aktuellen Aufenthaltsort abgeleitet. Beispielsweise könnte ein Rasenmäher-Roboter an einem im Boden verlegten Draht die Grenze des abzumähenden Bereiches erkennen (damit er die Gemüsebeete nicht auch kahl schert!) oder ein Staubsauger-Roboter orientiert sich an einem Hilfs-Laserstrahl, um den Rückweg zu seiner Ladestation zu finden.

Bewegung

Äußerst interessant ist auch der Einsatz von Bewegungssensoren. Diese Sensoren sollen feststellen, ob sich ein Fahrzeug momentan überhaupt bewegt. Wie im vorangegangenen Abschnitt „Ortsbestimmung" bereits erwähnt, kann dazu beispielsweise der genaue Ort des Roboters über GPS bestimmt werden und mit dem Ort vor einer definierten Zeit verglichen werden. Diese Variante ist allerdings ziemlich aufwendig und aufgrund der begrenzten Ortsauflösung der GPS-Systeme von einigen Metern zudem nur relativ ungenau.

Aber es gibt auch wesentlich einfachere und dennoch sehr wirkungsvolle Methoden um festzustellen, ob sich ein Fahrzeug aktuell bewegt.
Zu diesem Zweck wird das Fahrzeug mit einem mitlaufenden Rad ausgerüstet, dessen Bewegung durch ein geeignetes System detektiert
wird. Beispielsweise kann an das mitlaufende Rad ein kleiner (leicht-
gängiger) Elektromotor als Generator angeschlossen werden, dessen
Spannung zur Detektion der Raddrehung dient. Oder aber am Rad
wird ein Magnet befestigt, der einen Reed-Kontakt betätigt und so in
bestimmten Zeitabständen ein Signal erzeugt. Ein solches Signal kann
auch gut mittels eines Mikrocontrollers ausgewertet werden. Sofern
die Steuerung mittels klassischer Elektronik erfolgt, kann beispielsweise ein Kondensator mittels des Rad-Generators oder mittels des
Reed-Kontaktes geladen werden. Durch Parallelschalten eines Entla-
dewiderstandes wird der Kondensator gleichzeitig auch immer entladen, sodass die aktuelle Kondensatorspannung als Maß für die aktuelle Drehzahl des Mitnehmer-Rades herangezogen werden kann.

Die meisten Roboter, besonders aber die dreirädrigen Fahrzeuge mit
einem zusätzlichen drehbaren Rad (Möbelrolle), fahren aber nicht einfach geradeaus, sondern führen eine mehr oder weniger starke
„Schlingerbewegung" aus. Damit sind an ein sich mitbewegendes Rad
besondere Anforderungen gestellt, damit das Rad nicht schräg über
den Boden schleift und so den Roboter bremst. Ein drehbares Rad wäre
zu diesem Zweck zwar am günstigsten, doch ist die Übertragung des

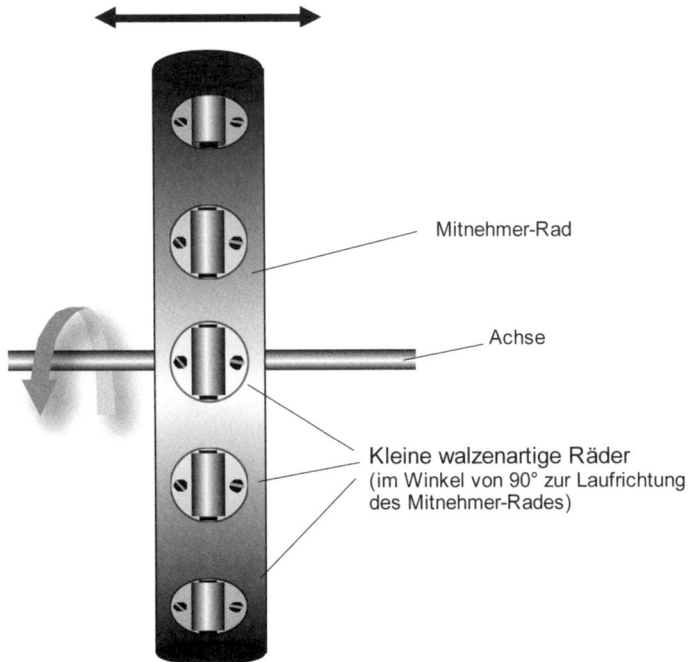

Mitnehmer-Rad

Achse

Kleine walzenartige Räder
(im Winkel von 90° zur Laufrichtung
des Mitnehmer-Rades)

Abbildung 7.27:
Omnidirektiona-
les Rad als Mit-
nehmer-Rad zur
Bewegungserken-
nung.

Signals vom frei drehbaren Rad zur Basisplatte recht problematisch. Die Einschränkung der freien Drehbarkeit des Rades ist ebenfalls ungünstig, da dies bei Rückwärtsfahrt (Hindernisausweichen!) Probleme bereitet. Eine Möglichkeit zur Abhilfe bietet der Einsatz eines „omnidirektionalen" Rades, welches recht leicht selbst hergestellt werden kann. Dazu werden kleine starre Rollen in geringem Abstand auf der Lauffläche eines größeren Rades so befestigt, wie es Abbildung 7.27 zeigt.

Dieses Mitnehmer-Rad kann nun unter der Basisplatte des Roboters befestigt werden und detektiert permanent den Vorwärts- bzw. Rückwärts-Anteil der aktuellen Bewegung des Roboters.

Abbildung 7.28:
Omnidirektionales Rad.

Abbildung 7.29:
Roboter mit omnidirektionalem Mitnehmer-Rad als Bewegungsdetektor.

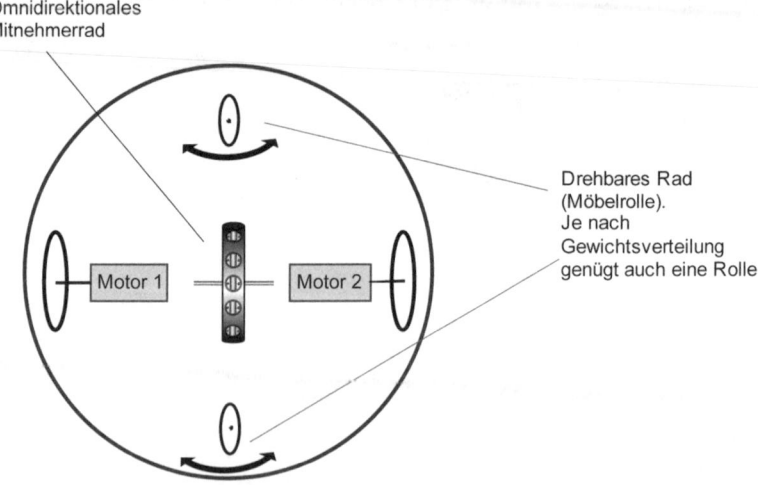

In diesem Beispiel wird jeweils nur der Vorwärts- bzw. Rückwärts-Anteil der vom Roboter ausgeführten Bewegung detektiert. Hängt der Roboter vor einem Hindernis oder bewegt er sich permanent im Kreis (was bei Lichtsuchern beim Erreichen der hellsten Stelle vorkommt!), wird keine Bewegung detektiert.

5. Exkurs „Hinderniserkennung / Hindernisüberwindung"

Eines der primären Probleme jedes sich bewegenden Roboters ist das (rechtzeitige) Erkennen von Hindernissen. Nur ein Hindernis, welches erkannt wird, kann auch umfahren / umgangen werden. Leider ist das Erkennen von Hindernissen keinesfalls trivial. Viele Roboter benötigen zur guten Hinderniserkennung mehrere parallele Systeme. Oft kommen einerseits Systeme zum Einsatz, die das Hindernis vor dessen Erreichen erkennen und weitere Sensoren, die eine Kollision erkennen, sofern die erstgenannten Systeme versagen. Je nach Umgebung, in der sich der Roboter bewegt, ist dies dann auch mehr oder weniger häufig der Fall. Systeme, die ein Hindernis vor dessen Erreichen erkennen, möchte ich hier mit „indirekter Hinderniserkennung" beschreiben, Systeme, die ein Hindernis erst bei dessen Erreichen erkennen mit „direkter Hinderniserkennung".

Indirekte Hinderniserkennung

Prinzip	Beschreibung	Vor-/Nachteile
Ultraschall-Entfernungsmesser*	Ein Ultraschallsender sendet ein Signal aus, das der Empfänger nach Reflexion an einer (glatten!) Fläche empfängt.	Sehr günstige Systeme sind im Handel erhältlich. Raue, unebene oder schmale Flächen (Stuhlbeine) werden schlecht oder gar nicht erkannt. Der Sensor deckt nur einen kleinen Raumwinkel ab und liefert kein eindeutig entfernungsproportionales Signal.
Laser-Entfernungsmesser*	Laserimpulse werden ausgesendet und von einem Objekt reflektiert. Gemäss der Laufzeit des Impulses wird der Abstand bestimmt.	Der Sensor deckt nur einen kleinen Raumwinkel ab, liefert aber ein direkt der Entfernung proportionales Signal. Stark geneigte oder absorbierende Oberflächen verschlechtern oder verhindern die Messung.
Optische Hinderniserkennung	Eine Kamera (oder zwei Kameras für Stereobilder) liefert ein Bild der Umgebung, das von einem Rechner ausgewertet wird.	Teuer und sehr hoher Rechenaufwand, aber auch sehr flexibel in der Anwendung. Nur für Profis zu empfehlen.

*Sensoren, die nur einen kleinen Raumwinkel abdecken, können gegebenenfalls beweglich (drehend, hin- und her- bewegend) ausgeführt werden und decken dann eine größere Fläche ab.

Direkte Hinderniserkennung

Prinzip	Beschreibung	Vor-/Nachteile
Anstoßdetektor	Eine Sensorfläche berührt das Hindernis und schließt bei der Berührung einen Kontakt (mechanisch, optisch, magnetisch usw.).	Verfehlt der Anstoß-Detektor das Hindernis, erfolgt keine Detektion.
Tast-Sensoren	Sonderform des Anstoß-Detektors, bei dem der Detektor (z. B. Federstahldraht) verhältnismäßig weit vom Grundgerät abgesetzt ist. Beispiel: Schnurrhaare der Katze	Verfehlt der Tast-Sensor das Hindernis, erfolgt keine Detektion.
Bewegungssensor (Mitnehmerrad)	Ein nicht angetriebenes Rad wird mitbewegt. Sobald es stillsteht liegt Festfahren vor.	Praktische und technische Realisierung nicht ganz einfach.
Drehzahlerkennung der Antriebsräder	Die Drehzahl oder Stromaufnahme der Antriebsmotore wird gemessen. Bei blockierenden Rädern wird ein Hindernis detektiert.	Die Räder müssen sehr gut auf dem Untergrund haften, da sie ansonsten bei einer Kollision ohne nennenswerte Erhöhung der Stromaufnahme durchdrehen.
GPS	Lagebestimmung im Raum – sobald trotz laufender Antriebsmotore keine Änderung erfolgt, hat sich das Gefährt offensichtlich festgefahren.	Die Auflösung des GPS ist nur auf einige Meter genau. Somit ist dieses System für die Orientierung in einer Wohnung nicht geeignet.

Der generelle Vorteil von Systemen mit indirekter Hinderniserkennung liegt darin, dass kein direkter Kontakt zwischen Roboter und Hindernis stattfinden muss und Hindernisse schon aus größerer Entfernung detektiert werden können. Damit bleibt dem Roboter genügend Zeit für Ausweichaktionen. Nachteilig ist, dass die meisten Systeme nur bei „idealen" = einfach geformten, großflächigen Hindernissen zuverlässig funktionieren und daher meistens zusätzlich Systeme zur direkten Hinderniserkennung eingesetzt werden müssen. Eine wirklich verlässliche Hinderniserkennung ist nur mittels eines Systems möglich, das die reale Bewegung des Roboters im Bezug zum Untergrund detektiert (z. B. Mitnehmer-Rad).

Elektronische Hindernis-Überwindung

Nachdem nun viel über das Erkennen eines Hindernisses gesagt wurde, soll auch noch an einigen Beispielen geklärt werden, wie denn nun eine Reaktion auf ein erkanntes Hindernis aussehen könnte. Einige brauchbare Ideen erhält man bereits bei der Beobachtung von Insekten (z. B. Stubenfliege). Stößt eine Stubenfliege auf ihrem Weg an ein Hindernis, fliegt sie ein Stück zurück, beschreibt einen Bogen und nimmt ihre ursprüngliche Flugrichtung (beispielsweise zum Licht hin) etwas seitlich versetzt wieder auf. Dieses Verhalten führt dann in sehr vielen Fällen auch zum Erfolg. Allerdings nicht immer – wie die Beobachtung einer Stubenfliege zeigt, die neben der geöffneten Balkontür immer wieder neue Anläufe gegen die geschlossene Fensterscheibe unternimmt. Das Verhalten der Stubenfliege lässt sich übrigens mit einfachen Mittel in einen Roboter integrieren. Mit einem Anstoßdetektor (siehe Seite 178 „Berührungssensoren mechanisch"), einer einfachen Zeitschaltung (siehe Seite 47 „Reaktion für eine definierte Zeitspanne") und einem Umpolrelais (siehe Seite 36 „Umpol-Schaltung mit Relais") lässt sich bereits eine gute „Stubenfliege" basteln. Aufgrund der Einfachheit und des geringen Preises können auch leicht mehrere Roboter gebaut werden, deren „Sozialverhalten" sich dann studieren lässt. Einen teuren Mikrocontroller, Schrittmotore und eine aufwendige Programmierung entfallen. Dennoch bewegt sich das Gefährt in häuslicher Umgebung auch zwischen Tisch- und Stuhlbeinen sehr effektiv.

Einige einfach zu realisierende und dennoch recht wirkungsvolle Reaktionsvarianten bei Erkennung eines Hindernisses, sowie die besondere Problematik spezieller Hindernisse, sind in den folgenden beiden Tabellen zusammengestellt.

Aktion	Vorteil	Nachteil	Geeignet für
Rückwärtsfahrt für eine bestimmte Zeit (siehe Seite 47, „Reaktion für eine definierte Zeitspanne")	Sehr einfach durch Umpolen der Antriebsmotore zu realisieren.	Hindernis wird evtl. erneut auf dem gleichen Weg angefahren.	Bewegliche Hindernisse (z. B. andere Roboter) die ohnehin ständig ihren Standort wechseln.
Rückwärtsfahrt für eine bestimmte Zeitspanne auf festgelegtem Weg (z. B. Halbkreis – siehe Seite 51, „Rückwärtskurve")	Einfach durch Umpolen der Antriebsmotore zu realisieren.	Bestimmte Hindernisse (z. B. U-förmige oder Labyrinthartige) werden nicht umfahren.	Roboter im Wohnbereich mit vorzugsweise einfach geformten Hindernissen.
Zurück für bestimmte (oder zufällige!) Zeit auf zufälligem Weg.	Auch komplizierte Hindernisse können umfahren werden, was aufgrund des zufälligen Ausweichprogramms aber sehr lange dauern kann.	Zufallschaltung für Rückwärtsfahrt notwendig. Nicht ganz einfach zu realisieren.	Keine Einschränkungen.
Identischer Weg bis zu einer bestimmten Stelle zurück.	Ausweg aus komplexem Labyrinth möglich.	Aufwendige Realisierung. Verfahren zur Bestimmung des aktuellen Aufenthaltsortes notwendig.	Nur für computergesteuerte Roboter geeignet.

Wie man sieht, ist das Überwinden/Umfahren nur bei einfachen Hindernissen noch mit relativ geringem Aufwand möglich. Bei labyrinthartigen Hindernissen, Sackgassen und sonstigen kompliziert strukturierten Umgebungen sind dagegen komplizierte Ausweich- und Wegfindungs-Algorhythmen in Verbindung mit einem leistungsfähigen Rechner notwendig. Die Entwicklung der benötigten und aufwendigen Programme stellt nach wie vor eine Herausforderung an Informatiker dar, und die theoretischen Hintergründe sind bei weitem noch nicht erforscht. Um eine Sackgasse oder eine identische Position in einem Labyrinth zu erkennen, ist es außerdem sehr hilfreich, wenn der Roboter immer seine aktuelle Position kennt, wozu wie bereits erwähnt, ein spezielles System zur Ortsbestimmung notwendig ist. Der Einsatz von Schrittmotoren zur Ortsbestimmung durch genaue Registrierung der Raddrehungen ist nur unter idealen, modellhaften Bedingungen (kein Schlupf der Antriebsräder) möglich. In einer realen Umgebung versagt das System mehr oder weniger.

Hindernis	Besondere Problematik	Lösungsmöglichkeit
Sackgasse (Zimmerausgang)	Roboter findet den Ausgang nicht (Bewegt sich in einer Endlosschleife).	Mechanische Hindernisüberwindung durch umlaufenden Abstosser (nachfolgend genauer erläutert) in Verbindung mit gelegentlichem Umpolen der Drehrichtung von Abstosser und Antriebsmotoren.
Stuhlbeine	Werden nicht als Hindernis erkannt – Roboter fährt sich fest.	Mechanisches System zur Hinderniserkennung – vorzugsweise mit mindestens zweidimensionalem Berührungssensor.
Wand	Eine einfache Wand sollte eigentlich kein Problem sein!	Keine Verwendung von Ultraschallsensoren, da diese bei schräger Anfahrt nicht richtig detektieren.
Teppichkante, Fliessenleiste	Räder bewältigen die Kante nicht - gleichzeitig ist sie zu niedrig, um als Hindernis detektiert zu werden.	Grössere oder besser haftende Räder oder Bewegungssensor (Mitläufer-Rad) verwenden.

Hindernis	Besondere Problematik	Lösungsmöglichkeit
Elektrokabel	Wie Teppichkante, Fliessenleiste – zudem noch die Gefahr das Verhedderns und Aufwickeln des Kabels.	Problematisch! Entweder muss das Kabel sicher überfahren werden (ohne dass es sich aufwickeln kann!) oder es muss als solches erkannt und eine Ausweichbewegung eingeleitet werden.
Hohe oder hervorstehende Kante (Sessel, Schrank)	Hängenbleiben mit Oberkante.	Mindestens zweidimensionaler Berührungssensor.
Abgrund (Treppenabsatz, Tischkante)	Absturz, besonders bei Ausweichbewegung.	Immer zuerst Rückwärtsfahrt, dann Drehbewegung beim Erreichen der Kante (ordentliche Detektion vorausgesetzt!)
Fäden, Teppichfransen	Aufwickeln auf Antriebsradwelle oder Einzug ins (freiliegende) Getriebe.	Räder nicht zu klein wählen. Kettenantriebe vermeiden. Freiliegende Getriebe abdecken oder besser geschlossene Getriebemotore verwenden.
Kleine, niedrige Hindernisse (Spielzeugauto, Bauklötze...)	Roboter setzt auf Hindernis auf.	Ebene, glatte Basisplatte verwenden. Mindestens zweidimensionalen Berührungssensor verwenden, der bis unter die Basisplatte reicht.
Schräge Ebene, schmales, ansteigendes Hindernis	Robot überfährt Hindernis mit einem Rad und kippt.	Kippstabile Konstruktion (tiefer Schwerpunkt, weiter Radstand). Oder Schwerkraftschalter (siehe Kapitel 7.3. „ Lagesensoren") einsetzen.
Kleidungstücke	Hängenbleiben, Mitschleifen	Auf glatte Unterseite des Roboters achten. Hervorstehende Kanten, Sensoren etc. vermeiden.

Ein besonderes Problem bei allen Arten von Richtungsänderungen oder Drehbewegungen des Roboters ist die Möglichkeit, dass das Fahrzeug aufgrund des Ausschwenkens an einem eventuell vorhandenen Hindernis hängen bleibt. In der Abbildung 7.30 ist die Problematik für ein dreirädriges Fahrzeug mit zwei separaten Antriebsmotoren zur Kurvenfahrt verdeutlicht.

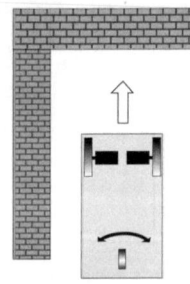  

Fahrzeug bewegt sich auf Hindernis zu.

Hindernis wird detektiert und Ausweichbewegung eingeleitet.

Fahrzeug bleibt hängen.

Abbildung 7.30: *Hängen bleiben bei Kurvenfahrt aufgrund Ausschwenkens.*

Eine Lösung für dieses Problem liegt im Einsatz eines runden Fahrzeuges, welches auf der Stelle drehen kann, wie es Abbildung 7.31 zeigt.

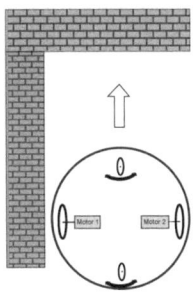 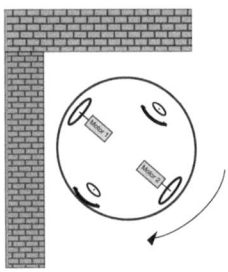 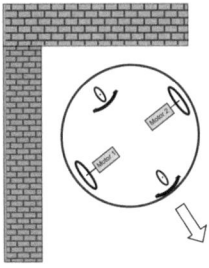

Fahrzeug bewegt sich auf Hindernis zu.

Hindernis wird detektiert und Ausweichbewegung eingeleitet.

Ausweichbewegung abgeschlossen, Fahrzeug fährt in neuer Richtung davon.

Abbildung 7.31: *Kein Hängen bleiben eines runden Fahrzeuges bei Kurvenfahrt.*

Mechanische Hindernis-Überwindung

Allen bisher vorgestellten Varianten der Hinderniserkennung und Reaktionen darauf ist folgendes Verhaltensmuster gemeinsam: Zuerst wird das Hindernis in elektronischer Form detektiert (Sensoren) und dann werden daraus ebenfalls in elektronischer Form Aktionen abgeleitet (Steuerung der Antriebsmotore). Allerdings gibt es auch durchaus brauchbare Möglichkeiten, Hindernisse ohne solche elektronischen Hilfsmittel zu überwinden. Die einfachste und trivialste Möglichkeit ist beispielsweise, das Fahrzeug mit möglichst großen und haftfähigen Reifen auszustatten, sodass es viele Hindernisse überfahren kann. Schließlich müssen normalerweise nur solche Hindernisse detektiert werden, die nicht anderweitig überwunden werden können. Beispielsweise sollte ein Staubsauger Robot im häuslichen Bereich Hindernisse wie eine Teppichkante, Fliesenleiste oder ein auf dem Boden liegendes kleines Teil (Kugelschreiber, Spielzeugauto) überwinden können. Oder ein „Expeditionsroboter" für den Outdoor-Einsatz sollte möglichst große Bodenunebenheiten überwinden können, ohne dass sie als Hindernisse detektiert werden und besondere Ausweich-Aktionen eingeleitet werden müssen. Außer der reinen Vergrößerung der Antriebsräder und einem generell kippstabilen Aufbau des Roboters (tiefer Schwerpunkt, günstige Radanordnung usw.) bieten sich zu diesem Zweck noch die im Folgenden beschriebenen Konstruktionen an. Abgeleitet sind diese von einem dem den Roboter komplett umgebenden Berührungssensor. Nur umgibt hier der Berührungssensor den Roboter nicht überall gleichzeitig, sondern tastet sozusagen die Umgebung kontinuierlich kreisförmig ab. Außerdem liefert der „Sensor" kein Signal, sondern schiebt den Roboter bei Berührung eines Hindernisses solange am Hindernis entlang, bis wieder freie Fahrt vorliegt. Es ist also eine rein mechanische Hindernisüberwindung, die allerdings leicht zu realisieren sowie äußerst effektiv ist und zudem keinerlei elektronischen Aufwand benötigt. Wichtig ist lediglich, dass der Roboter eine runde Basisplatte besitzt und der umlaufende Abstoßer genügend Kraft besitzt, um den Roboter an einem Hindernis weiterzuschieben. Diese Variante benötigt prinzipiell nur einen einzigen Antriebsmotor und keinerlei Lenkung. Sie kann aber durchaus auch mit einer zusätzlichen Steuerung, z. B. als Lichtsucher usw. kombiniert werden.

Abbildung 7.32:
Hindernisüberwindung mittels umlaufenden Abstoßers.

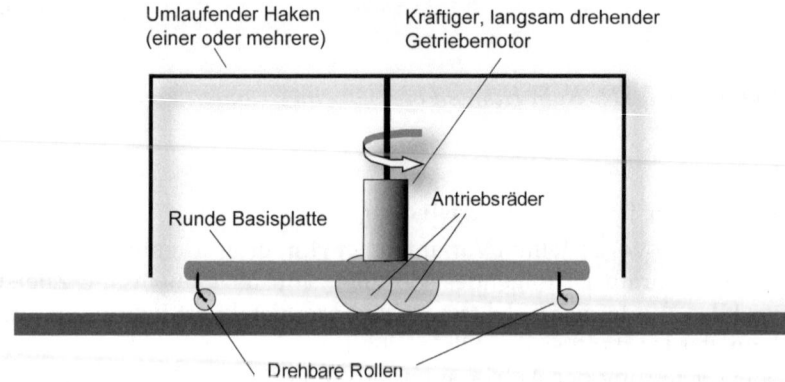

* Aufgrund der Drehzahl- und Drehmomentverhältnisse sind für diesen Einsatzbereich Modellbau-Servomotore, die auf permanenten Betrieb umgerüstet wurden, gut geeignet.

Abbildung 7.33:
Hindernisüberwindung mittels umlaufendem Ring (Ansicht von oben).

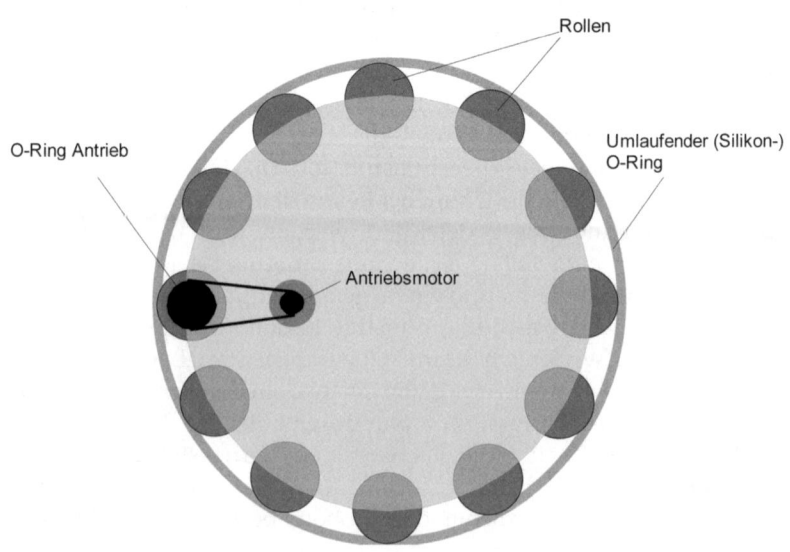

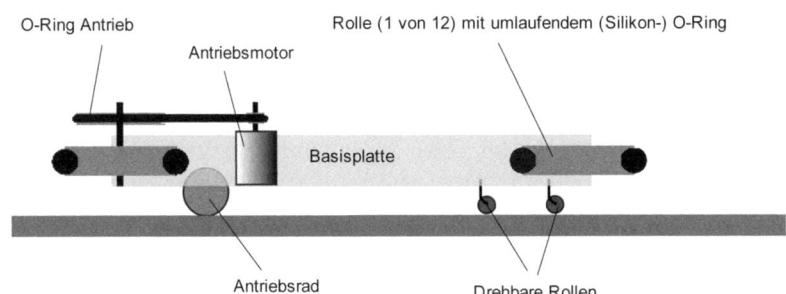

O-Ring Antrieb

Antriebsmotor

Rolle (1 von 12) mit umlaufendem (Silikon-) O-Ring

Basisplatte

Antriebsrad

Drehbare Rollen

Abbildung 7.34: Hindernisüber-windung mittels umlaufendem Ring (Seitenansicht).

7.4. Weitere Sensoren

Die im Folgenden aufgeführten Einflussgrößen werden eher selten benötigt. Ich möchte mich daher auf eine kurze Aufzählung mit Anwendungsbeispielen beschränken.

Einflussgröße	Sensor	Einsatzmöglichkeit (Beispiel)
Temperatur (-differenz)	Thermoelemente in diversen Ausführungen, Peltier-Elemente.	Simulation eines „Kaltblüters" – je wärmer, desto aktiver (oder umgekehrt).
Feuchtigkeit	Spezielle Feuchtesensoren oder Papierstreifen (evtl. mit Salz getränkt) und zwei Elektroden.	Steuerung eines Regenschutzes.
Druck	Spezielle Drucksensoren, Druckdosen, Manometer mit Grenzwertgeber	Wetterabhängiger Robot (Hochdruck-, Tiefdruckgebiet!)
Magnetfeld	Hall-Sensor	Richtungskontrolle mittels Erdmagnetfeld oder Orientierung an im Raum platzierten Magneten.
Radiowellen	Antenne	Lagekontrolle mittels GPS, Steuerung mittels Funk und externem PC
Sonstige Strahlung	Geigerzähler	Robot, der radioaktives Gestein sucht.
Chemische Sensoren (Gas, Geruch usw.)	Brandmelder, spezielle Sensoren für bestimmte Gase, Flüssigkeiten	Robot, der Gasleck oder Bodenkontaminationen aufspürt.
Elektromagnetische Felder	Metalldetektoren	Roboter, der Wasser- oder Stromleitungen oder auch erzhaltiges Gestein, Metalle im Boden usw. sucht.

8. Bauvorschläge / Roboter-projekte

Bei den vorgestellten Bauvorschlägen handelt es sich jeweils um einfache und übersichtliche Grundvarianten von Robotern, die einen schnellen und leichten Zugang zur Materie gewährleisten. Zudem lassen sie noch genügend Spielraum für eigene kreative Ideen und Ausbauvarianten.

Jedes Kapitel beginnt mit einer kurzen Beschreibung des Zieles des Roboterprojektes und endet mit einem kritischen Testbericht, in dem besonders auf Mängel und Verbesserungsmöglichkeiten eingegangen wird.

Die Beschreibung eines Roboterprojektes geschieht schematisch unter Bezugnahme auf die entsprechenden Kapitel des Buches. Genau einzuhaltende Baupläne werden nicht angegeben und sind auch nicht sinnvoll, da jede Maschine (je nach vorhandenen Bauteilen) ohnehin anders aufgebaut sein wird. Schließlich nützt es nichts, ein Roboterprojekt mit etlichen Spezialteilen (z. B. ganz bestimmten Getriebemotoren mit einer ganz bestimmten Untersetzung) vorzustellen, welches mangels genau dieser Teile so nicht realisiert werden kann. Und letztendlich ist es ja auch nicht besonders reizvoll, einen Roboter einfach nachzubauen. Die vorgestellten Projekte sind daher bezüglich des konkreten Aufbaus sehr tolerant und können in etlichen Varianten mit den unterschiedlichsten Bauteilen realisiert werden.

8.1. Lichtsucher

Ziel

Der zu bauende Roboter soll sich auf die hellste Stelle im Raum zu bewegen und dabei auch schwierigen Hindernissen ausweichen.

Konzept

Als Grundvariante für dieses Roboterprojekt wurde ein dreirädriges Chassis mit zwei Antriebsmotoren und einer drehbaren Stützrolle (Möbelrolle) gewählt (siehe Kapitel 6.1. Abschnitt „Roboter mit drei Rädern"). Die Antriebsmotore sind bereits als Getriebemotore ausgeführt, sodass keine weitere Untersetzung vorgesehen werden muss. Das gesamte Gefährt ist relativ leicht, sodass auch keine separate Radaufhängung notwendig wird. Es kommen Fischertechnik-Räder zum Einsatz, die direkt auf der Achse der Getriebemotore befestigt werden. Die Energieversorgung erfolgt elektrisch über Akkus oder wahlweise Batterien (siehe Kapitel 5.1. Abschnitt „Energiezufuhr und Energiespeicherung mittels Akkus oder Batterien"). Es kommen zwei getrennte Energieversorgungssysteme für die Steuerelektronik (2 x 9 V) und für die Antriebsmotore (3…5 V) zum Einsatz. Den prinzipiellen mechanischen Aufbau zeigt die Skizze in Abbildung 8.1.

Abbildung 8.1:
*Lichtsucher
(grundlegender
Aufbau).*

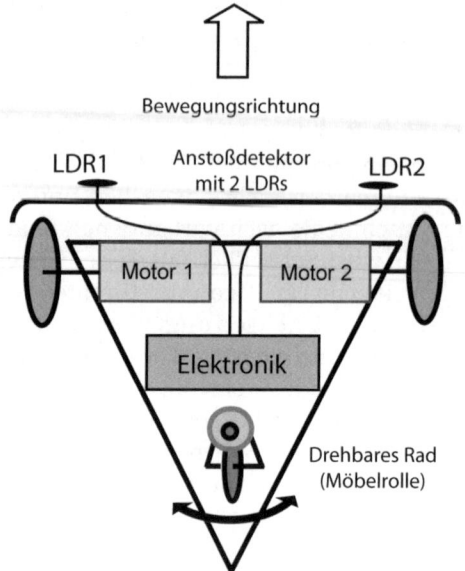

Bewegungsrichtung

LDR1   Anstoßdetektor   LDR2
        mit 2 LDRs

Motor 1   Motor 2

Elektronik

Drehbares Rad
(Möbelrolle)

Die Richtungssteuerung erfolgt mittels zweier LDRs in Fahrtrichtung, die als Spannungsteiler geschaltet sind und je einen Eingang eines Operationsverstärkers ansteuern (siehe Kapitel 4.4. Abschnitt „Komparator-Schaltung"). Je nachdem, ob der eine oder der andere LDR stärker beleuchtet wird, schaltet der Operationsverstärker durch oder eben nicht. Das Ausgangssignal des Operationsverstärkers steuert direkt ein Relais man, welches die Stromzufuhr zwischen den beiden Antriebsmotoren umschaltet. Es läuft also im Vorwärtsbetrieb jeweils immer nur ein Antriebsmotor.

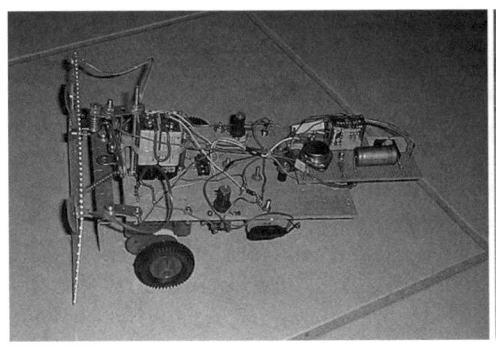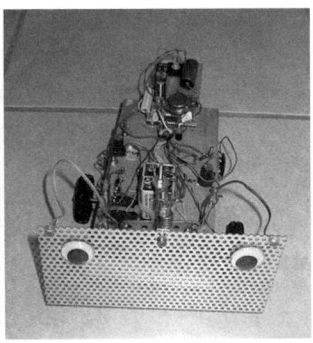

Abbildung 8.2:
Lichtsucher
(praktische Aus-
führung).

Die Hinderniserkennung erfolgt über einen zweidimensionalen Berührungsdetektor (Aluminium-Lochblech) in Fahrtrichtung (siehe Abschnitt „Zweidimensionale Berührungssensoren", Seite 184). Die Reaktion auf ein detektiertes Hindernis besteht in einer zeitlich definierten Rückwärtsfahrt mit unterschiedlicher Drehzahl der Antriebsmotore (siehe Kapitel 4.4. Abschnitt „Rückwärts-Kurve"). Dazu werden beide Antriebsmotore über ein Relais umgepolt. Dies bewirkt, dass bei Rückwärtsfahrt nun auch der Motor, der normalerweise still steht, über eine der beiden Dioden am Motor-Umschaltrelais mit Strom versorgt wird. Allerdings mit einer um 0,7 V verringerten Spannung, sodass insgesamt eine gekrümmte Ausweichbewegung erfolgt. Durch den Einsatz mehrerer Dioden hintereinander kann gegebenenfalls der Spannungsabfall vergrößert werden, wodurch sich die Krümmung der Rückwärtsfahrt verstärkt.

Die Skizze in Abbildung 8.3 zeigt das Prinzipschaltbild des Lichtsuchers.

Umpol-Relais: Das Relais wird von einer Abfall-Verzögerungsschaltung (Kap. 4.4 Reaktion durch definierte Zeitspanne) angesteuert. Die Abfallverzögerung wird durch den Anstoßdetektor ausgelöst.

Motor-Umschaltrelais: Das Relais wird durch eine Differenzverstärkerschaltung (Kap. 4.4 Komparator-Schaltung) angesteuert. Die Differenzverstärkerschaltung erhält ihre Eingangssignale von 2 LDRs in Fahrtrichtung.

Abbildung 8.3:
Prinzipschaltbild
„Lichtsucher".

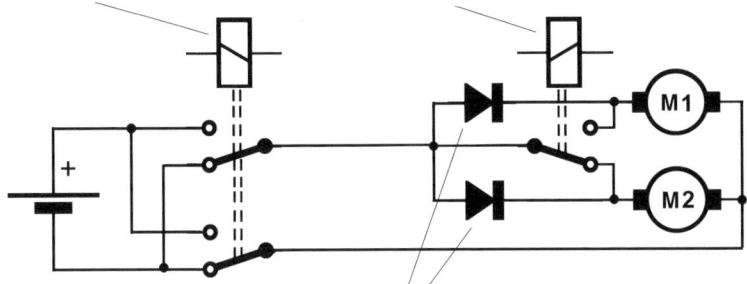

Dioden, die bei Rückwärtsfahrt (Umpolen) eine halbkreisförmige Ausweichbewegung bewirken.

Testbericht

Der Roboter bewegt sich „schwänzelnd" auf eine Lichtquelle oder helle Stelle zu. Die Operationsverstärkerschaltung ist sehr empfindlich und arbeitet in einem weiten Bereich. Daher findet der Roboter sowohl bei heller Beleuchtung als auch bei Kunstlicht verhältnismäßig sicher sein Ziel. Teilweise werden Hindernisse bereits aufgrund Ihres Schattenwurfes umfahren, ohne dass der Anstoßdetektor zum Einsatz kommt. Trifft der Roboter dennoch auf ein Hindernis, setzt er halbkreisförmig ein Stück zurück und fährt von neuem auf eine Lichtquelle o.ä. zu. Da sich der Roboter dann nicht mehr an der gleichen Stelle wie vor dem Auftreffen befindet, werden Hindernisse normalerweise nach einigen Ausweichbewegungen umfahren.

Mängel:

- Direkt beleuchtete weiße Wände werden aufgrund ihrer hohen Rückstrahlung unter Umständen der direkten Lichtquelle bevorzugt.
  Optimierungspotenzial: Nicht ersichtlich.

- Bestimmte Hindernisse (Teppichkanten, Fliesenleisten werden von den wenig haftfähigen Fischertechnik-Rädern nicht überfahren.
  Optimierungspotenzial: Haftfahigere Räder verwenden.

- Komplizierte Hindernisse (mehrere Stuhlbeine in geringem Abstand) führen zum Festfahren des Roboters.
  Optimierungspotenzial: Anderes System zur Hindernisüberwindung verwenden.

8.2. DonQuichotte

Ziel

Bau eines Roboters, der sich kreuz und quer durch einen Raum bewegt, ohne dass er sich festfährt.

Konzept

Auch hier dient als Grundvariante ein Chassis mit zwei Antriebsmotoren, nun allerdings mit zwei drehbaren Stützrollen zur Stabilisierung (siehe Seite 131 „Roboter mit drei Rädern"). Die beiden Antriebsräder sind rechts und links der Mitte einer runden Holzplatte (Frühstücksbrettchen) montiert. Die beiden beweglichen Räder sind je um 90° versetzt und einige Millimeter niedriger als die Antriebsräder, sodass jeweils beide Antriebsräder und eine der beiden beweglichen Rollen Bodenkontakt hat. Der Schwerpunkt ist etwa in der Mitte über den Antriebsrädern (siehe Abbildung 8.4).

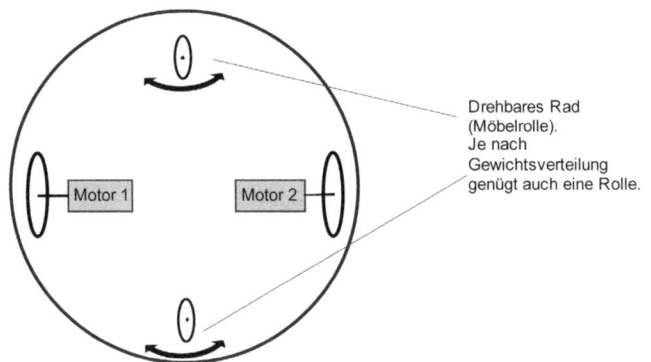

Drehbares Rad (Möbelrolle). Je nach Gewichtsverteilung genügt auch eine Rolle.

Abbildung 8.4:
Roboter mit zwei Antriebsmotoren und zwei Stützrollen.

Die Antriebsmotore sind bereits als Getriebemotore ausgeführt, sodass keine weitere Untersetzung vorgesehen werden muss. Das gesamte Gefährt ist ebenfalls relativ leicht, sodass auch hier Fischertechnik-Räder zum Einsatz kommen, die direkt auf der Achse der Getriebemotore befestigt werden. Die Energieversorgung erfolgt elektrisch über Akkus oder wahlweise Batterien (siehe Kapitel 5.1. „Energiezufuhr und Energiespeicherung mittels Akkus oder Batterien"). Es gibt ein gemeinsames Energieversorgungssystem für Steuerelektronik und Antriebsmotore (3…5 V). Sofern die beiden Antriebsmotore nicht annähernd gleich schnell drehen, wird, um einen brauchbaren Geradeauslauf zu erzielen, vor den langsamer drehenden Motor ein Poti (etwa 40 Ω, 5 W). Bei höheren Betriebsspannungen wären 2 einstellbare Spannungsregler günstiger (siehe dazu Kapitel 4.4. „Spannung / Leistungsregelung von Motoren").

Zum Ausweichen beim Auftreffen auf ein Hindernis besitzt der Roboter einen Anstoßdetektor, der den Robot komplett umschließt (siehe Abschnitt „Dreidimensionale Berührungssensoren", Seite 187). Die Ausweichbewegung erfolgt durch Umpolen eines der beiden Motore für eine einstellbare Zeit, während der andere Fahrmotor immer mit voller Geschwindigkeit geradeaus läuft. Dadurch kann sich DonQuichotte auf der Stelle drehen. Zusammen mit seinem runden Querschnitt und der glatten Blechoberfläche bleibt er an Hindernissen nicht hängen. Die Dauer = Winkel der Drehung beim Auftreffen auf ein Hindernis wird durch eine einstellbare Zeitschaltung (Abschaltverzöge-

rung, siehe Kapitel 4.4. „Reaktion für eine bestimmte Zeitspanne")
bestimmt.

Abbildung 8.5:
Prinzipschaltbild
„DonQuichotte".

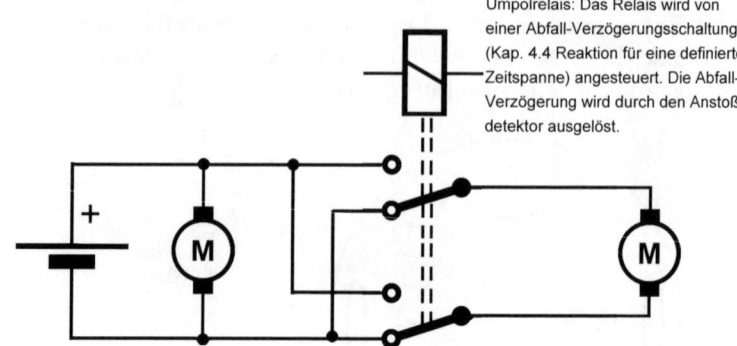

Umpolrelais: Das Relais wird von
einer Abfall-Verzögerungsschaltung
(Kap. 4.4 Reaktion für eine definierte
Zeitspanne) angesteuert. Die Abfall-
Verzögerung wird durch den Anstoß-
detektor ausgelöst.

Der eigentliche Berührungssensor besteht aus der runden Grundplatte, in die in etwa 1 cm Abstand Nägel eingeschlagen sind, um die wiederum ein Draht gewickelt ist, welcher einen Kontakt des Berührungssensors darstellt. Der zweite Kontakt besteht aus einer umgekehrten
Blechdose, die auf einer Stange montiert ist und die Grundplatte mit
dem Nagelring im Abstand von einigen Millimetern umschließt. Somit
ist das ganze Fahrzeug, bis auf einen kleinen Bodenspalt von dem Berührungsdetektor (Blechdose) umgeben.

Abbildung 8.6:
Roboter mit drei-
dimensionalem
Berührungssensor
(Seitenansicht).

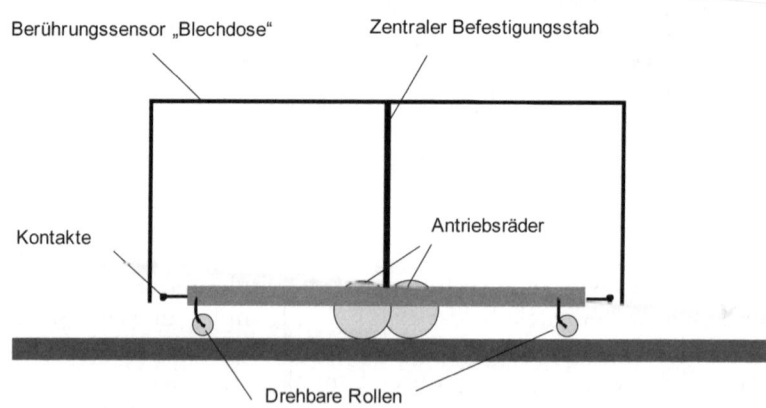

Berührungssensor „Blechdose"   Zentraler Befestigungsstab

Kontakte   Antriebsräder

Drehbare Rollen

Abbildung 8.7:
DonQuichotte
von unten.

Testbericht

DonQuichotte ist ein rechter Radaubruder. Einmal losgelassen fährt er kreuz und quer durch den Raum, um unter lautem Getöse an eine Wand oder einen Schrank anzustoßen. Jedes Mal macht er dann eine schnelle Drehung, manchmal auch mehrere und fährt ähnlich einer Billardkugel in einem anderen Winkel wieder davon. Sein ewiger (lautstarker) Kampf gegen diverse Hindernisse hat ihm übrigens auch seinen Namen eingebracht. Mittlerweile ist er schon etwas verbeult, was der ganzen Sache aber keinen Abbruch tut.

Hintergrund der Konstruktion von DonQuichotte war Folgender: Bei früheren Konstruktionen zeigte sich, dass die ganzen IR-/Ultraschalloder mechanischen Sensoren oft nicht zuverlässig funktionieren. Kleine oder seltsam geformte Hindernisse (Stuhlbeine, Unterkante vom Sofa usw.) führen immer wieder dazu, dass sich ein Gefährt festfuhr. Eine Lösung für dieses Problem ist, das Gefährt sozusagen mit einem Ganzkörper-Berührungssensor (= Blechdose) zu umgeben. Unabhängig an welcher Stelle sich nun ein Hindernis entgegenstellt, wird es erkannt. Zusätzlich bewirkt die glatte, runde Form und die Fähigkeit auf der Stelle wenden zu können, dass das Gefährt nicht an Vorsprüngen usw. hängen bleibt.

Mängel:

- Auf Teppichboden hat DonQuichotte etwas Mühe, da er dort manchmal nach einem Anschlag an die Wand sozusagen an der Wand „kleben" bleibt (dauerhafter Kontakt des Berührungssensors!). Dies sollte man vermeiden können, wenn bei Wandkontakt zuerst beide Motore umgepolt werden, dann aber erst der eine und kurz darauf der zweite wieder in den Ursprungszustand zurückfällt. Dazu wäre ein zweites RC-Glied für den zweiten Fahrmotor notwendig, mit dem man dann genau einstellen kann, wie lange das Gefährt zurücksetzt und welche Drehung es vor der Weiterfahrt macht.

8.3. Hook

Ziel

Bau eines Roboters, der sich kreuz und quer durch einen Raum bewegt, ohne dass er sich festfährt. Hook kann beispielsweise als Basisplattform für einen Robot-Staubsauger dienen.

Konzept

Beim „Hook" wird auf jegliche Elektronik verzichtet. Obwohl zum Antrieb bereits ein einzelner Getriebemotor ausreicht, wurden bei der hier beschriebenen Variante zur besseren Geländegängigkeit zwei Antriebsmotore eingesetzt. Ein weiterer Getriebemotor wird zum Antrieb des umlaufenden Hakens benötigt. Die Basisplatte muss rund sein (z. B. Frühstücksbrettchen), damit sich der Roboter nicht verhakt. Außer einem (bei der Variante mit zwei Antriebsmotoren) oder gegebenenfalls zwei drehbaren Stützrädern (Möbelrollen) werden keine weiteren speziellen Teile benötigt. Der Roboter lässt sich daher mit einem Minimum an Aufwand bauen und eignet sich als Trägerplattform für zusätzliche Aufbauten (z. B. Robot-Staubsauger, Robot-Bodenfeger).

Abbildung 8.8:
Antriebskonzepte von „Hook".

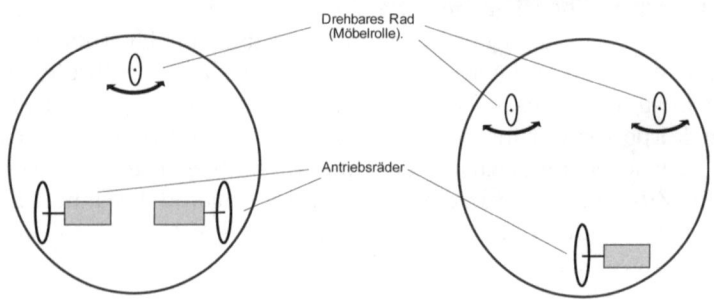

Die Antriebsmotore sind bereits als Getriebemotore ausgeführt, sodass keine weitere Untersetzung vorgesehen werden muss. Das gesamte Gefährt ist ebenfalls relativ leicht, sodass auch hier Fischertechnik-Räder zum Einsatz kommen, die direkt auf der Achse der Getriebemotore befestigt werden. Die Energieversorgung erfolgt elektrisch über Akkus oder wahlweise Batterien (siehe Abschnitt 5.1 „Energiezufuhr und Energiespeicherung mittels Akkus oder Batterien"). Sofern die beiden Antriebsmotore nicht annähernd gleich schnell drehen, wird, um einen brauchbaren Geradeauslauf zu erzielen, vor den langsamerdrehenden Motor ein Poti (etwa 40 Ω, 5 W) geschaltet (siehe dazu Abschnitt 4.4 „Spannung/Leistungsregelung von Motoren").

Das Ausweichen beim Auftreffen auf ein Hindernis geschieht durch Drehen des Roboters durch den am Hindernis auftreffenden Haken. Die Antriebsmotore laufen dabei weiter (siehe Kapitel 5. Exkurs „Hinderniserkennung / Hindernisüberwindung").

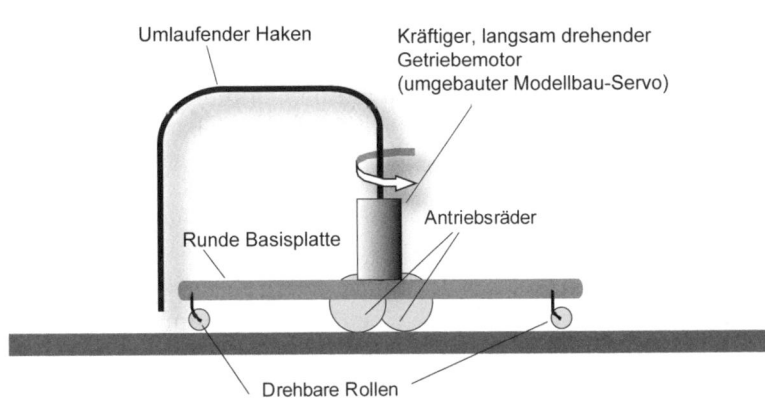

Abbildung 8.9:
„Hook"-Roboter mit umlaufendem Haken (Seitenansicht).

Abbildung 8.10:
Roboter mit umlaufendem Haken zur Hindernisüberwindung.

Testbericht

Die Hook-Plattform ist, was Hindernisausweichung im häuslichen Bereich angeht, nahezu unübertroffen. Selbst engstehende Stuhlbeine und niedrige Kanten sind für Hook kein Problem. Durch ihren äußerst einfachen Aufbau ist die Hook-Plattform sehr zuverlässig und eignet sich auch gut zum Nachrüsten weiterer Aufbauten (Staubsauger und Bodenwischer usw.).

Hintergrund der Konstruktion von Hook war die Idee, einen Roboter zu bauen, der einen Sensor besitzt, welcher die nähere Umgebung permanent abtastet und bei Berührung eines Hindernisses eine Ausweichbewegung einleitet. Dabei stellt man leicht fest, dass der „Sensor", der die Umgebung abtastet, gleichzeitig zum Verschieben des Roboters in eine zur Weiterfahrt günstige Position genutzt werden kann, ganz ohne Verwendung von elektronischen Hilfsmitteln.

Mängel:

- Niedrige Kanten (Teppichkanten), welche die Räder nicht überwinden können und vom Haken gerade nicht erreicht werden, bereiten Hook Mühe. Dieser Mangel kann durch Optimierung des Hakens und/oder Verwendung von größeren Antriebsrädern beseitigt werden.

- Herumliegende Elektrokabel bergen die Gefahr, dass sie sich im umlaufenden Haken verfangen und aufgewickelt werden. Dies ist ein prinzipielles Problem des umlaufenden Hakens. Abhilfe könnte der Ersatz des Hakens durch eine umlaufende umgestülpte Dose, die zur Verbesserung der Haftfähigkeit mit Silikonstreifen beschichtet wird, bringen.

8.4. Tisch-Robot

Ziel

Bau eines Roboters, der sich auf einem Tisch bewegen kann, ohne herunterzufallen und gleichzeitig noch Hindernissen ausweicht.

Konzept

Auch für dieses Roboterprojekt kam das altbewährte dreirädrige Chassis mit zwei Antriebsmotoren und einer drehbaren Stützrolle (Möbelrolle) zum Einsatz (siehe Kapitel 6.1 „Roboter mit drei Rädern"). Die Antriebsmotore sind, wie üblich, bereits als Getriebemotore ausgeführt, sodass keine weitere Untersetzung vorgesehen werden muss. Auch dieses Gefährt ist nicht schwer, sodass keine separate Radaufhängung notwendig wird. Es kommen Fischertechnik-Räder zum Einsatz, die direkt auf der Achse der Getriebemotore befestigt werden. Die Energieversorgung erfolgt elektrisch über Akkus oder wahlweise Batterien (siehe Abschnitt 5.1 „Energiezufuhr und Energiespeicherung mittels Akkus oder Batterien"). Es wird nur ein Energieversorgungssystem benötigt. Den prinzipiellen Aufbau zeigt die Abbildung 8.11.

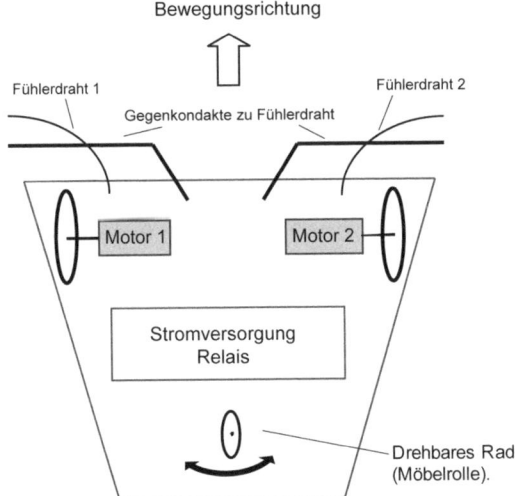

Abbildung 8.11:
Tischrobot
(grundlegender
Aufbau).

Die Detektion der Tischkante erfolgt durch zwei Fühlerdrähte, die im Normalfall auf dem Tisch aufliegen und so von den zugehörigen Gegenkontakten fern gehalten werden. Als Material für die Fühlerdrähte kommt dünner Stahldraht zum Einsatz. Die Gegenkontakte bestehen aus verchromtem Eisendraht (aufgebogene Büroklammer!). Je nach Untergrund können die Fühlerdrähte am Ende noch zu einer runden Öse gebogen werden, um ein Verhaken auf nicht ganz glattem Untergrund zu vermeiden. Der genauen Aufbau des Detektors ist aus den Abbildungen 8.12 und 8.13 ersichtlich.

Abbildung 8.12:
Eindimensionaler
Berührungssensor
(Vorderansicht, mit
zwei Tast-Drähten
zur Detektion von
Abgründen.)

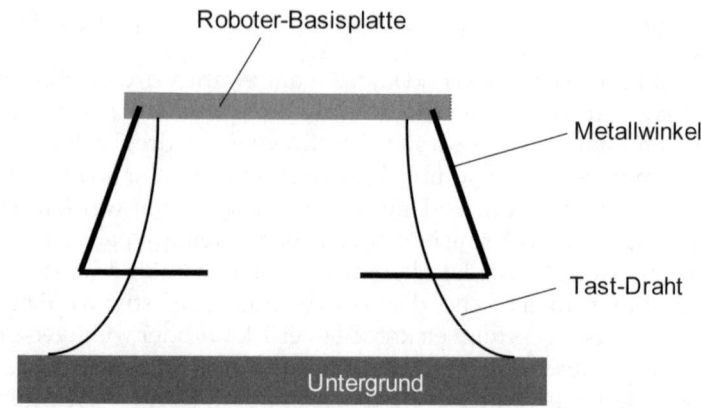

Sobald ein Tastdraht den Bodenkontakt verliert, wird eine elektrische
Verbindung zum Gegenkontakt geschlossen, was dazu genutzt wird,
den Antriebsmotor auf der Seite des Tastkontaktes für eine bestimmte
Zeit (etwa 0,5 s) umzupolen. Der andere Motor läuft dabei weiter. Sofern beide Tastkontakte keinen Bodenkontakt haben, werden entsprechend beide Antriebsmotore umgepolt. Auch beim Auftreffen auf ein
Hindernis wird der Kontakt dadurch ausgelöst, dass die Fühlerdrähte
an den Kontaktdraht geschoben werden.

Abbildung 8.13:
Berührungssensor
Tisch-Robot (Sei-
tenansicht – im
Normalzustand).

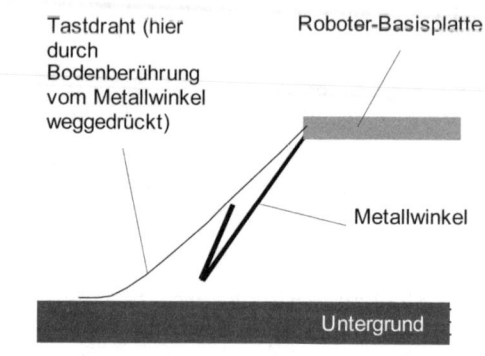

Abbildung 8.14:
Berührungssensor
Tisch-Robot (Sei-
tenansicht – in
ausgelöstem Zu-
stand).

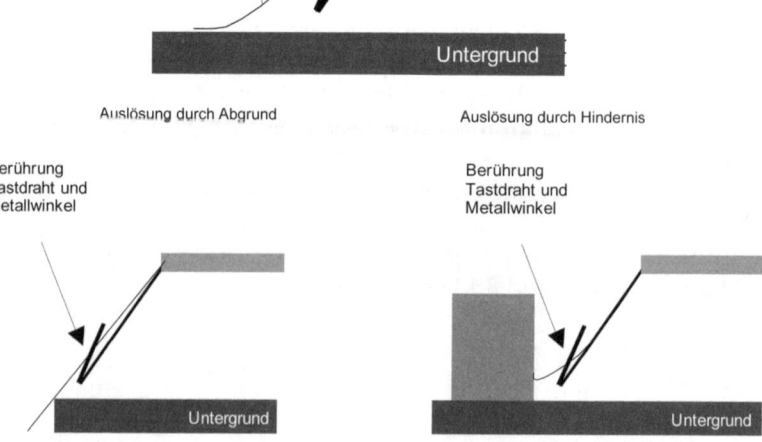

216

Die Reaktion auf ein Hindernis/Abgrund (Umpolen eines Antriebs-motors für die Auslösezeit zuzüglich einiger Sekundenbruchteile) ge-schieht durch Auslösen eines Relais. Die Haltezeit des Relais wird durch einen direkt am Relais angeschlossenen Kondensator verlän-gert. Die genauen Werte der zu verwendenden Kondensatoren (Elek-trolytkondensatoren!) hängen von der Antriebsmotorendrehzahl und vom verwendeten Relais ab. Die Größenordnung bewegt sich norma-lerweise etwa im Bereich von $100\ldots1000\,\mu$F. Abbildung 8.15 zeigt das Prinzipschaltbild des Tisch-Robots.

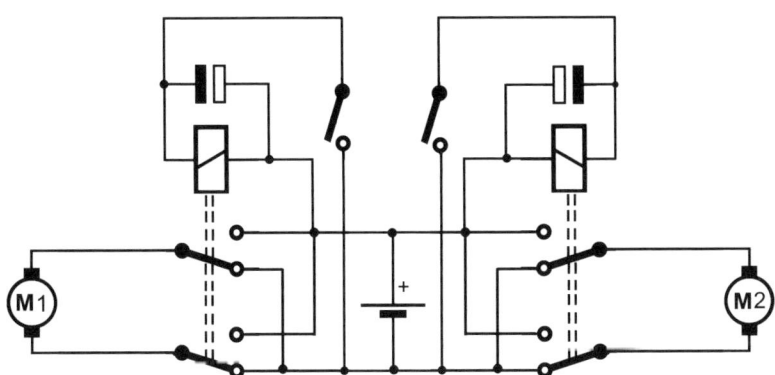

Abbildung 8.15:
Prinzipschaltbild
„Tisch-Robot“.

Testbericht

Der Roboter setzt bei Erreichen des Tischrandes halbkreisförmig einige Zentimeter zurück und fährt sodann wieder vorwärts, unter nun etwas anderem Winkel. Erreicht er nochmals die Tischkante, so wiederholt sich das Spiel, bis der Roboter nahezu parallel an der Kante entlang fährt. Hindernisse auf seinem Weg werden in gleicher Weise umfah-ren.

Mängel:

- Der Roboter funktioniert nur auf glattem Untergrund, da die Tast-sensoren permanent auf dem Untergrund aufliegen.
  Optimierungspotenzial: Möglicherweise könnten die Tastsensoren für Teppichboden mit einer glatten Kugel am vorderen Ende ausge-rüstet werden.

- Komplizierte Hindernisse (z. B. Teller auf dem Tisch) werden unter Umständen nicht von den Tastsensoren erfasst und führen dann zum Festfahren des Roboters.

Optimierungspotenzial: Anzahl und Ausführung der Tastsensoren optimal auf die zu erwartenden Hindernisse abstimmen.

9. Anhang

9.1. Werkstofftabellen

Werkstoff	Dichte φ	Smp.	Wärmeleit-zahl λ	Ausdeh-nungs-koeffi-zient, lin. α	Spezifische Elektri-sche Leitfähigkeit κ
Metallische Werkstoffe	g/cm^3	°C	W/m * K	* 10^{-6} K-1	m/Ω * mm^2
Aluminium	2,70	660	230	23,8	35
Eisen	7,87	1530	80	11,7	10
Gold	19,32	1064	317	14,2	46
Kupfer	8,96	1083	390	16,2	60
Messing	8,5	910	92	19	16
Platin	21,45	1774	72	8,9	10
Quecksilber	13,55	-38,9	80	182	1
Silber	10,49	960	420	19,7	63
Stahl (ca.)	7,8	1500	46	111	8

Nichtmetallische Werkstoffe (ungefähre Angaben)					
Glas	2,2	500	1,12	7 (0,5 Quarz)	ca. 10^{-18}
Graphit	1,85	3000	100	0.5	0.125
Holz				5	
Polyamid PA	1,1	>80	0,25	100	10^{-16}
Polyethylen PE	0,95	>80	0,5	200	10^{-20}
Polystyrol PS	1,05	>50	0,15	70	10^{-20}
Polyvinylchlorid PVC	1,4	>60	0,15	150	10^{-20}
Teflon PTFE	2,1	>260	0,3	100	10^{-22}
Wasser	1,00	0	0,6	-	10^{-11}
Luft	0,001	-	0,02	-	-

Definitionen (zu Werkstofftabelle)

Dichte: Die Dichte φ gibt an, welche Masse ein bestimmtes Volumen eines Stoffes besitzt. Sie wird normalerweise in $g/cm^3 = g/ml = kg/dm^3 = kg/l$ angegeben. Beim Bau von mobilen Robotern sollten, sofern es die weiteren Materialeigenschaften zulassen, vorzugsweise Materialien mit geringer Dichte eingesetzt werden.

Dichte: $\rho = \dfrac{m}{V}$

m = Masse [g] V = Volumen [cm³]

Schmelzpunkt (smp):

Der Schmelzpunkt ist die Temperatur, bei der ein Stoff vom festen in den flüssigen Zustand übergeht. Beim Legieren verschiedener Metalle wird der Schmelzpunkt erniedrigt. So liegt beispielsweise der Schmelzpunkt des üblichen Lötzinns PbSn40 (60% Blei, 40% Zinn) bei 235 °C und damit schon fast auf dem Wert für reines Zinn (232 °C). Der Schmelzpunkt von Blei dagegen beträgt 328 °C.

Wärmeleitzahl:

Die Wärmeleitfähigkeit ist ein Mass für den Wärmestrom $\dot{Q}$ (in Watt) an, der bei einer gewissen treibenden Temperaturdifferenz (in K) über eine bestimmte Strecke (in m) durch eine bestimmte Fläche (in m²) durchtritt.

Definition Wärmestrom: $\dot{Q} = \lambda \cdot \dfrac{A}{S} \cdot \Delta T$

$\dot{Q} =$ Wärmestrom [W]
$\lambda =$ Wärmeleitzahl [W/m · K)
$A =$ Durchtrittsfläche [m²]
$S =$ Durchtrittslänge [m]
$\Delta T =$ Temperaturdifferenz [K]

Ausdehnungskoeffizient:

Der lineare Ausdehnungskoeffizient gibt an, wie stark sich die Länge eines Körpers bei dessen Erwärmung verändert. Spröde Stoffe mit hohem Ausdehnungskoeffizienten (Glas) können bei ungleichmäßiger Erwärmung durch die auftretenden Spannungen im Material zerstört werden. Werden Stoffe mit unterschiedlichem Ausdehnungskoeffizienten fest verbunden, treten ebenfalls Spannungen auf, die zur Materialbelastungen und Formänderungen führen können. Ausgenutzt wird der Effekt beispielsweise bei Bimetall-Schaltern und Bimetall-Thermometern.

Ausdehnungskoeffizient, linear: $\alpha = \dfrac{\Delta l}{L \cdot \Delta T}$ oder $\Delta l = L \cdot \alpha \cdot \Delta T$

$\Delta l =$ Längenänderung [mm]
$\Delta T =$ Temperaturänderung [°C]
$L =$ Gesamtlänge [mm]

Elektrische Leitfähigkeit:
Die elektrische Leitfähigkeit ist der Kehrwert des Widerstandes und wird in Siemens [S] angegeben. $1\,S = 1/\Omega$. Der elektrische Widerstand eines Körpers steigt mit zunehmender Länge (L) und fällt mit zunehmender Fläche (A). Der Proportionalitätsfaktor ist der spezifische elektrische Widerstand φ. Der Kehrwert des spezifischen elektrischen Widerstandes φ ist nun die spezifische elektrische Leitfähigkeit κ.

Spezifischer elektrischer Widerstand φ: $\quad R = \varphi \cdot \dfrac{L}{A}$

Spezifische elektrische Leitfähigkeit κ: $\quad \kappa = \dfrac{1}{\varphi}$

Die Länge L wird üblicherweise in m angegeben, die Fläche A in mm^2.

Damit resultiert als Einheit für die spezifische elektrische Leitfähigkeit:

$$m \cdot \frac{\Omega}{mm^2}$$

9.2. Formeln, Einheiten, Umrechnungen

Widerstand: $R = \dfrac{U}{I}$ $\quad$ Leistung: $P = I \cdot U$ $\qquad$ Arbeit: $W = P \cdot t$

Bsp. mit Einheiten:

$$1\Omega = \frac{1V}{1A} \qquad 1W = 1A \cdot 1V \qquad 1J = 1Ws = 1W \cdot 1s$$

Umrechnungen:

$1\,\text{bar} = 1{,}013 \cdot 10^5\,\text{hPa} = 10130000\,\text{Pa}$

$°C = (°F - 32) \cdot 5\,/\,9$

$1\,J = 0{,}2389\,\text{cal}$ $\qquad\qquad$ (oder $1\,\text{cal} = 4{,}186\,J$)

$1\,\text{PSI} = 0{,}6807 \cdot 10^{-3}\,\text{bar}$ $\qquad$ $1\,\text{PS} = 0{,}7457\,\text{kW}$

Umrechnung Zoll/mm (1 inch = 1 Zoll = 1″ = 25,40 mm)

Dezimalschreibweise in Zoll	Bruchschreibweise in Zoll	Dezimalschreibweise in mm
0.062″	1/16″	1.57 mm
0.125″	1/8″	3.18 mm
0.188″	3/16″	4.78 mm
0.250″	1/4″	6.35 mm
0.313″	5/16″	7.95 mm
0.375″	3/8″	9.53 mm
0.438″	7/16″	11.13 mm
0.500″	1/2″	12.70 mm
0.563″	9/16″	14.30 mm
0.625″	5/8″	15.88 mm
0.750″	3/4″	19.05 mm
0.813″	13/16″	20.65 mm
1″	1″	25.40 mm

Einheiten

Präfixe nach SI-Norm		
Faktor	Präfix	Symbol
10^{24}	yotta	Y
10^{21}	zetta	Z
10^{18}	exa	E
10^{15}	peta	P
10^{12}	tera	T
10^{9}	giga	G
10^{6}	mega	M
10^{3}	kilo	k
10^{2}	hecto	h
10^{1}	deca	da
10^{-1}	deci	d
10^{-2}	centi	c
10^{-3}	milli	m
10^{-6}	micro	µ
10^{-9}	nano	n
10^{-12}	pico	p
10^{-15}	femto	f
10^{-18}	atto	a
10^{-21}	zepto	z
10^{-24}	yocto	y

SI-Einheiten (SI = Système International dunités)		
Grösse	Name	Symbol
Länge	Meter	m
Masse	Kilo-gramm	kg
Zeit	Sekunde	s
elektrische Stromstärke	Ampère	A
thermodynamische Temperatur	Kelvin	K
Substanzmenge	Mol	mol
Lichtstärke	Candela	cd

Die folgende Liste enthält von SI-Einheiten abgeleitete Einheiten und deren Darstellung im sog. cgs-System (cgs = cm, g, s).

Größe	Einheit	Symbol	cgs-Darstellung
Frequenz	Hertz	Hz	$1/s$
Kraft	Newton	N	$m\,kg/s^2$
Druck, mechan. Spannung	Pascal	Pa	$N/m^2 = kg/m\,s^2$
Energie, Arbeit, Wärmemenge	Joule	J (= Ws)	$N\,m = m^2\,kg/s^2$
Leistung	Watt	W	$J/s = m^2\,kg/s^3$
elektrische Ladung	Culomb	C	$s\,A$
elektrische Spannung	Volt	V	$W/A = m^2\,kg/s^3\,A$
Kapazität	Farad	F	$C/V = s^4\,A^2/m^2\,kg$
elektrischer Widerstand	Ohm	Ω	$V/A = m^2\,kg/s^3\,A^2$
elektr. Leitwert	Siemens	S	$A/V = s^3\,A^2/m^2\,kg$
magnetischer Fluß	Weber	Wb	$V\,s = m^2\,kg/s^2\,A$
Magnetische Induktion	Tesla	T	$Wb/m^2 = kg/s^2\,A$
Induktivität	Henry	H	$Wb/A = m^2\,kg/s^2\,A^2$
Permeabilität	Henry pro Meter	H/m	$m\,kg/s^2\,A^2$
Elektrische Feldstärke	Volt pro Meter	V/m	$m\,kg/s^3\,A$
Elektrische Ladungsdichte	Culomb pro Kubikmeter	C/m^3	$s\,A/m^3$
Elektrische Flußdichte	Culomb pro Quadratmeter	C/m^2	$s\,A/m^2$
Influcnz	Farad pro Meter	F/m	$s4\,A^2/m^3\,kg$
Drehmoment	Newton Meter	N m	$m^2\,kg/s^2$
Wärmeflußdichte	Watt pro Quadratmeter	W/m^2	kg/s^3
Wärmekapazität, Entropie	Joule pro Kelvin	J/K	$m^2\,kg/s^2\,K$
Thermische Leitfähigkeit	Watt pro Meter Kelvin	W/m K	$m\,kg/s^3\,K$
Lichtstrom	Lumen	lm	$cd\,sr$
Beleuchtungsstärke	Lux	lx	$lm/m^2 = cd\,sr/m^2$
Radioaktivität	Becquerel	Bq	$1/s$

Literatur, Bezugsquellen, Internetadressen

Bei den folgenden Hinweisen bezüglich Literatur, Bezugsquellen und Internetadressen wurde sehr auf Qualität geachtet. Vergriffene Bücher, erloschene Firmen oder unbrauchbare Internetseiten sind lediglich ein Ärgernis. Selbstverständlich kann es jedoch gerade beim schnelllebigen Internet vorkommen, dass bestimmte Adressen nach einiger Zeit nicht mehr bestehen.

Weiterhin wurde vom Autor eine persönliche Wertung der gegebenen Hinweise vorgenommen.

Literatur

Elektronikliteratur

- Elektronik, gar nicht schwer, Band 1:
  A. Schommers, Experimente mit Gleichstrom

- Elektronik, gar nicht schwer, Band 2:
  A. Schommers, Experimente mit Wechselstrom

- Elektronik, gar nicht schwer, Band 3:
  A. Schommers, Experimente mit moderner Digitaltechnik

- Elektronik, gar nicht schwer, Band 4:
  A. Schommers, Experimente mit Optoelektronik

- Elektronik, gar nicht schwer, Band 5:
  K. Diedrich, Experimente mit Operationsverstärkern

Sehr gute Reihe für Einsteiger in die Elektronik. Didaktisch sehr gut aufbereitet und mit zahlreichen leicht verständlichen Abbildungen versehen. Unbedingt empfehlenswert.

- Elektronische Schaltungen – Praktische Aufbauhilfen,
  Conrad Electronic

Hilfreiches, reich bebildertes und übersichtliches Buch mit sehr guten Beschreibungen. Ideal für Anfänger.

- Broschüren „Basiswissen Spannungsregler" (Best.-Nr. 17 77 50)
  sowie
- „Integrierte Spannungsregler" (Best.-Nr. 17 69 31)
  von Conrad Electronic

Gute Zusammenfassung der wichtigsten Eigenschaften, Daten und Anwendungen von Spannungsreglern. Von Conrad Electronic gibt es eine ganze Anzahl dieser Kurzbeschreibungen für spezielle Bauteile, die für den erstmaligen Anwender dieser Teile allesamt sehr hilfreich sind.

● Das kleine SOLAR-Werkbuch, U. E. Stempel, Franzis Verlag

Wissenswerte Grundlagen über Solarzellen. Mit etlichen einfachen Schaltungen und Anwendungsbeispielen.

● Arbeitspraxis Elektrotechnik – Versuche, Bauanleitungen,
  Herausgegeben von J. Pütz, vgs-Verlag

Sehr gutes Buch für Anfänger mit vielen hilfreichen Grundschaltungen und guten Erklärungen.

● Elektronische Schaltungen zur Akkuladung, Elektor-Verlag, 1993

● Buchreihe 300…308 Schaltungen, Elektor Verlag

Sammlung von elektronischen Schaltungen der Zeitschrift Elektor. Besonders in den älteren Bänden (300 bis 303 Schaltungen) sind viele einfache und für die Robotertechnik gut geeignete Schaltungen beschrieben (Zeitschaltungen, Akku-Ladeschaltungen usw.).

Mechanische Grundlagen

● PROXXON „Handbuch für kreative Modellbauer"

Preiswertes Buch mit guten Beschreibungen aller möglichen Bearbeitungsverfahren (Bohren, Drehen, Fräsen, Sägen) für Holz, Kunsstoff und Metall mit vielen Tipps und Tricks. Nützlich nicht nur für Benutzer von Proxxon Geräten.

Robotertechnik

● Erfolgreich experimentieren mit Nitinol-Minirobotern,
  F. Wagenknecht, Franzis Verlag

Einführung in die Nitinol-Technik mit Bezugsquellen und speziellen Bauvorschlägen

● Erfolgreich experimentieren mit akustikgesteuerten Minirobotern,
  F. Wagenknecht, Franzis Verlag

Interessante Bauvorschläge von durch akustische Reize ferngesteuerten Robotern.

- Steuern, Regeln, Überwachen, F. Wagenknecht, Franzis Verlag

Umfangreiche Sammlung von Bauvorschlägen für Roboter mit und ohne programmierbare Steuerung.

Bezugsquellen/Hersteller

Böhler: *http://www.boehler-minitool.com*
Maschinen für den Modellbauer (eher kleine Maschinen für nicht allzu hohe Ansprüche)

CompiService: *http://www.compiserve.net*
Günstiger Lieferant für Maschinen und Geräte für den technischen Modellbau (Proxxon etc.)

Conrad Electronic AG. *http://www.conrad.de*
Große Auswahl an elektronischen und mechanischen Bauteilen.

Ebay: *http://www.ebay.de*
Ständig zahlreiche Auktionen in allen Bereichen.

Faulhaber: *http://www.faulhaber.de*
Deutscher Hersteller von Präzisionsmotoren und Getriebe von Weltruf – leider sehr teuer.

Franzis Verlag: *http://www.franzis.de*
Umfangreiche Literatur zum Thema Elektronik und verwandter Gebiete.

Hood: *http://www.hood.de*
Ständig zahlreiche Auktionen in allen Bereichen.

Knobloch AG (Fischertechnik):
http://www.knobloch-gmbh.de/fischer/fi-a.htm
Bestens sortierter Lieferservice für Fischertechnik Einzel- und Ersatzteile zu günstigen Preisen.

Lemo Solar: *http://www.lemo-solar.de*
Große Auswahl an Motoren, Getrieben und sonstigen mechanischen Bauteilen sowie Solartechnik.

Maxon: *www.maxonmotor.com*
Schweizer Hersteller von Präzissionsmotoren und Getrieben von Weltruf – leider sehr teuer.

Metallus: *http://www.metallus.de*
Umfangreiches Sortiment an Metallbauteilen.

Modellbauschrauben: *http://www.modellbauschrauben.de*
Hier gibt es nahezu alle klein- und kleinsten Schrauben und Muttern.

Pollin-Elektronik:
http://www.pollin.de/default.asp?content=catalog/schnaeppchen.asp
Restposten aus dem Bereich Elektronik.

Respotec: *http://www.modelleisenbahnelectronic.de/webshop*
Bausätze, Bauteile und Restposten aus dem Bereich Elektronik.

Robert Gugger Metallwaren: *www.robert-gugger.ch*
Schweizer Hersteller von Unex-Schlauchklemmen

Robotstore: *http://www.robotstore.com*
Amerikanischer Robot-Shop – leider aufgrund der hohen Portokosten von USA ziemlich teuer.

Westfalia: *http://www.westfalia.de/Shop*
Versandhandel für Werkzeug, Maschinen, Geräte, Landwirtschaftsbedarf usw. – eher „fürs Grobe".

Internetadressen
Elektronik allgemein:

http://www.elektronik-kompendium.de/guide/
http://www.elexs.de/experim.htm
http://www.stiny-leonhard.de/links.htm
http://dse-faq.e-online.de/mawin.htm#6
http://didaktik.physik.uni-wuerzburg.de/~pkrahmer/home/msr1.html
http://www.cinetix.de/workshop/actoprax/
http://www.electronicsplanet.ch/Roboter/knowhow/rbschalt.html
http://www.wagener-net.de/seite30.htm

Relais:

http://www.hengstler.de/pdf/Sicherheitsrelais_Handbuch-Lexikon.pdf

Mechanik:

http://www.fbm.fh-darmstadt.de/freund/me.htm

Antriebstechnik:

http://www.energie.ch/themen/industrie/elektroantriebe/index.htm
http://www.informatik.uni-bremen.de/~roefer/kr00/03s.pdf

Omnidirektionale Räder:

http://www.miag.de/Produkte/OCS/Mecanumrad/mecanumrad.html
http://www.fzi.de/mmr/german/projects/robot/details/

Akkus/Batterien:

www.varta.com/de
http://www.accucell.de/technic.asp

Nitinol:

http://www.strugl.de/NitinolDraht.html
http://www.memory-metalle.de/basics.html
http://www.smallrobots.de/ws2000/kran/nitinol_referat.html
http://www.wundersamessammelsurium.de/index.html

Brennstoffzellen:

http://www.h-tec.com/

Roboter allgemein:

http://www.electronicsplanet.ch/Roboter/knowhow/rbschalt.html
http://www-x.nzz.ch/folio/archiv/2000/06/articles/quellen.html
http://www.uni-kassel.de/~giere/mp.shtml

Schlangenroboter:

http://www.snakerobots.com/

Gehmaschinen:

http://www.fzi.de/divisions/ipt/WMC/preface/preface.html

Stichwortverzeichnis